中外园林史

主　编　刘东兰　林燕芳

副主编　佘根景　江国英　吴晓云

　　　　唐必成　张秀华

参　编　李　慧　陈肖烨

　　　　陈伯渠　林世雄

北京理工大学出版社

BEIJING INSTITUTE OF TECHNOLOGY PRESS

内 容 提 要

本书以课程素养为导向，“课程”与“素养”有机融合，增强学生的文化自信，从而实现内化于心、外化于行的教学目标。全书共分为13章，具体内容包括绪论、中国古典园林生成期（商、周、秦、汉）、中国古典园林转折期（魏、晋、南北朝）、中国古典园林全盛期（隋、唐）、中国古典园林成熟前期（宋代）、中国古典园林成熟中期（元、明、清初）、中国古典园林成熟后期（清中叶、清末）、近现代中国园林、古代西方园林、文艺复兴时期园林、勒诺特尔式时期欧洲园林、自然风景式时期欧洲园林、日本园林。

本书可作为高等院校风景园林设计、园林工程技术、园林技术、环境艺术设计、城乡规划和建筑等专业的教材，也可作为从业人员的参考用书或培训资料。

图书在版编目（CIP）数据

中外园林史 / 刘东兰，林燕芳主编. -- 北京：北京理工大学出版社，2025. 1.

ISBN 978-7-5763-5004-3

Ⅰ. TU-098.41

中国国家版本馆CIP数据核字第2025JX8129号

责任编辑： 李　薇　　**文案编辑：** 邓　洁

责任校对： 周瑞红　　**责任印制：** 王美丽

出版发行 / 北京理工大学出版社有限责任公司

社　　址 / 北京市丰台区四合庄路 6 号

邮　　编 / 100070

电　　话 / (010) 68914026（教材售后服务热线）

(010) 63726648（课件资源服务热线）

网　　址 / http：//www.bitpress.com.cn

版 印 次 / 2025 年 1 月第 1 版第 1 次印刷

印　　刷 / 河北鑫彩博图印刷有限公司

开　　本 / 787 mm × 1092 mm　1/16

印　　张 / 18.5

字　　数 / 410 千字

定　　价 / 89.00 元

前言

PREFACE

园林艺术不仅是美学上的追求，更是与生态环境、人类生活息息相关的实践活动。本书把握园林艺术的生态价值和社会意义，培养学生社会主义核心价值观及工匠精神，旨在为社会可持续发展贡献力量。学习《中外园林史》，深入了解园林艺术的起源、发展及其演变过程，认识和理解园林艺术的本质和特点，可提升审美能力和设计水平。学习本书内容，可了解不同文化背景下的园林艺术风格和特点，领略不同的文化和社会环境下各具特色的园林风格。通过学习，可拓宽视野，汲取不同文化的精华，丰富设计思路和创作灵感，理解园林艺术与生态环境、社会发展的关系。以史明鉴，明史增信，为了更好地传承和创新园林艺术，使学生掌握古典园林艺术的精髓，介绍了中国古典园林的历史发展沿革，同时融入了现代设计理念和技术手段，以推动园林艺术的创新发展。

本书每个章节除包含“知识目标”和“能力目标”外，还有“素质目标”“知识拓展”“交流讨论”等，每章包括【启智引思 导学入门】→【学习内容】→【以史明鉴 启智润化】→【文化传承 行业风向】→【温故知新 学思结合】→【课后延展 自主学习】→【思维导图 脉络贯通】七个版块的内容。本书学习贯彻党的二十大精神，落实“三全”育人、立德树人的根本任务，探究课程内容与思政育人联系，深挖素养元素，实现课程与素养有机融合。为使教学成果内化于心、外化于行，本书将专业知识与行业风向紧密结合，与时俱进，培养学生行业敏感度和职业判断力，拓宽学生专业视野，激发其学习热情和创新精神，以促进教学改革，提升教学成效。

本书由国内多所园林专业高职院校的资深教师与园林行业企业的资深专家联袂编写。编写团队既深耕园林职业教育一线，熟稔高职教学规律与学生认知特点，又扎根园林行业实践前沿，深谙中外园林发展脉络与经典案例的实践价值。他们将职业教育理念与行业实践经验深度融合，既系统梳理了中外园林从起源到当代的发展历程，又聚焦经典园林案例的技术解析与文化内涵挖掘，使全书兼具历史纵深感与实践指导性，贴合高职园林专业教学对“史论基础+实践认知”的双重需求，为培养兼具文化底蕴与实操能力的园林人才提供有力支撑。具体编写分工如下：刘东兰（福建农业职业技术学院）、李慧（福建农业职业技术学院）、吴晓云（北京农业职业学院）共同编写第5章至第8章；林燕芳（福建农业职业技术学院）、唐必成（福建林业职业技术学院）、张秀华（山东城市建设职业学院）共同编写第1章至第4章；余根景（福建农业职业技术学院）编写第9章至第11章；江国英（福建农业职业技术学院）编写第12章和第13章。陈肖烨（福州职业技术学院）、陈伯渠（福州市建筑设计院股份有限公司）、林世雄（福建省城乡规划设计研究院）负责资料整理与案例提供。

在编写过程中，编者参考了周维权教授关于中国园林史的研究成果和观点，以及朱建宁教授关于西方园林史的研究成果和观点。在此致敬两位专家，并感谢他们对园林史研究所作出的贡献。同时，本书在编写过程中还参考了国内外其他相关资料，在此一并表示感谢。由于编者水平有限，书中难免存在疏漏之处，欢迎广大读者批评指正。

编　者

目录
CONTENTS

第1章 绪论

学习目标

➢ 知识目标

1. 了解世界园林的发展脉络。
2. 理解园林的含义。
3. 了解世界园林的主要类型。
4. 了解中国园林对世界园林的影响。

➢ 能力目标

1. 掌握鉴赏园林的能力。
2. 具备将园林发展与社会发展联系思考的能力。

➢ 素质目标

1. 博古通今，以史明鉴。
2. 传承传统文化，增强文化自信。

启智引思 导学入门

我们为什么要研究园林史？

英国历史学家艾瑞克·霍布斯鲍姆曾说："历史学家记住了别人忘记的东西。"

北京林业大学王向荣教授在《景观笔记》一书中指出："园林史研究的目的是记录过去和面向未来。人类世世代代建造的各种园林，反映了当时人们的哲学、思想、理想和生活方式，记载着那个时代人类的科学技术、艺术成就和建造工艺，而这些正在或已经离我们远去。园林史的研究就是把过去的史实如实地记录下来，并真实地传递下去。在园林历史研究的基础上，总结前人的经验和精华，针对今天的现实和可能的未来，寻求有效的对策和解决问题的途径。历史有借鉴价值，一部园林史也是一部传承史，研史能让我们看得更远，研史有助于我们创造新的历史。”

中国园林有着三千多年的悠久历史，是中华民族数千年传统文化积淀的璀璨结晶。作为世界三大园林体系之一的中国园林以曲径通幽的意境和美轮美奂的诗情画意屹立于世界园林之首，被誉为“世界园林之母”。我们要传承中华民族优秀的园林文化，坚定文化自信。同时，我们也要有欣赏世界园林之美的眼睛，让世界园林群芳竞艳。

学习内容

园林被称为人类生活中的“第二自然”。园林在一定程度上可满足人们生理、心理上的需求。随着社会和文明的进步，人们对园林的需求也相应地从单一到多样，从简单到复杂，从低级到高级，由此推动了园林的发展。

1.1 园林名词的历史沿革

1.1.1 古时园林名词的发展

我国“园林”一词，最早见于西晋的诗文中，始于265年。如西晋文学家张翰《杂诗》中有“暮春和气应，白日照园林”的诗句。此时，园林是以植物和自然景观为主要内容，供人游赏的户外境域。

唐代诗人亦多用“园林”一词，但此时的“园林”泛指私家建造的宅园。至明清时，“园林”仍不是专有名词，当时指称城市中私家建筑的宅园名词有很多，如“宅园”“园宅”“园池”“园圃”“池亭”“林亭”“园亭”等。

“园林”一词最早成为专有名词（主要用来指称私家宅园），是在明末造园家计成第一部造园学名著《园冶》中。

1.1.2 近现代学者对园林的定义

近代建筑学家童寯（1900—1983）在《江南园林志》中分析了园林：“园之布局，虽多幻无尽，而其最简单的需要，完全含于‘園’之内。”其中对“園”予以图解：“口”指围墙；“土”指形似屋宇平面，可代表亭、榭；“口”指居中为池；“衣”指形似石、似树。

造园学家陈植（1899—1989）在《长物志校注》一书中指出，在建筑周围，布置景物，配植花木所构成的幽美环境，谓之“园林”，也称“园亭”“园庭”或“林园”，即造园学上所称“庭园”。

当代著名古建筑园林艺术学家陈从周在《说园》中指出，“中国园林是由建筑、山水、花木等组合而成的一个综合艺术品，富有诗情画意。叠山理水要造成‘虽由人作，宛自天开’的境界”。

《中国大百科全书》(建筑·园林·城规) 对“园林”给出的定义为：园林是在一定地域运用工程技术和艺术手段，通过改造地形（或进一步筑山、叠石、理水)、种植树木花草、营造建筑和布置园路等途径创作而成的美的自然环境和游憩境域。园林包括庭园、宅园、小游园、花园、公园、植物园、动物园等。随着学科的发展，园林逐渐将森林公园、风景名胜区、自然保护区或国家公园的游览区及休养胜地囊括其中。

交流讨论

说一说，你认为的园林是什么样的？用什么词语来表达你所理解的园林？

1.2　世界园林发展的四个阶段

在历史长河中，人与自然环境的关系经历了四个阶段，园林的发展也相应地分为四个阶段。每个阶段由于人与自然的隔离程度不同，作为补偿的“第二自然”，园林也有所不同。因此，对园林的定义与理解应根据不同阶段的背景进行，避免以现代标准评价古代园林或以古代观念束缚现代园林发展。

1.2.1　第一阶段：人类社会的原始阶段

第一阶段园林萌芽状态的背景如下。

（1）原始时期，人类的生活来源以狩猎、采集为主，劳动工具简单，对外部自然界的主动作用有限，对于大自然依赖程度高。人们对自然界充满恐惧和敬畏，崇拜各种自然现象和事物。

（2）生产力低下，为了解决各种困难，人类聚群而居，形成原始聚落，但并未隔绝于自然环境。

（3）在这个阶段，人与自然环境之间呈现亲和的关系，对大自然的适应仍停留在感性阶段。

（4）随着原始农业的发展，聚落附近开始出现种植场地和果木蔬圃，后期进入原始农业公社。

这一阶段的园林是出于生产目的而创设的，客观上已经接近园林的雏形，开始了园林的萌芽状态。

1.2.2　第二阶段：奴隶社会和封建社会

第二阶段大致对应奴隶社会和封建社会的漫长时期。这一阶段的背景如下。

（1）农业的产生使人们可以自觉开发自然。人们按需利用和改造自然，如耕作、兴修水利、采矿和砍伐。这些活动创造了田园风光，但也造成了一定程度的自然环境破坏。

（2）人与自然环境之间的关系已经从感性适应转变为理性适应，但仍保持亲和的关系。

（3）城市、集镇的出现使得园林产生。生产力的发展和物质、精神生活水平的提高促使造园活动广泛开展。植物栽培和建筑技术的进步为大规模兴建园林提供了条件。

这一阶段的园林特点如下。

（1）绝大多数园林直接为统治阶级服务或归其所私有。

（2）园林主流是封闭的、内向型的。

（3）园林以追求视觉景观之美和精神寄托为主要目的，但未自觉地体现社会、环境效益。

（4）园林由工匠、文人和艺术家完成。

从园林文字的字源来看，“囿”“圃”等字形体现了中国园林的雏形，这些字由甲骨文和钟鼎文演变而来。字形外围的方框表示范围一定的界限或墙垣，方框内则是栽培的植物或畜养的动物。中国古代流传着关于“瑶池”和“悬圃”的神话，都从侧面反映了古人对园林的向往。

宗教经典中也不乏对早期园林情况的描写。《圣经》中记载的伊甸园是古犹太民族内心向往的理想化、典型化的人间园林。园内流水潺潺，遍植奇花异树，景色旖旎。佛教的净土宗认为，修成正果后可以往生西天极乐世界，这是古印度人理想乐园的扩大化。《古兰经》中提到的天园则是伊斯兰教理想中的美好园林，其界墙内果树浓荫，四条河流淌其中，四条河呈以喷泉为中心的“十”字形交叉布局。这成为后世伊斯兰园林的基本模式。

园林由山、水、植物和建筑四大要素构成。不同地区、民族、历史和文化传统下的园林风格各异，形成了独特的园林体系，展现了园林艺术百花齐放的局面。

知识拓展一：瑶池神话

瑶池神话源于中国古代。瑶池被认为是西王母的居所，也是神仙们欢聚的场所。每年的春天，玉帝都会在瑶池举行盛大的宴会，邀请众多神仙参加。在宴会上，仙乐缭绕，花香弥漫，神仙们欢声笑语，举杯畅饮，畅享无尽的快乐。瑶池神话反映了人们对和谐美好的理想生活状态的向往。

知识拓展二：悬圃神话

传说昆仑山顶有一处神秘之地，那里有金台、玉楼，遍布奇花异草、珍禽异兽，是一个充满奇幻色彩的仙境。它被称为悬圃，也被称为玄圃，后来泛指仙境。该传说反映了人们对神仙居所和超凡脱俗生活的向往。

1.2.3 第三阶段：18 世纪中叶

第三阶段促进园林发展的社会背景如下。

（1）工业革命时期，许多国家实现了从农业社会向工业社会的转变。

（2）工业文明时期，人们大力开发自然，导致环境破坏、自然生态失衡。人类与大自然从亲和关系转为对立、敌斥关系，自然界由良性循环转向恶性。

（3）改良学说的提出。这一时期，美国著名景观设计者弗雷德里克·劳·奥姆斯特德的“城市园林化”思想诞生，英国学者埃比尼泽·霍华德提出了“田园城市”的设想。

这一阶段的园林特点如下。

（1）出现了政府所有的、向公众开放的公共园林。

（2）规划设计由封闭内向型转变为开放外向型。

（3）造园目的不仅追求视觉美和精神陶冶，还重在提高环境效益和社会效益。

（4）出现了现代型的职业造园师。

知识拓展三：城市园林化思想

弗雷德里克·劳·奥姆斯特德是园林学先驱，他致力于自然保护和城市公共园林建设，强调自然资源的保护与城市的园林化思想。他协助政府设立“国家公园”以保护自然，并与卡尔弗特·沃克斯在纽约市内设计了美国第一座城市公园——“纽约中央公园”。

知识拓展四：田园城市设想

英国学者埃比尼泽·霍华德提出了“田园城市”设想。其设想为建设一个自足的社区，周围环绕着开阔的乡村“绿色地带”。这种形式的社区可限制城市向郊外的无限蔓延，并提供宜人的居住和工作环境。虽然当时只有两处花园城市在英国建成，但这种乌托邦式的理想成为未来“园林城市”模型。

1.2.4 第四阶段：第二次世界大战以后

第四阶段促进园林发展的社会背景如下。

（1）旅游业得到迅速发展。从20世纪60年代开始，发达国家的经济高速发展，进入后工业时代。与大自然的接触成为人们追求身心健康的途径。

（2）人们认识到掠夺性开发大自然造成的环境危害。

（3）建立“可持续发展”的方略。这一阶段社会经济发展规律与自然生态规律相协调，促进可持续发展，人与大自然的关系又逐渐回归亲和关系。

这一阶段的园林特点如下。

（1）出现相当数量的“园林城市”，形成城市生态系统。

（2）形成了区域性的大地景观规划。园林绿化的根本目标是优化城市环境，构建合理的都市生态系统。

（3）跨学科的综合性与公众参与性，形成了独特的方法论、技术学和价值观体系。它不仅延伸到宏观的人文环境，还深入人们生活的各个角落。

交流讨论

了解了世界园林发展的四个阶段，你怎么看未来园林的发展趋势？作为园林工作者，我们可以为人与自然的和谐发展做些什么？

1.3 世界园林体系与发源地

1.3.1 世界园林体系

世界三大园林体系是东方园林体系、西亚园林体系和欧洲园林体系。

（1）东方园林体系以中国园林为代表，影响到日本、朝鲜、东南亚地区，从崇尚自然的思想出发，以自然式园林为主，典雅精致，意境深远，发展出山水园。

（2）西亚园林体系的特点是用纵、横轴线把平地分作四块，形成方形的“田”字，在十字林荫路交叉处设中心喷水池，中心水池的水通过十字水渠灌溉周围的植株。

（3）欧洲园林体系以古埃及和古希腊园林为渊源，以法国古典主义园林和英国风景式园林为优秀代表，以规则式和自然式园林构图为造园流派，分别追求人工美和自然美的情趣，艺术造诣精湛、独到。该体系的园林为西方国家喜闻乐见的园林。

1.3.2 世界园林发源地

世界园林三大发源地为中国、西亚和古希腊，都有灿烂的古代文化。

由于文化传统的差异，东西方园林学发展的进程也不相同。东方园林以中国园林为代表，崇尚自然，发展成山水园；西方古典园林以意大利台地园和法国园林为代表，把园林看作建筑的附属和延伸，强调轴线、对称，发展出具有几何图案美的园林。到了近代，东西方文化交流增多，园林风格互相融合。

交流讨论

中国园林在世界园林艺术中享有崇高地位，被誉为“世界园林之母”。这一赞誉源于中国园林悠久的历史、深厚的文化内涵，以及对世界园林风格的深远影响。请说说你所知道的对世界有影响力的中国园林。

1.4 中国古典园林发展概况

1.4.1 中国古典园林发展的自然与人文背景

以铜为鉴，可以正衣冠；以人为鉴，可以明得失；以史为鉴，可以知兴亡。从古典园林到现代景观、环境设计，中国园林与其他文化一样，是在传承、吸收、借鉴、融合历史中走到了今天。

1. 中国古典园林发展的自然背景

中国古典园林是全球园林体系的重要分支，经历了约三千年的持续发展。中国大地上的壮丽山川，为古典园林的发展提供了自然背景。中国被誉为“园林之母”，拥有世界上最多的植物种属。据统计，中国共有超 3 万种植物，其中有很多为中国独有。

中国古典园林持续发展的宏观自然背景包括丰富的自然生态景观，如平野、山岳、河湖、海岛、植物和天象。这些自然生态景观为风景式园林的兴建提供了优越的条件和多样的模拟对象，为园林艺术提供了无尽的创作源泉。

2. 中国古典园林发展的人文背景

中国是一个以汉族为主体的多民族国家，在经济、政治、意识形态方面都有光辉成就，为古典园林的产生和发展提供了重要的人文背景。

经济上，小农经济是主流。园林的封闭性和一家一户的分散性经营模式与这种自给自足的小农经济形态紧密相关。精耕细作所体现的“田园风光”广泛渗透于园林景观的创造，甚至成为造园风格中的主要意象和审美情趣。

政治上，中央集权制使得政权完全集中在中央政府。这种集权政治的理念使皇家园林淋漓尽致地展现出浓郁的“皇家气派”。士人作为社会雅文化的引领者，其拥有的“文人园林”成为民间造园的主流，赋予园林高雅的气质，形成私家园林。

意识形态上，儒、道、释三大学说作为中国传统哲学的主流，共同支撑起中国传统文化的核心架构。

（1）儒家学说反映在中国古典园林上是自然生态美与人文生态美并重。儒家的自然观和人化自然哲理启发人们尊重大自然，这奠定了中国古典园林风景式发展方向的基础。中庸之道与“以和为贵”的思想，直接影响了中国古典园林维持和谐的整体布局。

（2）道家崇尚自然。在园林方面，道家思想影响造园的立意、构思，体现浪漫情调和飘逸风格，在规划上通过筑山理水体现山环水抱的关系，这在大型皇家园林追求神仙境界与仙苑模式上体现得十分明显。儒家和道家以“道”统摄宇宙间万事万物的思维方式使中国古典园林与诗、画、字等艺术相结合，形成“诗情画意”的独特品质。

（3）释即佛家，包括佛教和佛学。佛教的禅宗文化，对中国传统文化的影响最为显著。禅宗强调“悟”，促使艺术家更加强调“意”，追求创作构思的主观性和自由无羁。这种思维方式促使园林作品凸显“意境”，达到情景交融的状态。

儒、道、释三家是中国传统意识形态的主流，成为中国古典园林历史发展的意识形态背景。其中，“天人合一”“寄情山水”“崇尚隐逸”这三个要素尤为重要。

1.4.2 中国古典园林的类型

中国古典园林是指世界园林发展的第二阶段中的中国园林体系。该体系由中国的农耕经济、集权政治和封建文化共同培育，成就博大精深、源远流长的风景式园林。

1. 按园林选址分类

按园林选址的不同，中国古典园林可分为人工山水园林和天然山水园林两大类。

（1）人工山水园林是指在平地上开凿水体，堆筑假山，人为创设山水地貌，配以花木栽植和建筑营构，把天然山水风景缩移摹拟在一个小范围之内的园林形式。这类园林是模拟天然环境的微小空间，多建在平坦地段上，也被称为“城市山林”。人工山水园林最能代表中国古典园林的艺术成就。

（2）天然山水园林通常建在城镇近郊或远郊的山水风景地带，包括山水园林、山地园林和水景园林等。规模较小的山水园林利用局部天然山水；规模大的则需将完整的天然山水围起来作为建园基址，并根据造园需求适当进行调整、改造和加工。

2. 按园林隶属关系分类

按照园林的隶属关系，中国古典园林可分为皇家园林、私家园林和寺观园林。

（1）皇家园林为皇帝和皇室所有。古书所记载的苑、苑囿、宫苑、御苑、御园等，均属于皇家园林类型。皇家园林在模拟山水风景的同时，显示皇家气派与皇权至上。每个朝代，皇家园林建置数量的多少和规模的大小在一定程度上反映了当时国力的盛衰。魏晋南北朝以来，皇家园林根据不同的使用情况分为大内御苑、行宫御苑和离宫御苑。大内御苑建在都城的宫城和皇城内，距离近，便于皇帝日常游憩。行宫御苑和离宫御苑则分别建在都城近郊、远郊风景优美的地方，或者远离都城的风景地带。行宫御苑供皇帝短期驻足，离宫御苑则作为皇帝的长期居所和政治中心。此外，皇帝在外巡游时，也会建置相应的离宫御苑或行宫御苑。

（2）私家园林属于民间贵族、官僚、缙绅的私有财产。古书所记载的园、园亭、园墅、池馆、山池、山庄、别业、草堂等，都可以归类为私家园林。私家园林多建在城镇中，以宅园为主，规模较小，依附于邸宅；少数为游憩园，不依附于邸宅。在郊外山林风景地带建置的私家园林多为别墅园，规模较大，供短期居住或避暑之用。

（3）寺观园林是佛寺和道观的附属园林，包括寺观内部的庭院和外围的园林化环境。寺观注重建置独立小园林和庭院内部的绿化，配合周围的绿树、流水形成外围的园林化环境。

3. 按地理位置分类

依据园林所处的地理位置不同，中国古典园林可分为北方园林、江南园林和岭南园林。

（1）北方园林主要集中在西安、洛阳、开封、北京等古都，以北京园林为代表。

（2）江南园林主要集中在南京、无锡、苏州、杭州等地，以苏州园林为代表。

（3）岭南园林主要集中在广州、东莞、佛山等地。

4. 其他园林类型

（1）衙署园林。早在唐代就有了衙署的庭院绿化。此外，衙署内的眷属住房的后院还建有小型园林，这些园林就像住宅的宅园一样。所谓的“衙署园林”就是指这两部分。

（2）祠堂园林。祠堂是用于祭祀祖先、先贤、哲人的建筑，广泛分布于全国城乡。祠堂大部分属于民间。这些建筑往往注重绿化和园林化，因此形成了祠堂园林。有些祠堂被适当改造后向公众开放，从而变成了公共园林。

（3）坛庙。坛庙是皇家重要的祭祀和礼制建筑，具有浓重的纪念色彩。在明清时期，坛庙包括皇帝祭祀天、地、日、月、社稷、先农的场所，还包括祭祀祖先的太庙，还有文庙（孔庙）和武庙（武成王庙）等。主体建筑群内部庭院和外围都种植了大片柏树林，排列规整，郁郁葱葱，蔚为壮观，绿化的比重很大。但这种绿化的用意在于以庄严肃穆的气氛来烘托坛庙的纪念意义，并非供人游憩或观赏。

（4）陵园。皇陵园，即皇家墓园，是中国人崇尚厚葬的体现。帝王的陵园规模大，占地广，选址需遵循“风水”原则。园内建筑和树木布局经过严格规划，旨在创造特殊的纪

念性气氛，体现“天人感应”的观念。

（5）书院园林。书院通常选址在风景优美的深山之中，并注重建筑的园林化，从而形成了书院园林。这种园林为学生学习提供了幽雅清静的环境。另外，许多藏书楼也附带了园林建设，其性质和功能与书院园林有相似之处。

（6）公共园林。公共园林多出现在经济发达、文化繁荣的城镇和村落，为居民提供社交和休憩场所，有时也作为商业活动场所。这些园林通常利用河流、湖泊和水系进行园林化处理，或者结合城市街道绿化或名胜古迹进行整治和改造。它们通常没有围墙，呈现开放和外向的布局特点，与封闭和内向的其他园林布局不同。

此外，众多的风景名胜区集自然景观和人文景观于一体，具有山、水、植被和建筑等构景要素，这与园林的造园要素是一致的；但风景名胜区是经过有限度的人工点缀的自然环境，没有明确的界域，大部分景观是自然形成的，建筑布局也是自发形成的。因此，传统的风景名胜区不能完全等同于园林，虽然它们具备园林的某些功能和性质。

1.4.3 中国古典园林的分期

中国古典园林历史悠久，从公元前11世纪到19世纪末，历经三千余年发展，形成了独特的风景式园林体系。与同一时期的西方园林不同，中国园林风格和形式相对稳定，受外来影响较小。因此，其发展是一个缓慢、持续的演进过程。中国古典园林随着封建王朝的形成、全盛、成熟、消亡而演进，其疆域之广、历史之长，世界无与伦比。中国古典园林的历史可分为五个时期。

1. 生成期（公元前16世纪—公元220年）

生成期对应商、周、秦、汉时期。中国的古典园林是从殷商时期朴素的园林雏形“囿”开始的，发展到秦、汉时期，其建筑宫苑以秦砖汉瓦和“一池三山”理水手法为主要特点。贵族宫苑是中国古典园林的开端，也是皇家园林的前身。

2. 转折期（220—589年）

转折期对应魏、晋、南北朝时期。这一时期园林美学思想初步确立，为中国风景式园林发展奠定了基础。这一时期的园林的类型、形式和内容都有了变化。园林类型日益丰富，出现了皇家园林、私家园林、寺观园林和风景名胜区。园林形式由粗略地模仿自然山水转到用写实手法再现山水，即自然山水园。园林植物由奇花异木转到种草栽树，追求野趣。园林建筑，也不再徘徊连属，而是结合山水，列于上下，点缀成景。

3. 全盛期（589—960年）

全盛期对应隋、唐时期。唐朝开创了全盛时代，也展现了中国文化旺盛的生命力。园林发展进入盛年期，风格特征基本形成。

4. 成熟前期（960—1736年）

成熟前期对应两宋到清初。这一时期封建社会发育定型，地主小农经济稳步成长，城市商业经济繁荣，市民文化兴起，封建文化在精致境界中实现自我完善，园林也发展成熟，富于创造进取精神。

5. 成熟后期（1736—1911 年）

成熟后期对应清中叶到清末。这一时期园林发展更趋精致，展现了古典园林的辉煌成就，同时暴露了衰颓的倾向，丧失创新精神。清末民初，封建社会完全解体，历史急剧变化，西方文化大量涌入，中国园林发展发生根本性变化。中国园林的古典时期结束，进入现代园林阶段。

1.4.4 中国古典园林的特点

与其他园林体系相比，中国古典园林体系个性鲜明。同时，各个园林体系也有许多共性，具体可以概括为四个方面：①源于自然，高于自然；②建筑美与自然美相融合；③充满诗情画意；④表达深邃意境。这也是中国古典园林的四个主要风格特征。

（1）中国古典园林不拘泥于自然风景的原始状态，通过精心改造、调整和加工，使山、水、植物等元素呈现出典型化的自然。

（2）中国古典园林中的建筑充分利用木框架结构的灵活性，创造出千姿百态、生动活泼的外观形象，如殿、厅、堂、馆、轩、斋等。

（3）中国古典园林将时间艺术的诗和空间艺术的画融入园林艺术，使园林从总体到局部都充满诗情画意。中国古典园林借鉴文学艺术的章法、手法规划设计，或全面借鉴绘画以增强其艺术表现力，形成了“以画入园、因画成景”的传统。

（4）中国古典园林意境的表述方式丰富多样：借助人工的叠山理水，将大自然的山水风景缩移到咫尺之间，通过观赏者的移情和联想，幻化为意境；预先设定意境主题，主题多来源于古文学艺术、神话传说、历史典故等；在园林建成后通过文字点题来表达意境，如匾题和对联等；通过听觉和嗅觉，比如通过闻花香、听流水声等，引发意境的遐想。

知识拓展五：古典园林中用诗句蕴含意境

中国古典园林中用诗句蕴含意境，如拙政园。

拙政园绣绮亭：绣绮相展转，琳琅愈青荧。（杜甫）

拙政园宜两亭：明月好同三径夜，绿杨宜作两家春。（白居易）

拙政园留听阁：秋阴不散霜飞晚，留得枯荷听雨声。（李商隐）

拙政园远香堂：中通外直，不蔓不枝。香远益清，亭亭净植。（周敦颐）

拙政园荷风四面亭：四壁荷花三面柳，半潭秋水一房山。

拙政园雪香云蔚亭：遥知不是雪，为有暗香来。（王安石）

交流讨论

谈谈你所在城市的园林属于哪些类型。请从这些园林中举两个蕴含意境的例子。

本章小结

从历史发展的角度来看，中国古典园林经历了漫长而丰富的发展历程，以其独特的艺术魅力著称于世。中国古典园林蕴含着深厚的文化内涵。它不仅仅是美的象征，更是中国传统文化的载体。通过对园林的欣赏和研究，可以更好地了解中国传统文化的精髓和内涵。同时，中国古典园林也是中国传统哲学、伦理观念、审美情趣等精神文化的体现，具有极高的文化价值。中国古典园林的影响并非仅限于中国境内，还对世界园林艺术产生了深远的影响。中国古典园林的艺术风格和造园手法被广泛传播到世界各地，为世界园林艺术的发展作出了重要贡献。

以史明鉴　启智润化

《园冶》

《园冶》是我国最早、最系统的造园专著，可谓研究中国古代园林的必读书目（图1-1）。《园冶》的作者计成是明代著名的造园家。《园冶》是中国古代第一部园林艺术理论的专著，总结了作者计成的造园理念与造园手法，在中国园林史及世界园林史中都占有重要的地位。《园冶》分为兴造论、园说、相地、立基、屋宇、装折、栏杆、门窗、墙垣、铺地、掇山、造石、借景13篇。

《园冶》中几个精辟的论断，亦是我国传统的造园原则和手段，为后世造园著作提纲挈领，是中国古典园林艺术的精髓。

（1）《园冶·园说》："虽由人作，宛自天开。"

（2）《园冶·兴造论》："园林巧于'因''借'，精在'体''宜'"。

（3）《园冶·兴造论》："俗则屏之，嘉则收之。"

《园冶》体现了天、地、人和谐统一的园林文化精神，包含古典宜居环境理念及因势利导的高超技艺和实现手法，也体现了科学精神与人文精神的结合，与现代提倡的"以人为本""保护环境""可持续发展"等生态理念相吻合，是中国古人智慧的结晶。

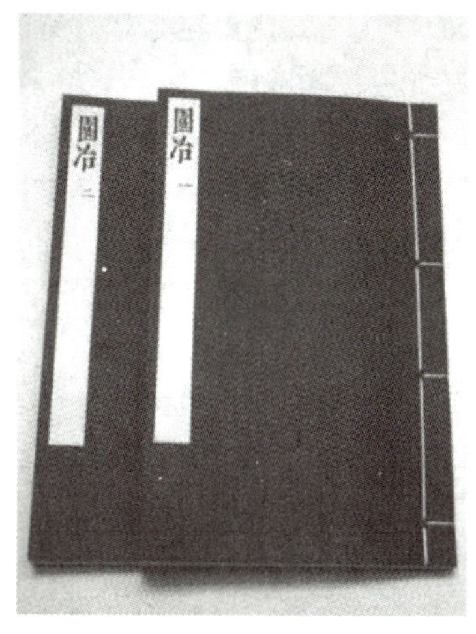

图1-1　《园冶》

文化传承　行业风向

2024年央视春晚《年锦》惊艳全国

在2024年的春晚舞台上，中国传统纹样创演秀《年锦》以其独特的魅力惊艳了全网。该节目融合汉、唐、宋、明四个朝代的吉祥纹样与现代舞美技术，展现了一幅跨越时空的纹样变迁画卷。这些纹样不仅样式丰富，特色鲜明，而且蕴含着深厚的文化内涵。汉代纹样的锐度，唐代纹样的飞翔，宋代纹样的典雅，明代纹样的谐音梗，都让人感受到中国传统文化的博大精深。一个简单的图形，通过旋转、平移、对称等手法，就能变化出无数种新图案，这正是中国传统纹样的魅力所在。

让人意想不到的是，《年锦》纹样手绘图竟来自93岁高龄艺术家常沙娜，她被国人尊称为“敦煌艺术的女儿”。她的作品不仅展示了中国传统纹样的独特魅力，更传递了“吉祥如意、长乐永安”的美好祝福。从整理到选择，再到精心绘制纹样，每一步常沙娜都详尽考证，尽心竭力。常沙娜的这种认真严谨、一丝不苟、精益求精的精神正是我们需要学习和传承的工匠精神。

温故知新 学思结合

一、选择题

美国第一座城市公园纽约中央公园的设计方案是卡尔弗特·沃克斯与（　）合作完成的。

A. 詹姆斯·科纳　　B. 弗雷德里克·劳·奥姆斯特德

C. 彼得·沃克　　D. 埃比尼泽·霍华德

二、填空题

如果按照园林的隶属关系分类，中国古典园林可归纳为________、________和________三种主要类型。

三、实践题

请分析你所在城市的一个公园，挖掘公园的历史与人文，做成PPT汇报。

课后延展 自主学习

1. 书籍：《园冶》(手绘彩图修订版)，计成著，倪泰译，重庆出版社。
2. 书籍：《中国古典园林史》，周维权，清华大学出版社。
3. 书籍：《中国古典园林分析》，彭一刚，中国建筑工业出版社。
4. 扫描二维码学习：学习通平台，厦门工学院谢鑫泉《中外园林史》。
5. 扫描二维码观看：《苏园六纪》第一集《吴门烟水》。
6. 扫描二维码观看：《园林》第一集《仙境在人间》。
7. 扫描二维码观看：《中国古建筑》第一集《天覆地载》。

谢鑫泉《中外园林史》

《吴门烟水》

《仙境在人间》

《天覆地载》

思维导图 脉络贯通

- 绪论
  - 园林名词的历史沿革
    - 古时园林名词的发展
    - 近现代学者对园林的定义
  - 世界园林发展的四个阶段
    - 第一阶段：人类社会的原始阶段
    - 第二阶段：奴隶社会和封建社会
    - 第三阶段：18世纪中叶
    - 第四阶段：第二次世界大战以后
  - 世界园林体系与发源地
    - 世界园林三大体系：东方园林体系、西亚园林体系、欧洲园林体系
    - 世界园林三大发源地：中国、西亚、古希腊
  - 中国古典园林发展概况
    - 中国古典园林发展的自然与人文背景
      - 自然背景：壮丽山川、自然生态景观
      - 人文背景：多民族国家、小农经济、中央集权制、儒道释三大学说
    - 中国古典园林的类型
      - 按园林选址分类：人工山水园林、天然山水园林
      - 按园林隶属关系分类：皇家园林、私家园林、寺观园林
      - 按地理位置分类：北方园林、江南园林、岭南园林
      - 其他园林类型：衙署园林、祠堂园林、坛庙、陵园、书院园林、公共园林、风景名胜区
    - 中国古典园林的分期
      - 生成期：公元前16世纪—公元220年
      - 转折期：220—589年
      - 全盛期：589—960年
      - 成熟前期：960—1736年
      - 成熟后期：1736—1911年
    - 中国古典园林的特点
      - 源于自然，高于自然
      - 建筑美与自然美相融合
      - 诗情画意
      - 深邃意境

第2章 中国古典园林生成期——商、周、秦、汉

学习目标

➢ 知识目标

1. 了解园林起源的时代背景和中国古典园林的起源、发展脉络。
2. 掌握囿、苑、台、圃、庭、院、园等园林形式的特点。
3. 熟悉商、周、秦、汉时期的园林特征。
4. 掌握审美及思想因素对中国古典园林发展的影响。

➢ 能力目标

1. 培养山水审美的能力。
2. 学会中国传统理水方式“一池三山”的设计手法。

➢ 素质目标

1. 倡导中国传统的“天人合一”理念，学会尊重自然、顺应自然、保护自然，理解人与自然和谐共生。
2. 引导学生传承经典，树立文化自信。

启智引思 导学入门

“天人合一”的思想是人与自然、社会的和谐统一。明代计成在《园冶》中提出“虽由人作，宛自天开”，“自然天成之趣，不烦人事之工”，正是倡导天人合一、人与自然和谐相处的观念。园林丰富空间的营造处处流露出“天人合一”的思想。中国园林艺术是“人化的自然，物化的人性”，寄托和体现中华民族对自然的向往和追求，也蕴藏着中华传统哲学的精髓。在“天人合一”思想影响下，中国古人认为“山”和“水”缺一不可，而“一池三山”便成了理想化景观的模型。“天人合一”的理念与“一池三山”的设计思想延续至

今，也是中国传统文化在园林中的传承。

20 世纪后半期，中国的“天人合一”思想在环境保护方面的价值被西方的生态伦理学者发现和肯定，并被认为具有解决生态危机的作用和意义。

中国古人这种主张以仁爱之心对待自然的态度值得我们继承和发扬。在自然面前、宇宙之中，人类是非常渺小的，敬畏自然，深入挖掘并发扬“天人合一”的理念，能为解决人类面临的生态环境问题提供启示。

学习内容

生成期（公元前 16 世纪—公元 220 年）即中国古典园林从萌芽、产生到逐渐成长的时期。这个时期的园林虽处在比较幼稚的初级发展阶段，却经历了从奴隶社会后期到封建社会初期一千多年的漫长岁月，对应于商、周、秦、汉四个朝代。

（1）商朝（公元前 16 世纪—前 11 世纪）是中国历史上的一个早期王朝。商朝的文化非常发达，发明了甲骨文、金文和陶器等艺术品，同时还有许多科学和技术成就，如勾股定理等。商朝的政治制度以分封制为主，地方贵族拥有很大的权力。

（2）周朝（公元前 11 世纪—公元前 256 年）是中国历史上一个重要的王朝。周朝时期的文化非常繁荣，出现了许多伟大的思想家、政治家和文学家，如孔子、老子、孟子等。

在春秋战国时期（公元前 770 年—公元前 221 年），东周前期称为“春秋”，东周后期称为“战国”。这一时期是中国历史上的一段大分裂时期，各诸侯国之间战争不断，但同时也促进了文化和经济的发展。

（3）秦朝（公元前 221 年—公元前 207 年）是中国历史上一个短暂但非常重要的大一统王朝，由秦始皇嬴政建立。秦朝时期的文化比较单一，以法家思想为主。

（4）汉朝（公元前 202 年—公元 220 年）是中国历史上一个重要的王朝。汉朝时期的文化非常繁荣，出现了许多伟大的思想家、文学家和科学家，如董仲舒、司马迁、张衡等。儒家思想成为官方学说，推动了儒家经典的研究和传承。同时，汉朝科技方面有很大的发展，如发明了造纸术等技术。汉朝的文化艺术也有很高的成就，出现了汉赋、汉乐府等文学形式，以及汉画像砖等艺术品。汉朝时期丝绸之路的开通使中国与外部世界的交流更加频繁。

商、周、秦、汉的历史变迁与文化发展是中国历史上的重要阶段，不同的时期有着不同的政治制度和文化特点。这些历史阶段都对中国历史和文化的发展产生了深远的影响。

交流讨论

谈谈两千多年前的“丝绸之路”与当代“一带一路”的联系。

知识拓展一：“丝绸之路”之名从何而来

德国地理学家费迪南·冯·李希霍芬在其著作《中国——亲身旅行和据此所作研

究的成果》中，把公元前114年至公元127年间，中国与中亚、印度间以丝绸贸易为媒介的交通道路命名为“丝绸之路”。这一名词一经提出，很快被学术界和大众所接受，并正式运用。

（资料来源：学习强国《丝路同行互鉴共赢——丝绸之路的艺术辉煌》有删减）

知识拓展二：中国是世界上最早生产钢的国家之一

中国是世界上最早生产钢的几个国家之一。考古工作者曾在湖南长沙杨家山春秋晚期的墓葬中发掘出一把铜格“铁剑”，通过金相检验，结果证明是钢制的。这是迄今为止人们见到的中国最早的钢制实物。这说明春秋晚期中国就有炼钢技术了，炼钢生产在中国已有2 500多年的历史。

（资料来源：学习强国《“长沙之最”文物》）

2.1 中国古典园林的起源

2.1.1 中国古典园林的雏形

中国古典园林的雏形起源于商代。最早见于文字记载的是“囿”和“台”，时间在公元前11世纪，也就是奴隶社会后期的商末周初。现代考古发现夏朝宫室布局已出现园林雏形，出现面阔八间、进深三间的大殿（图2-1）。

图2-1 河南偃师二里头夏朝宫殿复原图

2.1.2 中国古典园林的三个源头

1. 囿

公元前 11 世纪，商末周初的中国已经全面进入了农业社会，生活中原本最重要的狩猎活动转换到城市周围的农田进行。这时的狩猎更多地带有演习和训练意义。城市周边的荒地、休耕的农田上出现了“田猎区”，用来射猎并圈养活的禽兽动物。“囿”便是王室专门集中豢养禽兽的场所。《诗经》中记载“囿，所以域养禽兽也”。囿的范围很大，还种植树木与果蔬、开凿沟渠水池等，一派大自然生态景观。甲骨文中的“囿”字正是成行成畦树木的象形（图 2-2）。所以说，起源于狩猎。囿除为王室提供祭祀、丧纪所用的野味之外，还兼有“游”的功能，在囿里进行游观活动，把飞禽走兽作为一种景象来观赏，囿就像一座多功能的大型天然动物园。它的游观功能显现出园林的雏形性质。

图 2-2 甲骨文中的“囿”

综上所述，囿就是商末周初王室专门集中圈养禽兽以供狩猎的场所，范围较大，栽培植物，兼有游的功能，是中国古典园林的雏形。

知识拓展三：二里头文化

二里头文化是指以河南洛阳偃师二里头遗址一至四期所代表的一类考古学文化遗存，在公元前 2000 年—公元前 1500 年，是中国青铜时代的文化。二里头文化堪称“最早的中国”，这里发现中国最早的宫城、城市主干道网、青铜铸造作坊等，也是中华民族龙图腾最直接、最正统的根源。其文明底蕴通过商周时期王朝间的传承扬弃，成为华夏文明的主流。

（资料来源：学习强国《二里头遗址：打开神秘夏朝的文化密码》，有删减）

知识拓展四：甲骨文与殷墟

国风动画！甲骨文中的王朝——殷墟遗址

“一片甲骨惊天下，千年汉字贯古今。”甲骨文是中国现存最古老的一种成熟文字。甲骨文最早出土于河南省安阳市殷墟，距今有 3 600 多年的历史。甲骨文具有对称、稳定的格局，具备“象形、会意、形声、指事、转注、假借”的造字方法，展现了中国文字的独特魅力。2017 年 11 月 24 日，甲骨文成功入选“世界记忆名录”。2021 年 4 月，甲骨文百科全书《殷墟甲骨学大辞典》首发。殷墟是我国历史上第一个有文献可考并为考古发掘所证实的商代晚期都城遗址。

（资料来源：学习强国《甲骨文——古人天真烂漫的“简笔画”》，有删减）

2. 台

中国古典园林的另一个雏形——台。

在上古时代，巍峨高山被人们设想为神灵居住的地方。世界上许多民族在古代都崇拜高山。我国的祖先们也认为高山是通往天庭的道路，能兴云作雨。祖先们贡奉山岳，还在全国范围内选择东、南、西、北四座高山定为“四岳”，进行崇奉、祭祀活动。以后，“四岳”演变为“五岳”。

历代皇帝对五岳的祭祀活动，是封建王朝的旷世大典。但这些遍布各地的“圣山”，路途遥远，山峰险峻，难以登临。统治阶级就想出了一个变通的办法，就近修筑高台，模拟“圣山”。台是山的象征，是用土堆筑而成的方形高台。《说文解字》中说：“台，观四方而高者也。”古人筑台通神明，登高以观天象。台后应用于古典园林中，供登高远眺、观赏风景之用。周代王公贵族的“美宫室”“高台榭”成为当时的风尚。台的游观功能，使其渐渐成为一种宫苑建筑物，并结合绿化种植而形成空间的焦点，逐渐成为园林雏形。围绕台形成的园林空间叫作“苑台”。总而言之，台即用土堆筑而成的方形高台，既包含建筑物“台”，也包含其周围绿化种植所形成的空间环境。台是山的象征，初始功能是观天象、通神明，兼具观赏作用。台是中国古典园林的雏形（图 2–3）。

图 2-3　周灵台（自摹）

知识拓展五：“三山五岳”的提出始于汉武帝

“三山五岳”的说法，在我国很早就出现了。据考证，“五岳”的提出始于汉武帝，到汉宣帝时，确定以河南嵩山为中岳，山东泰山为东岳，安徽天柱山为南岳，陕西华山为西岳，河北恒山为北岳（在河北省曲阳县）。其后，又改湖南的衡山为南岳。隋朝以后，“五岳”固定下来。明代开始以山西浑源县的恒山为北岳，清代就在这里祭祀。直到今天，“五岳”的名称未再改变。“三山”指的是安徽黄山、江西庐山、浙江雁荡山。“五岳”指的是泰山、华山、嵩山、衡山、恒山。

[资料来源：陈中原．“三山五岳”的由来．建筑工人，2001（8）：58.]

3. 园圃

如果说“囿”是豢养禽兽的动物园，那么“圃”就是种植瓜果蔬菜的植物园。《说文解字》中说，“种菜曰圃”。商周时期，已有园圃的经营。园，是种植树木的场地，多为果树。圃是人工栽植蔬菜的场地，并有四周围合的范围。东周时，甚至有用“圃”来指园林的，比如赵国的“赵圃”等。园圃内栽培植物，兼具观赏功能，使植物配置向有序化方向发展。

因此，园圃也具有园林雏形的性质。综上所述，园圃早先是种植果树或蔬菜的场地，随着栽培技术的提高和栽培品种的多样化，兼具观赏功能，是中国古典园林中除囿、台之外的第三个源头。

囿、台、园圃，中国园林的三个源头。其中，台涉及通神、望天和游观。囿和园圃涉及栽培、圈养或游观，属于生产基地的范畴，具有经济意义。中国古典园林的生成期始终与生产、经济有密切的关系，游观功能处于次要地位。同时，囿、台、园圃本身都包含了园林物质的构成要素，但它们还不属于园林，只属于园林的雏形。

2.1.3　影响园林向风景式方向发展的因素

促使生成期的中国古典园林向风景化方向发展的因素有两方面：社会因素与意识形态因素。社会因素是人们对大自然环境的生态美的认识，即山水审美观念的确立。意识形态方面的因素，包括“天人合一”思想、“君子比德”思想和神仙思想。

2.1.3.1　社会因素

山水审美观念的萌芽期可以追溯到人们开始将自然风景作为品赏、游观对象之时。在春秋战国时期，诸侯国君们经常游山玩水，这说明人们已经开始注意到自然景色的美妙和价值。随着时间的推移，人们对自然风景的欣赏和游观逐渐成为一种时尚和文化现象，积累了丰富的“山水文化”。在造园中，匠人们将自然元素引入园林中，通过山石、水体、植物等元素的组合和设计，营造出一种宛如自然山水的环境。这种对自然的模仿和再现，不仅体现了人们对自然美的追求和品味，也反映了对人与自然和谐相处的渴望和追求。

2.1.3.2　意识形态因素

除了社会因素之外，影响园林向风景式方向发展还有三个重要的意识形态方面的因素：“天人合一”思想、“君子比德”思想和神仙思想。它们一直影响着中国园林的发展方向，成为品德象征和精神寄托。

1. “天人合一”思想

“天人合一”思想由道家提出，属于中国独有的思想文化体系，是中华传统文化的主体，其历史渊源悠久。先秦时期，随着中原地区农耕文明的发展，中国古代先民在劳动生产实践中，产生了“天地者，生之本也”的观念，表达他们对自然现象的崇拜、对自然神奇力量的向往。中华民族的祖先将自然的“养人”“利人”称为“大德”，表现为一种感恩型的自然崇拜。受“天人谐和”的主导哲理和环境意识的影响，园林作为人所创造的“第二自然”，向风景式的方向发展。两晋南北朝以后，形成中国风景式园林“本于自然、高于自然”“建筑与自然相融糅”等基本特点，贯穿于此后园林发展的始终。明代造园家计成在《园冶》中提出“虽由人作，宛自天开”的论点，从某种意义上来说是“天人谐和”思想的承传和发展。

“天人合一”中的“天”代表天空、天道、自然大道等。“天人合一”诠释天地之道是生成原则，人之道是实现原则，提倡在尊重自然规律的前提下，发挥人的主观能动性，达到和谐的状态。“天人合一”是人与自然和谐相处的最高理想境界。

2. “君子比德”思想

“君子比德”思想，是孔子哲学的重要内容，提出“知者乐水，仁者乐山”。这种“比德”的山水观，反映了儒家的道德感悟，实际上是引导人们通过对山水的真切体验，把山水比作一种精神，并反思“仁”“智”这类社会品格的意蕴。

“比德”思想影响了中国古典园林风格的形成，强调其所象征的道德情操的价值，为中国古典园林的“意境”内涵奠定了基础。例如，古诗文中将梅、兰、竹、菊尊称为“花中四君子”，就是一种典型的比德方式。此外，人们常说的“岁寒三友”——松、竹、梅，“三益之友”——梅、竹、石，“五清”——松、竹、梅、月、水，“五瑞”——松、竹、萱草、兰、寿石等，都是“比德”思想的具体体现。

3. 神仙思想

神仙思想产生于战国末期，盛行于秦、汉。从昆仑神话到蓬莱仙山，西部地区的昆仑神话传到东部地区后，东部沿海地区创立了自己的神话系统——蓬莱神话。《史记》记载，秦始皇想长生不老，曾多次派人寻仙境、求仙药，毫无结果，只得借助园林满足他的奢望。秦始皇修建的“兰池宫”为追求仙境，就在园林中建造一池湖水，湖中三岛隐喻传说中的蓬莱、方丈、瀛洲三座仙山。受此启发，汉高祖刘邦在兴建未央宫时，也曾在宫中开凿沧池，池中筑岛。汉武帝在建造建章宫时，在宫中开挖太液池，在池中堆筑三座岛屿，并取名为“蓬莱”“方丈”“瀛洲”，以模仿仙境。这是我国典型的“一池三山”园林手法的起源。

“神仙思想”演变为中国传统园林中的“一池三山”神话仙境，丰富了湖面层次，打破人们单调的视线，逐渐成为经典。“一池三山”由此成为历代帝王营建宫苑时常用的布局方式，也在私家园林中得以继承和发展，至今已传承了2 000余年。

知识拓展六：一池三山

“一池三山”，顾名思义由“一池”与“三山”组成。“一池”为太液池，“三山”通常指的则是蓬莱、方丈、瀛洲三座山。在我国古代神话传说中，东海有蓬莱、方丈、瀛洲三座仙山，山上长满了长生不老药，住着长寿快乐的神仙。“一池三山”及中国传统理水手法，在各朝的皇家园林及一些私家园林中得以继承和发展。

（资料来源：学习强国《中国古典园林》，有修改）

知识拓展七：昆仑神话

昆仑神话是世界两大神话体系之一，是中华创世神话，与希腊神话齐名。西方有希腊神话，东方则有昆仑神话。但昆仑神话的文化内涵比希腊神话的覆盖面更加广袤而深邃。著名的昆仑神话传说有盘古开天辟地、女娲补天、夸父追日、大禹治水、八仙过海、蟠桃盛会、后羿射日、嫦娥奔月、西王母故事等。

交流讨论

中国古人“天人合一”思想何以塑造了今天的中华文明？它与当代提倡的“人与环境和谐共处”的理念有什么关联？

2.2 商、周园林

2.2.1 贵族园林的缘起

商、周时期的王、诸侯、卿大夫、士所经营的园林，统称为“贵族园林”。它们尚未完全具备皇家园林性质，但却是后者的前身。它们之中，最早见于文献记载的两处即殷纣王修建的“沙丘苑台”和周文王修建的灵囿、灵台、灵沼。

“沙丘苑台”中的苑就相当于囿，“苑”“台”两相结合便成为整体的空间环境，不仅具备圈养、栽培、通神、望天功能，还成为初具园林格局的游观、娱乐场所。

周文王在城郊建成著名的灵台、灵沼、灵囿。此三者鼎足毗邻，总体上构成规模甚大的贵族园林雏形。《诗经・大雅》的“灵台”篇的诗中对这座园林的具体描写如下：

（1）周文王兴建灵台，灵台体量不大，筑台所需的土从挖池沼得来。

（2）灵囿观赏的主要对象是动物，植物则偏重实用价值。囿内树繁草茂，野兽很多，定期允许老百姓入内割草、猎兔，但要缴纳一定数量的收获物。周文王以后，囿的规模成为奴隶主等统治者政治地位的象征。周王的地位最高，囿的规模最大，诸侯也有囿的建置，但规模要小一些。

（3）周文王在辟雍观看盲乐师们演奏音乐，或召乐工鸣钟击鼓以祭祖、娱神。此时的辟雍是一座形似小山丘的土台，其周围环绕着犹如圆璧的水池。此外，这种布局方法有一种特殊的寓意：象征昆仑山及其周围环绕着的弱水。此时的辟雍兼具坛、庙的某些功能，也是以后建置在中国古代最高学府——太学中的辟雍、泮池的前身。

知识拓展八：辟雍

辟雍，本为周天子所设大学，校址圆形，围以水池，前门外有便桥。东汉以后，历代皆有辟雍，作为尊儒学、行典礼的场所，除北宋末年为太学之预备学校（亦称“外学”）外，均为行乡饮、大射或祭祀之礼的地方。

辟雍是太庙、国子监的中心建筑。建于清乾隆四十九年（1784 年）的国子监辟雍是中国现存唯一的古代“学堂”。从清康熙帝开始，皇帝一经即位，必须在此讲学一次。

“明堂辟雍”是一座建筑，包含两种建筑名称，是中国古代最高等级的皇家礼制建筑之一。明堂是古代帝王颁布政令、接受朝觐及祭祀天地诸神和祖先的场所。辟雍即明堂外面环绕的圆形水沟，环水为雍（意为圆满无缺），圆形像辟（即璧，皇帝专用的玉制礼器），象征王道教化圆满不绝（图 2-4）。

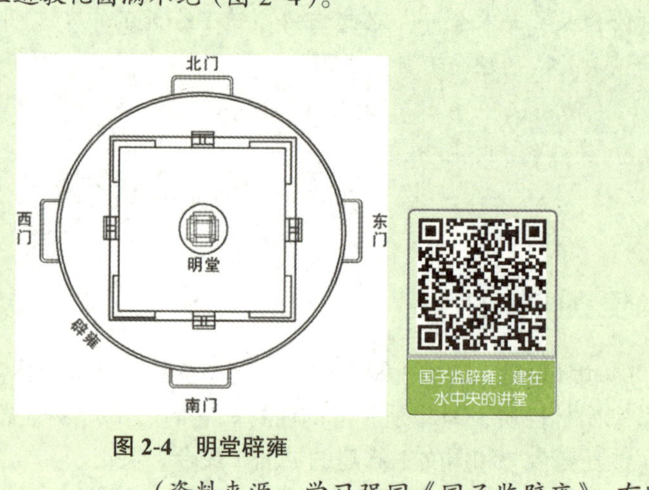

图 2-4　明堂辟雍

（资料来源：学习强国《国子监辟雍》，有删减）

2.2.2　周代王城规划

《周礼 · 考工记 · 匠人》记述了周王朝营建都邑的规划制度，分为王城、诸侯城和都（宗室、卿大夫的采邑）三级。其中关于王城有如下记述：“匠人营国。方九里，旁三门。国中九经九纬，经涂九轨。左祖右社，面朝后市，市朝一夫。”其中的“左祖”，即在宫殿左前方设祖庙，祖庙是帝王祭拜祖先的地方，因为是天子的祖庙，故称太庙；“右社”则是在宫殿右前方设社稷坛，社为土地，稷为粮食，社稷坛就是帝王祭祀土地神、粮食神的地方。古代以左为上，所以左在前，右在后。“匠人营国，方九里”，匠人所营之国四面见方，每面皆是 9 里，则周长约为 14 968.8 米。这所谓的“九轨”为 72 尺，每 6 尺为 1 步，就是说当时的道路的宽度为 12 步，换算成今制，约为 16.632 米（图 2-5）。

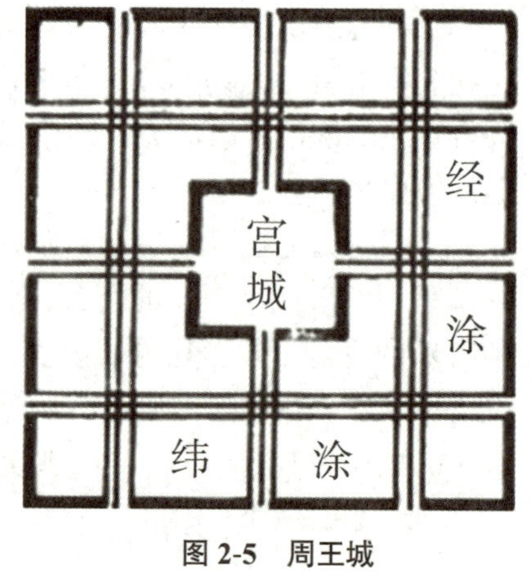

图 2-5　周王城

宫城前半部是帝王处理政务的朝廷，宫城后面是中心市场。朝廷和市场各一百步见方。这是我国尚未进入封建社会、尚无皇帝时就有的都城规划方案，也是在都城总体布局中体现尊卑有序、等级森严传统文化的具体规定：王在中央，四周依次为王室贵族、卿、大夫、百姓等拱卫和尊奉。宫城有一条中轴线，庙堂和社稷分列左右，既有精神寄托，又有物质力量。朝政关系国家大事，极为严肃，故置于前。商市置于后。方向四正的大道既是交通网络，又将百姓安置在坊、里居住，便于管理。整体布局井然有序。一切的核心都是王权。据此复原理想王城的平面布局，可析出一条贯通南北的中轴线。中轴线东西两侧配置对称呼应，道路布置、功能单元及空间秩序等皆由中轴线驾驭，成为中国人追求的“中轴为基、

左右对称”的完美空间形态。因此这一规划方案在漫长的封建社会仍然具有强大生命力，在国都、皇城建设中起着指导作用。

知识拓展九：陕西凤雏村早周遗址

西周最有代表性的建筑遗址当属陕西岐山凤雏村的早周遗址。它是我国已知最早、最严整的四合院建筑，由两进院落组成。中轴线上依次为影壁、大门、前堂、后室。这一方面证明了中国文化传统历史悠久，另一方面似乎也说明了当时封建主义萌芽已经产生，建筑组合的变化体现了当时生活方式与思想观念的变化。

（资料来源：微信公众号“研学建筑”《中国建筑史中的 10 个建筑之最》，有删减）

知识拓展十：中国最古老的城市规划学说——《周礼·考工记》

《考工记》是战国时期记述官营手工业各工种规范和制造工艺的文献。《考工记·匠人营国》记载了当时的王城规则制度。这个制度正是西周开国之初，以周公营洛为代表的第一次都邑建设高潮而制定的都城营造制度。我国古代最接近《考工记》王都营建制度的城市是元大都。

（资料来源：微信公众号“研学建筑”《中国建筑史中的 10 个建筑之最》，有删减）

知识拓展十一：最早出现的榫卯技术——浙江余姚河姆渡遗址

浙江余姚的河姆渡遗址是中国新石器时代晚期遗址，位于距宁波市区约 20 千米的余姚市河姆渡镇，面积约 4 万平方米。河姆渡遗址上下叠压着四个文化层，出土陶片达几十万片，还有陶器、骨器、石器及木构建筑遗迹等大量珍贵文物。该遗址是中国采用榫卯技术构筑木结构房屋的最早实例。

（资料来源：微信公众号“研学建筑”《中国建筑史中的 10 个建筑之最》，有删减）

2.2.3　春秋战国时代的宫室建筑

西周后期，国势日衰，迁都洛邑，标志着东周即春秋战国时期的开始。东周的王城比西周的晚四百多年建成，城市建设更为成熟，形成了以王宫为中心的“前朝后市、左祖右社”的格局。

春秋战国时期，随着经济的发达、城市的发展，出现了宫苑建设的高潮。东周时，台与囿结合，以台为中心构成的贵族园林越来越普遍。此时园林多用“台”“宫”“苑”“囿”的称谓，均为贵族园林。园林中的观赏对象已升级，由早先单纯地欣赏动物扩展到植物，甚至山川美景。这时宫苑的游玩观赏功能已经上升到主要地位。园主人逐步懂得欣赏花草树木的姿态美，建筑也选择依山傍水的地方修建，园林中有了观赏水体。春秋战国时期有文献记载的贵族园林不多，其中规模大、特点突出、知名度高的，属楚国的章华台、吴国的姑苏台。

1. 章华台

章华台，又称章华宫，是楚灵王六年（公元前 535 年）修建的离宫，被誉为当时的“天下第一台”，后毁于兵乱。经考证其位于湖北潜江龙湾附近。其中，最大的一号台长 45 米，宽 30 米，高 30 米，分为三层，每层的夯土上均有建筑物残存的柱础。登临此台需要休息三次，故俗称“三休台”。台上建筑装饰与装修辉煌富丽。章华台不仅“台”的体量庞大，“榭”亦美轮美奂，是当时宫苑“高台榭”的典型。因楚灵王特别喜欢细腰女子在宫内轻歌曼舞，不少宫女为求媚于王，少食忍饿，以求细腰，故亦称“细腰宫”。

章华台三面都是人工开凿的水体，临水而成景，水池的水源引自汉水，也为水运交通提供了便利。这模仿了舜在九嶷山的墓葬所采用的山环水抱模式。于史书记载中，华章台是在园林中开凿大型水体工程之首例。

知识拓展十二：楚王好细腰

《墨子·兼爱中》云：“昔者，楚灵王好士细要（腰），故灵王之臣皆以一饭为节，胁息然后带，扶墙然后起。比期年，朝有黧黑之色。”

楚灵王喜欢有纤细腰身的男子，所以朝中的一班大臣，唯恐自己腰肥体胖，失去宠信，因而不敢多吃，每天只吃一顿饭节制自己的腰身。每天起床后，整装时先屏住呼吸，然后把腰带束紧，扶着墙壁站起来。等到第二年，满朝文武官员脸色都是黑黄黑黄的。

楚灵王不体恤民情，一切以自身享乐为先，最后落得众叛亲离的下场。

2. 姑苏台

姑苏台始建于公元前 505 年，在吴国国都（今苏州市）西南姑苏山上，至今尚保留有古台址十余处。姑苏台宫苑全部建筑在山上，因山成台，联台为宫，规模极其宏大，主台“广八十四丈”“高三百丈”。宫苑的建筑极华丽，除一系列的台之外，还有许多宫、馆及小品建筑物，并开凿山间水池。天池即人工开凿的水池，既是水上游乐的地方，也具有为宫廷供水的功能，相当于山上的蓄水库。馆娃宫附近有玩花池、琴台、响屟廊、砚池、采香径等古迹。采香径，顾名思义，是栽植各种花卉以供观赏的花径。包括馆娃宫在内的姑苏台，与洞庭西山消夏湾的吴王避暑宫、太湖北岸的长洲苑，构成了吴国沿太湖岸的庞大的环状宫苑集群。

章华台和姑苏台是春秋战国时期贵族园林的两个典型实例。它们的选址和建造都利用了大自然山水环境的优势，自然成景。园林中的建筑物类型比较多，包括台、宫、馆、阁等，可满足游赏、娱乐、居住乃至朝会等多方面的功能需要。除栽培树木之外，姑苏台还有专门栽植花卉的区域。章华台所在的云梦泽也是楚王的田猎区，因而园内很可能有圈养的动物。园林中有人工开凿的水体，既满足了交通或供水的需要，也提供水上游乐的场所，创设了因水成景的条件——理水。因此，这两座著名的贵族园林代表囿与台相结合的进一步发展，是过渡到生成期后期的秦汉宫苑的先型。

知识拓展十三：馆娃宫

馆娃宫，位于苏州灵岩山，乃春秋时期吴王夫差为宠幸西施而兴建。馆娃宫因倾城倾国的西施而闻名天下。吴人称美女为“娃”，馆娃宫即美女所居之宫。这是中国历史上一座比较完备的早期诸侯王室园林。

（资料来源：学习强国《馆娃宫诗叹兴亡》，有删减）

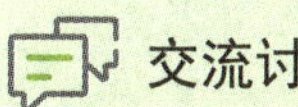

交流讨论

你还知道春秋战国时期有哪些台？在当代园林中，你还见过哪些台？

2.3 秦代园林

2.3.1 大咸阳规划

公元前 221 年，秦灭六国，统一天下。秦朝开始了大规模的宫苑建设。中国古典园林经过了商周时期以“台”为主体的贵族园林，到秦朝才演变为中国历史上真正的皇家园林。

为了体现“天下之大，唯我独尊”的气势，秦始皇每灭一国，就会在咸阳宫东侧营建该国皇宫相同的宫苑，于是咸阳的雍门以东、泾水以西的渭河北岸一带，形成了一个荟萃六国地方特色的宫苑群——六国宫。这种将天下美景纳入自己土地的做法，在之后的皇家园林中被保留了下来，一直到清末的圆明园。

秦始皇推行的“大咸阳规划”是一个庞大的土地规划。以渭水为界，北面是旧的宫苑，包括咸阳宫、六国宫，这些都是在统一前陆续建设的。渭水南面广阔的土地上散落了如繁星般众多的宫苑，而这些宫苑又如众星捧月般突出了咸阳宫，形成了北极星般的布局，象征皇权至高无上。大地上的宫殿和天上的星座一一对应，体现“天人合一”。因此，也可以说，秦代在都城与宫殿的建设中本着传统的天、地、人一体的观念，模仿天体安排皇帝的驻地和住所。这一布局着眼于山川地貌的大环境，利用自然地形来增助人工建筑的气势。这种把人为环境与自然环境统一起来考虑的规划设计，正符合现代科学的“环境设计”概念，体现了中国劳动人民的智慧。此外，秦代还利用甬道把各个分散的宫苑连接起来，形成了庞大的宫殿网络。而这一切都是为了体现皇帝在人间至高无上的地位。这种大型的土地规划在历史上都是绝无仅有的大手笔。

秦始皇晚年，在原周都丰、镐之间建设了更大规模的宫苑——阿房宫，它是上林苑的中心。阿房宫代替咸阳宫成了秦国的政治中心。阿房宫是皇帝日常起居、视事、朝会、庆典的场所，相当于渭南的政治中心。秦始皇以阿房宫为中心向四周的宫苑修建复道，形成一个辐射状的交通网络，强化原本的星象模拟。它通过复道连接背面的咸阳宫和东面的骊山宫。复道其实是甬道的升级版，它是上下两层的廊道，上层封闭，下层敞开。复道显然更加奢华，皇帝无论去哪里都可以在室内而无须经过露天，这也是之后明清私家园林大量修建游廊的原因。甬道、复道还有一个作用就是让皇帝和普通人隔绝，为皇帝的人身安全提供保证。秦朝的皇家园林中最出名的是上林苑，以及史书上频频出现的兰池宫。

知识拓展十四：秦宫复道

秦汉史籍多处提到“复道”。复道作为一种特殊的交通道路，可长达数十里。复道是亭楼之间相连通的空中道路，行人因此得以“渡”。复道的出现，可以理解为引桥在陆上的延长。有的学者称这种建筑形式为“飞桥”或“天桥”。秦始皇“为复道，自阿房渡渭”，西汉桂宫“内有复道，横北渡”，都是用“渡”来形容。复道，即上下有道，尊贵者行复道上，有利于保证安全。复道凌空而行，在行人车马繁错拥杂的地段，复道的出现，显然起到了便利交通的作用。“复道”不仅仅是宫室建筑形式，也是军事防御系统中的有效结构之一。汉代城防工事中用“复道”以俯视、控制周围地面，并以此与城外其他防务设施相联系。甘肃武威雷台汉墓出土的陶楼，四隅角楼及门楼之间有道凌空相通，提供了“复道”的实体模型。

秦宫复道

[资料来源：丝绸之路（敦煌）国际文化博览会网站，有删减]

2.3.2 秦上林苑

上林苑为在秦国的旧苑上扩建而成的宫苑，为当时规模最大的一座皇家园林。苑内最主要的一组宫殿建筑群即阿房宫，这是秦朝的政治中心，也是上林苑的核心。此外，还有许多具备特殊功能和用途的宫、殿、台、馆依托各种自然环境、地形条件而构筑。上林苑有专门为圈养野兽而修筑的兽圈，还在其旁修建了馆、观之类的建筑物，以供皇帝观赏动物和狩猎之用，是狩猎专用的离宫。上林苑内树木繁盛，郁郁葱葱，还开凿了很多人工湖泊，既丰富了水景，又发挥了蓄水库的作用，还增加了水资源。

2.3.3 兰池宫

秦始皇非常迷信神仙方术，多次派遣方士前往东海三仙山寻求长生不老之药，但毫无结果。因此，他转而求其次，在园林中挖池筑岛，模仿海上仙山的形象，以实现他接近神仙的愿望。这就是“兰池宫”的由来。秦始皇在兰池宫引渭水为池，池中堆筑岛山，这是首次见于史载的园林筑山、理水之举。兰池宫堆筑岛山名为“蓬莱山”，以模拟神仙境界，更赋予联想的意向，开启了西汉宫苑求仙活动的先河。此后，皇家园林又多了一个求仙的功能。因此，兰池宫在中国园林生成期的发展中占重要地位。

2.3.4　秦王好宫室的原因

秦始皇之所以偏好宫室建筑，主要有以下几个原因：统一六国后用其彰显权威和炫耀；渴望长生不老，模拟海上仙山以实现接近神仙的愿望；用以展示自己的权力，巩固中央集权和加强国家的统一。

交流讨论

众星捧月般的秦朝皇家园林如何展现“天人合一”？对以后的皇家园林发展有什么深远意义？

2.4　汉代园林

2.4.1　西汉皇家园林

在西汉王朝建立之初，秦的旧都咸阳已被项羽焚毁，因此朝廷决定在咸阳东南、渭水之南岸的兴乐宫旧址上建立新都长安。首先在兴乐宫的遗址上建造了长乐宫，随后在其东侧又建造了未央宫，这两座宫殿均位于龙首原上。到了汉惠帝时期，才开始修建城墙，并陆续建成了桂宫、北宫、明光宫。这五座宫殿建筑群占据了长安城总面积的三分之二。城内开辟了八条大街、一百六十个居住的里、九府、三庙、九市，人口约五十万（图 2-6）。

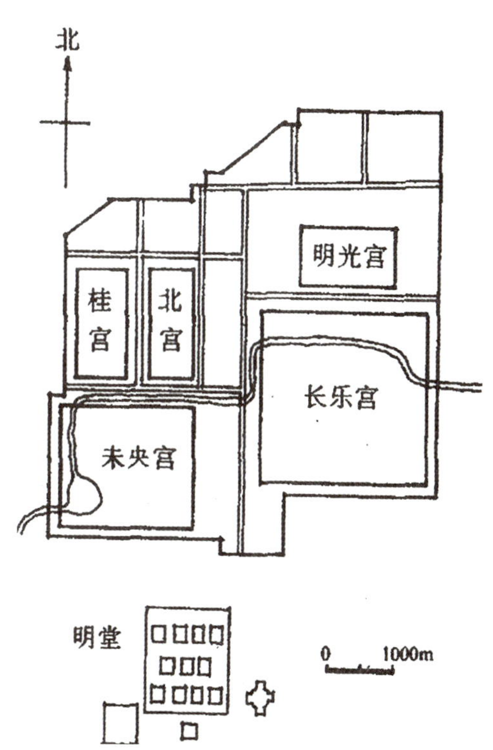

图 2-6　汉长安城内宫苑分布图

西汉时期，随着社会经济的发展，皇家园林的经济基础逐渐稳固，社会经济的繁荣也带动了建筑技术的进步，为皇家园林的建设提供了更好的技术条件。西汉时期的政治文化也对皇家园林的发展产生了影响。汉武帝时期，儒家思想逐渐成为主流思想，强调“天人合一”“自然和谐”等理念，这些思想深深地影响了皇家园林的设计和建设。皇家园林中的建筑和景观要素逐渐呈现出和谐、自然的特点，体现了儒家思想中的“天人合一”理念。此外，西汉时期的对外贸易也为皇家园林的发展带来了新的机遇。汉武帝时期，张骞出使西域，开辟了丝绸之路，使得中外文化交流逐渐增多。外来文化中的园林设计理念和元素也逐渐传入中国，为皇家园林的设计和建设提供了新的思路和灵感。

西汉的众多宫苑之中比较有代表性的是上林苑、未央宫、建章宫、甘泉宫、兔园五处。它们都具备一定的规模和格局，代表着西汉皇家园林的几种不同的形式。

1. 上林苑

上林苑是中国历史上最大的一座皇家园林。汉武帝刘彻于公元前138年在秦代园林的基础上进行了扩建，形成了上林苑。该园林规模宏伟，拥有众多宫室，具备游憩、居住、宗教、生产、军训、休闲、狩猎等多种功能。上林苑的实际面积约为2 460平方千米，因此，可以说上林苑是中国历史上最大的皇家园林。

在园林建筑方面，上林苑内有36个苑、12座宫和35座观。上林苑的自然环境非常优越，除天然植被丰富之外，初建时还从各地引进了2 000多种名果异树。此外，园内还饲养了许多奇珍异兽。园内的渭、泾、沣、涝、潏、滈、浐、灞八条天然河流，被称为“关中八水”。园内还有许多池沼，其中昆明池周长20千米，四周环绕着许多宫观，并造有高楼船只供训练水军使用（图2–7）。

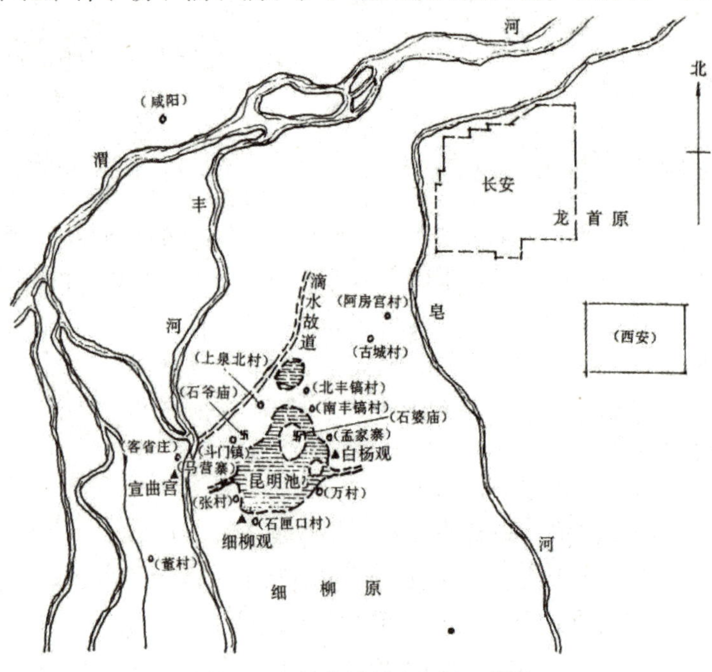

图 2-7　上林苑昆明池位置示意图

（周维权《中国古典园林史》）

上林苑是一个包含多种功能的大型园林。在这个圈定的广大地域里，既有自然景观如河流、池沼、植被和野生动物等，又有人工修筑的各种宫殿建筑群散布其间。上林苑具备生成期古典园林的全部功能。

2. 未央宫

未央宫，位于长安城西南角龙首原上，建于汉高祖七年（公元前200年），总面积约5平方千米，亭台楼榭、山水沧池布列其中。未央宫是西汉皇帝和后妃居住的地方，相当于后来的“宫城”。未央宫是汉朝200余年间的政治中心。未央宫是后世诗词中“汉宫”的代名词。

未央宫构造复杂且规模宏大。未央宫有内垣和外垣两重宫墙，由外宫和后宫两部分组成。未央宫内有南北向主干道和两条东西向道路，将未央宫分为三个区域：北区、中区和南区。中区由前殿和椒房殿构成中心宫殿区；北区是百官衙署所在；南区是皇家园林，有大型人工湖沧池。南宫门只有一个门道，宽3米多，出于安全考虑，采用了两重门，两重门之间形成的封闭空间增强了防御性。园林区沧池及其附近，凿池筑台的做法受到秦始皇在兰池宫开凿兰池、筑蓬莱仙山的影响，其建筑形制深刻影响了后世宫城建筑，奠定了中

国两千余年宫城建筑的基本格局。

未央宫也是丝绸之路的东方起点。建元二年（公元前 139 年）张骞在未央宫接受汉武帝的旨意出使西域，展示了位于丝绸之路东端的东方文明发展水平，发挥了汉长安城在丝绸之路发展历程中兼具时间与空间上的双重起点价值。

3. 建章宫

建章宫建于汉武帝太初元年（公元前 104 年），规模宏大，有“千门万户”之称。建章宫总体布局是北部以园林为主、南部以宫殿为主，成为后世“大内御苑”规划的起源，开自然山水宫苑之先河。其形制仿未央宫，平面大致呈长方形，四周有城垣，东西约 2 130 米，南北约 1 240 米。为了往来方便，跨城筑有飞阁辇道，可从未央宫直至建章宫。建章宫建筑组群的外围筑有城垣。建章宫的北部有独立的园林，以太液池为中心。汉武帝也笃信神仙方术，遂效仿秦始皇兰池宫的做法，刻石为鲸鱼，长三丈，并在太液池中堆筑三岛，象征方丈、蓬莱、瀛洲。这是中国历史上第一座拥有完整三仙山的仙苑式皇家园林。此后，“一池三山”成为历来皇家园林的主要模式，一直沿用到清代（图 2-8）。

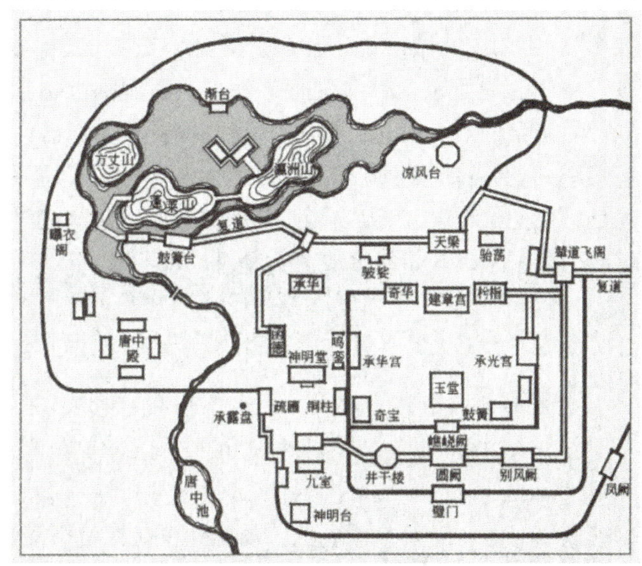

图 2-8　建章宫平面图

（王道亨、冯从吾《陕西通志》）

4. 甘泉宫

西汉甘泉宫是汉代重要的宫殿建筑之一，位于现在的陕西省西安市西北郊的甘泉山。甘泉宫原名林光宫，建于秦朝，汉武帝时期进一步扩大规模，兼有求仙通神、避暑游憩、政治活动、外事活动等多种功能，类似后世的离宫御苑，成为汉代仅次于长安城的政治活动场所。甘泉宫不仅是政治活动的场所，也是许多重大政治活动和外交事件的见证地。史书记载，甘泉宫曾是汉代许多重大政治事件的发生地：“七国之乱”时刘濞之子曾藏匿在甘泉宫；匈奴单于也曾被迎入甘泉宫接受汉武帝的款待；昭君出塞时也曾在此暂住；等等。甘泉宫是汉代宫殿建筑的代表之一，其布局和结构都非常精细，也融入了自然元素和人文元素，体现了汉代园林建筑的独特魅力。

5. 兔园（梁园）

兔园是西汉皇家园林，位于汉朝都城长安城西南角，因养兔子而得名，又称“东苑”“梁园”。兔园的规模较大，布局和设计充满了皇家园林的特点。园内有开凿的水池——雁池和清冷池，有人工堆筑的山和岛屿，是文献记载中用石筑山的首例。兔园内放养了各种珍稀动物并种植了许多植物。园内宫、观、台等建筑延绵数十里。兔园以其山池、花木、建筑之盛及人文荟萃而名重一时，直到唐代仍有文人为其作诗文咏赞。

皇家园林是西汉造园活动的主流，它继承秦代皇家园林的传统，保持其基本特点而又有所发展、充实。因此，秦、西汉皇家园林可以相提并论。“宫苑”是当时皇家园林的普遍称谓，一般情况下，宫、苑分别代表两种不同的类别。宫以行政为主，游赏为辅；苑以生产为主，游赏为辅。

2.4.2 东汉皇家园林

与西汉中央高度集权不同，东汉中期以后贵族官僚和豪强地主土地兼并现象非常普遍，庄园经济横行。因此，无论是宫还是苑，其数量和规模都不如西汉时期。皇家园林规模变小了，要在有限的空间中营造更加合理的空间，游赏功能上升为主要功能，因此需“精耕细作”，让东汉的城市规划和园林设计都更加合理。这时的皇家园林见于文献的有十余处。最具特色的濯龙园，以水景营造为主；西园则以山景见长。西园中建有室内的游泳池，供皇帝和宫女们戏水游乐，此池水流出后在园林中作“流香渠”；设置“买卖街”，让宫女们在其中买卖物品，还让人装扮成盗贼相互争斗，皇帝装成平民在其中看戏，这种“列肆”也是历史上最早的。西园中还堆有少华山，这是最早模仿自然景色的案例。总之到了东汉时期，皇家园林开始从粗放变为精细。

知识拓展十五：别具魅力的汉代瓦当艺术

汉朝园林中的建筑有著名装饰物——瓦当。瓦当，俗称瓦头，它是我国古代建筑中用于筒瓦顶檐上的一种建筑构件，指的是在筒瓦顶端下垂的特定部分。汉代的瓦当艺术是中国古代建筑装饰的重要代表之一。在汉代，瓦当被广泛用于宫殿、官署、陵墓等建筑上，以其精美的图案和文字表达着皇家的权威和富贵。

汉代出土瓦当

汉代瓦当的造型和纹饰非常丰富，有动物、植物、人物、神话传说等题材。汉代瓦当的艺术价值非常高，它不仅是中国古代建筑装饰的代表之一，还是中国古代艺术的重要遗产之一。

（资料来源：学习强国《中国建筑之美——瓦当》，有修改）

2.4.3 汉代私家园林

在西汉初年，朝廷以节俭为尚，因此私人营造园林并不普遍。从汉武帝时期开始，贵族、官僚、地主和商人开始广泛管理田产，拥有大量奴婢，过着奢侈的生活。有关私家园林的记载逐渐频繁地出现在文献中，这些园林包括“宅”“第”，其中不仅有园林部分，还有一些直接被称为“园”“园池”。此外，大官僚如灌夫、霍光、董贤，以及贵戚王氏五侯的园林都展现出宏大的规模和壮丽的楼观。

东汉时期的私家园林在文献记载中已经比较多。除城市和近郊的宅、第、园池外，郊野庄园也开始园林化经营，展现出朴素的园林特征。从传世和出土的东汉画像石、画像砖和明器上，可以看到园林形象的生动再现。在东汉初期，经济正在复苏，社会崇尚节俭。但到了东汉中期以后，吏治腐败，外戚、宦官操纵政权，贵族、官僚聚敛财富，追求奢侈

的生活，他们竞相营建宅、第、园池。

梁冀是东汉开国元勋梁统的后人，拥有园林数量众多。《梁统列传》中记述了梁冀两处私园——“园圃”和“菟园”，是东汉私家园林的精品。“园圃”，园林中构筑假山的方式是仿照崤山的形象，将真山缩小重现，通过模仿“十里九坂”的连绵气势，展现出崤山的险峻和宏伟，假山上的深林绝涧同样突出了其险势。这种假山构筑方式是中国古典园林文献中记载的最早的例子。菟园“缮修楼观，数年乃成”，说明园内建筑物数量不少，尤其是高楼建筑规模相当可观。

在东汉时期，私家园林中普遍设有高楼建筑，这在当时的画像石、画像砖上都有具体形象的展现。这种建筑风格与当时流行的“仙人好楼居”的神仙思想有关，同时也出于造景、成景方面的考虑。高耸的楼阁形象可以丰富园林的总体轮廓线，成为园景的重要点缀，站在楼上远眺，还可以观赏到园外的美景。人们已经意识到了楼阁的“借景”功能。东汉园林理水技艺也有所发展，私家园林中的水景较多，往往将建筑与理水相融合，从而因水成景。

东汉中期以后，许多文人不满朝廷现状，逃避政治斗争，纷纷辞官回到自己的庄园过隐居生活，还有一些世家大族的文人选择终身不仕，安心在庄园里过着隐居生活。因此，社会上涌现出了一大批所谓的“隐士”。庄园经济的发展催生了众多相对独立的政治和经济实体，能够规避皇帝的集权政治，成为较为理想的避世之所。这些庄园主选择了“归田园居”，回到各自的庄园中过着隐士生活，尽享诗、书、酒、琴和园林之乐趣。这种“隐逸思想”逐渐在文人士大夫的圈子里蔓延。他们深受“天人谐和”思想的影响，注重居住生活与自然环境的和谐，在庄园中积极开发自然生态之美，引入外部的山水风景之美。这样，庄园中逐渐融入了园林因素，呈现出朴素的园林特征，最终形成了园林化的庄园。

这样的园林化庄园不仅是生产和生活的组织形式，也可以视为私家园林的一个新兴类别——“别墅园”的雏形。这种庄园能让庄园主在远离城市喧嚣的地方享受淡泊宁静的精神生活和保持一定水准的物质生活。更重要的是，这种庄园是人们有意识地融合了人工与自然，营造出一种“天人谐和”的人居环境。这种极富自然清纯格调的美景，正是文人士大夫所向往的隐逸生活的载体。当然，它也可以被视为流行于东汉文人士大夫圈子里面的隐逸思想的物化形态。

园林化庄园在东汉时期还处于萌芽状态，但到了魏晋南北朝时期，它们得到了长足的发展。相应地，隐逸思想也随着时间的推移而丰富内涵，更深刻地渗透于后世的私家园林创作活动之中。

交流讨论

汉代园林审美文化承前启后，在中国古典园林审美文化史上影响深远，且早已渗透到现代园林与当代审美文化之中，对于增强我国园林审美文化自信、提高世人审美境界、建构人与自然更高层次的和谐具有诸多重要价值。请谈谈你的感想。

本章小结

商、周是园林生成期的初始阶段，“贵族园林”相当于皇家园林的前身，但尚不是真正意义上的皇家园林。随着建造技术的发展，出现了宫室、台等建筑物，宫室的大小和规格都有规定，宫殿、明堂、辟雍等建筑物都有等级之分。在春秋战国时期，出现了以自然山水为主题的造园风格。皇家园林在秦、西汉产生。东汉则是园林发展由生成期向魏晋南北朝转折时期的过渡阶段。园林功能也逐渐转化为以游憩、观赏为主。但园林建设的审美意识仍处于较低水平，造园活动尚未完全达到艺术创作的境地。

以史明鉴 启智润化

从天人合一到习近平生态文明思想

“天人合一”是中国古代哲学思想的核心，是中华民族文明永恒的主题。

习近平生态文明思想包含了“人与自然和谐共生”的科学自然观，与“天人合一”的中国哲学思想有着内在的联系，都蕴含着人与自然和谐共生的东方智慧。在中国古代思想体系中，“天人合一”的基本内涵就是人与自然和谐共生，体现华夏子孙把自然生态与人类文明联系起来的观念。几千年后，当工业化进程带来巨大的生态危机时，这一哲学思想在古老的东方大国焕发出新的活力。和谐共生是中国式现代化的鲜明特征之一。

当今园林工作者要继承和发扬传统天人合一的精髓，运用现代、科学的设计手法，遵从自然，大胆创新，以人为本，营造人与自然和谐共生的生态园林环境。

（资料来源：学习强国《从天人合一到习近平生态文明思想》，有删减）

伸手一摸就是春秋文化，两脚一踩就是秦砖汉瓦

伸手一摸就是春秋文化，两脚一踩就是秦砖汉瓦

“伸手一摸就是春秋文化，两脚一踩就是秦砖汉瓦”，形象又精准地讲出了河南深厚的历史底蕴和丰富的文物资源。中原文化是中华文化的主源主根，中原文明发展史，就是中华文明史的缩影。河南省地处中原，是中华文明的主要发祥地。从仰韶文化点燃中华文明的第一缕曙光，到夏都二里头遗址揭开王国时代的神秘面纱，再到秦汉帝国大一统的完成和唐宋经济文化助推中华文明达到历史时期的巅峰，王朝、都城、文字、文物等华夏文明的各类载体和结晶，成为支撑五千多年中华文明起源、形成、发展并延绵至今的物质和精神坐标。

（资料来源：张得水，刘丁辉.中原文物，见证五千年中华文明.《河南日报》，2022.8.3，有删减）

文化传承 行业风向

鲁班传说与中华文化认同

鲁班，又名公输般，是春秋战国时期鲁国著名的工匠，技艺高超。鲁班传说是我国著名的传说，其文化源远流长。鲁班是能工巧匠的代表、民间智慧的化身，被多个行业奉为祖师。木工师傅们用的手工工具，如钻、刨子、铲子、曲尺、墨斗（划线用的），据古籍记载，都是鲁班发明的。古代攻城用的器械“云梯”和古代水战用的征战工具“钩强”，传说都是鲁班发明的。上述每一件工具的发明，都是鲁班在生产实践中得到启发，经过反复研究、试验出来的。

2008 年，鲁班传说被列入第二批国家级非遗名录。鲁班传说在全国各地广泛传播，内容丰富，艺术形式多样，彰显了对中华文化的认同。

（资料来源：熊威，张琴 . 鲁班传说与中华文化认同 .《中国民族报》，2023.1.31.）

鲁班工坊：“一带一路”上的中国职教名片

鲁班工坊是天津原创并率先实践的职业教育国际品牌。目前已建成的 27 个鲁班工坊，遍布亚非欧三大洲，让中国优质的职业教育与先进技术一同走出国门，成为“一带一路”上耀眼的中国职教名片。“国之交在于民相亲。”通过鲁班工坊这张闪耀的中国职教名片，中国与共建“一带一路”国家，在技术、人才和文化交流中，更加互通互融、民心相连。

（资料来源：陈曦 . 鲁班工坊：“一带一路”上的中国职教名片 .《科技日报》，2023.10.18.）

“一池三山”在现代园林中的应用

“一池三山”蕴含深刻的中国传统文化，是中国园林中常见的理水模式，在中国园林发展的漫长历史长河中经久不衰，为历代山水园林造园所用，如承德避暑山庄、苏州颐和园、北京拙政园、杭州西湖等。“一池三山”的造景手法在现代园林中融合新工艺和新材料，如南京的玄武湖公园、白鹭洲公园（图 2-9）。在一些地产项目中，“一池三山”的设计理念也常常被诠释。（重庆）金科九曲河：极简的线条勾勒，打造静谧的禅意空间，三个圆形的树池点缀，配合灯光和倒影，给原本封闭的围合空间增加了一份神秘。（广州）龙湖天宸原著：以金属结合浑石的花钵代替雄壮巍峨的大山，深色的雨花石象征着浩瀚的水面，配合雾森营造缥缈的大道之意。

(a)

(b)

图 2-9　南京玄武湖公园与白鹭洲公园

(a) 玄武湖公园；(b) 白鹭洲公园

“一池三山”造景手法的传承，可以看作秦汉文化的延续，是民族文化的烙印，是园林文化的精华，是中华传统文化传承和发扬的必然结果，也是文化自信的体现。

温故知新 学思结合

一、选择题

1. 下列体现了中国古代神话对园林艺术的影响是（　）。

A.《聊斋志异》　B.《封神榜》　C.《西游记》　D. 一池三山

2. 秦汉园林的主要色彩是（　）。

A. 金色　B. 黑色　C. 绿色　D. 红色

二、简答题

“一池三山”中的“一池”和“三山”分别指什么？

三、实践题

探索你身边城市公园中“一池三山”的处理方式，请举两个例子说明。

课后延展 自主学习

1. 书籍：《园冶》(手绘彩图修订版)，计成著，倪泰译，重庆出版社。
2. 书籍：《中国古典园林史》，周维权，清华大学出版社。
3. 书籍：《中国古典园林分析》，彭一刚，中国建筑工业出版社。
4. 扫描二维码学习：学习通平台，厦门工学院谢鑫泉《中外园林史》。
5. 扫描二维码观看：《苏园六纪》第二集《分山裁水》。
6. 扫描二维码观看：《园林》第二集《村庄里的上林苑》。
7. 扫描二维码观看：《中国古建筑》第二集《唐风咏时》。

思维导图 脉络贯通

- 中国古典园林生成期——商、周、秦、汉
  - 中国古典园林的起源
    - 中国古典园林的雏形
    - 中国古典园林的三个源头——囿、台、园圃
    - 影响园林向风景式方向发展的因素
      - 社会因素：山水审美观的确立
      - 意识形态因素
        - “天人合一”思想
        - “君子比德”思想
        - 神仙思想
  - 商、周园林
    - 贵族园林的缘起
    - 周代王城规划
    - 春秋战国时代的宫室建筑
      - 章华台
      - 姑苏台
  - 秦代园林
    - 大咸阳规划
    - 秦上林苑
    - 兰池宫
    - 秦王好宫室的原因
  - 汉代园林
    - 西汉皇家园林
      - 上林苑
      - 未央宫
      - 建章宫
      - 甘泉宫
      - 兔园（梁园）
    - 东汉皇家园林
    - 汉代私家园林

第3章 中国古典园林转折期——魏、晋、南北朝

学习目标

➢ 知识目标

1. 了解园林转折期的时代背景。
2. 熟悉魏晋南北朝时期皇家园林、私家园林、寺观园林的主要特征。

➢ 能力目标

1. 掌握园林鉴赏能力，领会魏晋南北朝时期园林的精髓。
2. 掌握通过历史背景分析来思考园林发展的能力。

➢ 素质目标

1. 热爱自然环境，推进人与自然和谐相处。
2. 树立正确的人生观、世界观和价值观，勇敢面对人生中的各种挫折与挑战，在逆境中求生存，在生存中谋发展。

启智引思 导学入门

魏晋南北朝时期是中国园林发展的一个转折点。三百多年的分裂时期，社会动荡不安，普遍流传着消极悲观和及时行乐的思想，文人和士大夫寄情山水，避世之风四起，比如魏晋时期的竹林七贤、东晋的陶渊明等，他们纵情山水，崇尚隐逸，兴起造园热。此时的园林多为写意山水园，以模仿自然为主，奠定了山水园林的基础。

魏晋南北朝的动荡历史对和平时代的我们有多方面的启示。我们的党始终以人民利益为重，与人民同呼吸、共命运、心连心，让我们能在和平年代安心地学习与生活。我们要努力维护国家统一，珍惜和平稳定的社会环境，尊重并促进民族融合和文化交流。

学习内容

3.1 历史背景及对园林发展的影响

魏晋南北朝时期是一个充满动荡与变革的时期。这个时期经历了政治、经济、社会和文化等多个方面的巨大变革，也对中国园林的发展产生了深远的影响。

这三百多年社会动荡不安，人们产生了消极悲观的情绪，滋生了及时行乐的思想。这促进了佛教的兴起。老庄、佛学与儒学相结合形成了玄学，促使园林哲学思想的形成。这种哲学思想强调自然与人的和谐共处，追求心灵寄托和意境之美。

当时士大夫中涌现出大量被称为“玄学名士”的人物，如“竹林七贤”。这些名士一方面通过饮酒纵歌、畅谈玄学等行为表现出狂放不羁的态度，另一方面则通过寄情山水、崇尚隐逸展示其思想作风。这就是所谓的“魏晋风流”。魏晋南北朝时期还产生了大量的隐士，使隐逸思想流行于世。魏晋士人寄情山水，表达真挚情感，推动山水风景的大规模开发和山水艺术的繁荣兴盛。

文学方面，文人名士描写山水风景的诗歌越来越多，他们回避现实世界，追求“顺应自然”。其中，有以山水风景为题材进行创作的谢灵运，还有擅长山水诗文的陶渊明、谢朓、何逊等人。在这样的时代文化氛围之中，越来越多的自然生态环境作为一种景观被利用于人居环境中，自然美与生活美相结合向环境美转化。这是人类审美观念的一个伟大转变。在欧洲，这种转变到文艺复兴时方才出现，比中国要晚一千年。

在建筑技术方面，木结构的梁架和斗栱发展迅速。屋顶开始出现举折和起翘，宫殿屋面开始使用琉璃瓦，应用鸱尾加强正脊的视觉效果、丰富屋顶形象。木结构建筑不仅有单层的，还有多层的，还出现大量高水准的木塔。砖结构也大规模地运用到地面上，砖塔便是砖结构技术进步的标志。另外，石技艺也得到了长足的发展，达到了很高的水准。

观赏树木广泛出现在诗文中。其中，竹子特别受到文人的喜爱。此外，梅、桑、松、茱萸、椒、槐、樟、枫、桂等树木也是观赏的佳品。在花卉方面，芍药、海棠、茉莉、栀子、木兰、木樨、兰花、百合、梅花、水仙、莲花、鸡冠花等都是古代诗文中常见的花卉。

因此，建筑技术的进步、观赏植物栽培之普遍，为造园的兴盛提供了物质上和技术上的保证。

知识拓展一：“竹林七贤”中的三乐手

魏末晋初，阮籍、嵇康、山涛、刘伶、阮咸、向秀、王戎七位名士，被称为“竹林七贤”。在这个著名组合中，至少有三位音乐人，其一便是中国古代十大音乐家之一的嵇康，另两位便是阮籍和阮咸叔侄俩。

古琴曲中唯一一首被称为千古绝唱的《广陵散》和嵇康紧密相关。262 年，嵇康因为得罪了司马昭被下令处死。行刑的生死关头，嵇康要来一张琴，在刑场上弹奏

《广陵散》，洋洋洒洒，视死如归。

当代乐队常见的乐器阮，全称阮咸。此乐器源自“竹林七贤”中的名士阮咸。这是中国历史上唯一一种以人名命名的乐器。宋太宗将阮咸的四根弦加了一根，命名“五弦阮”。

阮咸的叔父阮籍也是个正直士人，他从不在官场混圈子，宁愿自斟自饮喝到醉。他的原创作品《酒狂》，展现了洒脱旷达的中国士人的风骨。

嵇康、阮咸、阮籍这三位，既是大文学家，又是中国历史上顶级的演奏家，即使放在今天，也是妥妥的“实力偶像男团”。

（资料来源：学习强国《“竹林七贤”中的三乐手》，有删减）

知识拓展二：《伟大的植物：南方草木状》

中国画报出版社2020年推出水彩博物版《伟大的植物：南方草木状》。该书通过水彩博物画的形式，生动直观地再现了《南方草木状》中的植物，配合古文和译文，带领读者跨时空领略岭南地区的花木传说。《南方草木状》是我国现存最早的岭南地区植物专著，由晋代嵇含创作，成书于304年。书中不仅记录了约80种植物的产地、外观、效用等信息，还保留了许多古代民俗、农术、传说等资料。

（资料来源：崔鲸涛．水彩博物版《伟大的植物：南方草木状》：讲述1700年前岭南地区的花木传说[N]. 中国自然资源报．有删减）

知识拓展三：《齐民要术》

《齐民要术》为北魏贾思勰所著，是我国现存最早最完整的古代农学名著。书中记载了6世纪以前我国劳动人民从实践中积累下来的农业科学技术知识。原书共分十卷九十二篇，分别记载了我国古代关于谷物、蔬菜、果树、林木、特种作物的栽培方法及畜牧、酿造以至于烹调等多方面的技术经验，概括地反映了我国古代农业科学等方面的光辉成就，被誉为“中国古代农业百科全书”。

（资料来源：学习强国《齐民要术》）

交流讨论

魏晋南北朝时期，社会动乱，文人名士愤世嫉俗，积极追求隐逸生活，园林成为诗画艺术的载体。此时的构园讲究意境的创造，园林从写实向写意过渡，中国古典园林开始山水审美，赏心寄情的意旨得以显现和发展。请谈谈在和平时代的我们该如何在传承中国古典园林精髓的基础上锐意创新，让中式园林再创辉煌。

3.2 皇家园林

三国、两晋、十六国、南北朝时期，各个政权都在其首都进行了宫苑的建设。在这些城市中，关于皇家园林的文献记载较多的有邺城、洛阳和建康。这些地方的皇家园林在规划设计上达到了这一时期的最高水平，具有典型意义。

3.2.1 邺城

邺城是中国八大古都之一。曹魏、后赵、前燕、东魏、北齐先后在此建都。曹操在继承了战国时期的水利工程基础上，进一步开凿运河，实现了河北平原河流航道的连通，从而构建了以邺城为中心的水运网络。这不仅便利了交通，还为农业灌溉提供了宝贵的水源。随着时间的推移，邺城逐渐成为北方著名的稻米产地。由于邺城在经济上的重要地位，以及作为曹魏的封邑，曹操选择在此设立政权中心，并大力投入城市建设，构建宫苑，进一步巩固其在北方的统治。

《水经注 · 漳水》记载，“(邺城) 东西七里，南北五里”，“城之西北有三台，皆因城为之基”。按晋尺折算，邺城墙遗迹的尺度应为东西长 3 公里，南北长 2.2 公里。

邺城规划有序，以宫城为核心。大朝文昌殿位于全城南北中轴线上，南段则分布着官府机构。城市被东西干道划分为南北两大区域，南部为平民居住区，北部则是宫禁和贵族府邸的所在地。这种功能分区不仅使城市运作更加高效，还体现了严格的封建礼制。漳河从城西流过，为居住区提供生活用水。此外，长明沟的开凿使得宫苑能够从漳河引水，确保了宫苑的供水需求。邺城西郊一带渠道纵横，交通方便，农业发达（图 3–1）。

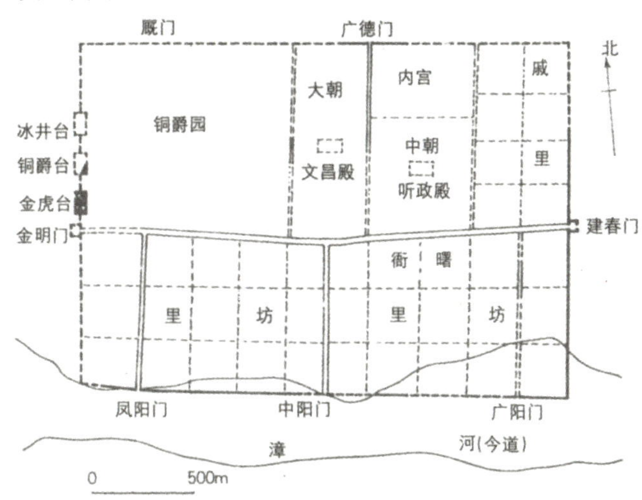

图 3-1　曹魏邺城平面图

（贺业钜《中国古代城市规划史》）

御苑“铜雀园”又名“铜爵园”，毗邻于宫城之西。建安十五年（210 年）至十九年（214 年)，曹操于邺城西墙北部以城墙为基，建成了邺城三台——铜雀台、金虎台、冰井台。铜雀台居中，金虎台在南，冰井台在北，宛若三峰秀峙（图 3–2）。

铜雀台高十丈（三国时期一丈约等于 2.4 米)，上建殿宇百余间。台成后，曹操命儿子和众文士登台赋诗把酒唱和，曹植的《登台赋》在此援笔立成，传为美谈。铜雀台及其东的铜雀苑，又是邺下文人辞章歌赋创作之地。此地奠定了建安文学的基础，并逐步出现了“建安七子”。铜雀台不仅是曹操宴请宾客、赋诗作辞及与姬妾歌舞欢乐的地方，也是处理军国大事的地方之一，他曾在台上镇压了严才之变。

铜雀台的北面是冰井台。冰井台高八丈，上建殿宇一百四十间；建有数井，专用来存储冰块、粮食、食盐、煤炭等物资，实具战备意义。南面的金虎台高八丈，上建殿宇一百三十五间。铜雀台与其余两台均相距六十步（三国时期一步约为1.45米），之间有飞阁连接，凌空而起宛若长虹。

图 3-2　曹魏邺城铜雀三台

铜雀园邻近宫城，已具备“大内御苑”的雏形，不仅具备军事功能（如进攻和防守），还兼具战略威慑与实战应用价值。园内除宫殿建筑外，还有军械库和冰井台，用于储存军械、冰、炭、粮食。此外，曹操还在邺城北郊建造了离宫别馆“玄武苑”，作为水军训练基地。

335年，石虎继位，正式迁都邺城，建东宫、西宫、太极殿，又修葺三台，在铜雀台原高十丈的基础上又增高两丈，在台上建五层楼，高十五丈，去地共二十七丈高，巍然崇举，其高若山。每逢夏秋，云雾在台腰缭绕，素有“铜雀飞云”之誉。

538年，东魏在曹魏邺城之南扩建了南邺城。新的南邺城是旧城的两倍大，东、西城墙各有四个门，南城墙有三个门。宫城位于城市的中轴线上，呈前宫后苑的格局。

357年，鲜卑族慕容黄光建立了前燕政权，并将国都从蓟迁至邺。后燕慕容熙继位后（401—407年），在邺城内兴建了一座名为“龙腾苑”的御苑。

到571年，北齐后主高纬在邺城西郊建造了一座名为“仙都苑”的皇家园林（图3-3）。这座园林比之前的邺城诸苑更为宏大和丰富。据记载，仙都苑周围有数十里之广，苑墙设有三门、四观。园中堆土筑起五座山峰，象征着五岳。这些山峰之间引来漳河之水分流四渎为四海——东海、南海、西海、北海，最后汇集成一个大池，被称为“大海”。这个水系可以通行舟船，水程长达二十五里（一里等于500米）。在“大海”之中，还有“连璧洲”“杜若洲”“靡芜岛”“三休山”等景点。此外，园内还有许多其他的楼台亭榭作为点缀。仙都苑不仅规模宏大，其总体布局象征五岳、四渎、四海的设计手法也是继秦汉仙苑式皇家园林之后的又一重要发展。这在皇家园林的历史上具有开创性意义。

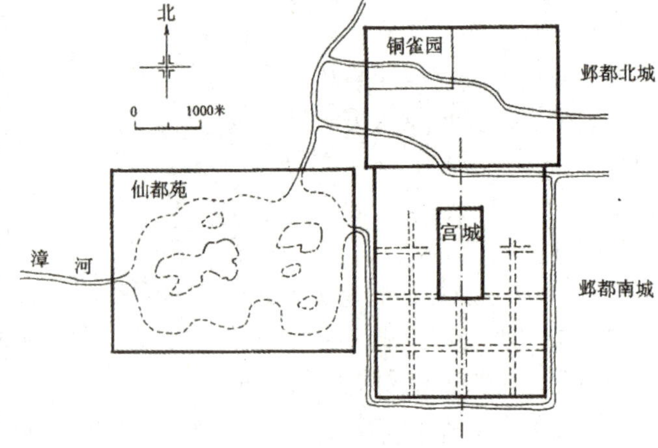

图 3-3　北齐邺城平面图
（周维权《中国古典园林史》）

3.2.2 洛阳

曹操之子曹丕篡汉登帝位，史称魏文帝，定都洛阳，在东汉的旧址上修复和新建宫苑、城池。其后，司马氏篡魏，建立西晋王朝，仍以洛阳为首都，城市、宫苑多沿用曹魏旧制。

魏文帝在北宫建立了大朝正殿，命名为“建始殿”。他还修建了陵云台，开凿了灵芝池，挖掘天渊池，并完成了九华台的建设。魏明帝在位时期，洛阳开始大规模的宫苑建设，其中就包括著名的芳林园。此时，工程建设在东汉北宫的基础上进行适当调整和扩建，形成了一个集中统一的宫城。魏明帝参照邺城的宫城规制，将太极殿与尚书台骈列为外朝，北面则是内廷和御苑芳林园。这一皇都模式被西晋和东晋沿用。两百多年后北魏重建洛阳时也基本遵循了这一模式。宫城正门前形成了一条直达南城门的铜驼街，两侧分布着重要的衙署和府邸。这条街与宫、苑构成了城市的中轴线，开创了皇都规划的新格局。同时，结合城内的宫、苑建设，对洛阳城的水系进行了全面整治，在城的西北角增建了金墉城，以加强宫城的防卫能力，确保皇居的安全。

芳林苑相当于“大内御苑”，是当时最重要的一座皇家园林，后因避齐王曹芳讳改名“华林园”。园的西北面为各色文石堆筑成的土石山——景阳山，山上广种松竹。园东南面的池陂可能是东汉天渊池的扩大，引瀔水绕过主要殿堂之前而形成完整的水系，创设各种水景，提供舟行游览之便，这样的人为地貌基础已有全面缩移大自然山水景观的意图。天渊池中有九华台，台上建清凉殿，流水与禽鸟雕刻小品结合机枢的运用做成各式水戏。园内蓄养山禽杂兽，多建楼观，有场地供活动和表演杂技。这些仍然保留着东汉苑囿的遗风。

西晋洛阳的宫苑基本上沿袭了曹魏时期的旧制，主要的御苑仍然是华林园。此外，还有春王园、洪德苑、灵昆苑等其他规模不大的御苑。

北魏洛阳城在中国城市规划史上具有里程碑式的意义，其功能分区更加明确，规划格局也更加完善。内城即魏晋洛阳城址，有一条南北向的主要干道铜驼大街贯穿其中。大街以北是政府机构所在的区域，衙署以北则是宫城（包括外朝和内廷），其后是御苑华林园。这个城市的中轴线由干道、衙署、宫城和御苑组成，是皇居和政治活动的中心。中轴线上的建筑群通过布局和体型的变化，形成了一个节奏感强烈的完整空间序列，突出了皇权的至高无上。大内御苑紧邻宫城北墙，既方便帝王游赏，也具有军事防御的作用。这个成熟的中轴线规划体制奠定了中国封建时代都城规划的基础，确立了此后的皇都格局模式。内城之外是外郭城。外郭城的大部分区域为居民坊里。整个外郭城的规模为“东西二十里，南北十五里”，比隋唐长安城还要略大一些（图 3-4）。这种布局形成了宫城、内城、外城三套城垣的形制。

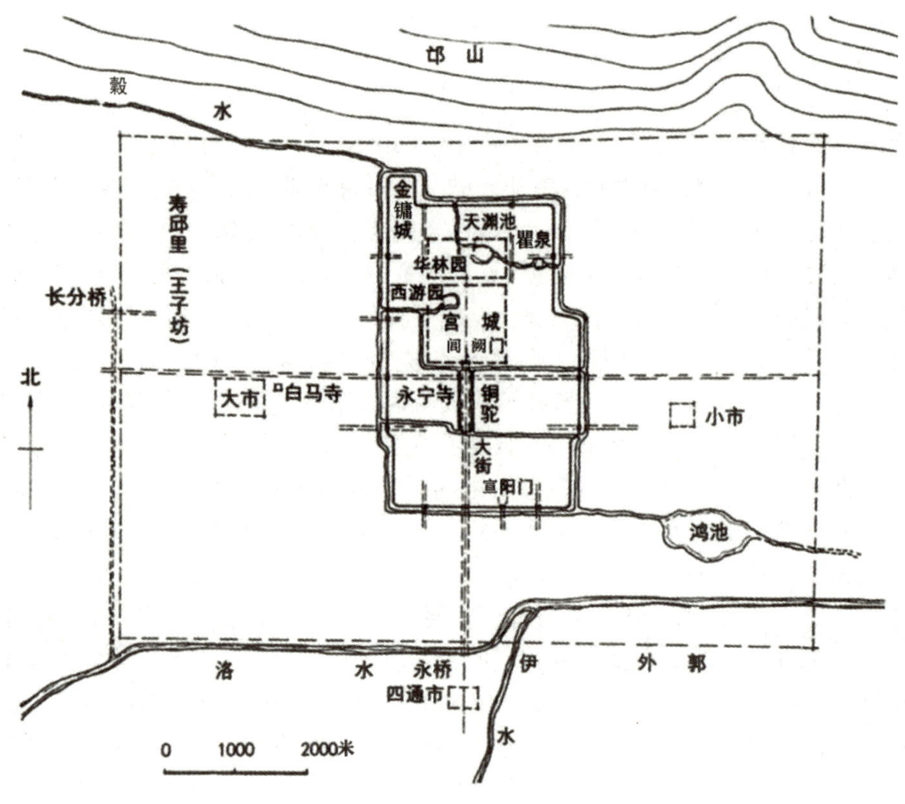

图 3-4 北魏洛阳城平面图

华林园在曹魏、西晋和北魏等朝代的二百多年间，经过不断的建设和发展，不仅成为当时北方的著名皇家园林，其造园艺术成就也在中国古典园林史上占据着重要的地位。

知识拓展四：洛阳

河南省洛阳市因地处洛河之阳而得名，是华夏文明的重要发祥地。洛阳市具有丰富的文化资源：丝绸之路、隋唐大运河、万里茶道和红二十五军长征线路四条意境别具的文化线路在此交会转接，龙门石窟、汉函谷关、含嘉仓等世界文化遗产熠熠生辉，二里头、偃师商城、东周王城、汉魏故城、隋唐洛阳城五大都城遗址沿洛河一字排开。洛阳也被称为“牡丹之都”，每年四月都会举办“牡丹文化节”。

（资料来源：学习强国《国家历史文化名城：洛阳市》）

3.2.3 建康

建康即现在的江苏省南京市，是魏晋南北朝时期的东吴、东晋、南朝宋、南朝齐、南朝梁、南朝陈六个朝代的首都。建康周边地势较高且地形险要，虎踞龙盘，易于防御。作为都城，建康在经济和军事上都具有重要的地位。

建康的皇家园林“华林园”，属于大内御苑，坐落于台城北部。这座园林与宫城、御街共同形成干道—宫城—御苑的城市中轴线的规划序列。华林园始建于吴国时期，历经东晋、南朝宋、南朝齐、南朝梁、南朝陈等朝代的不断扩建和经营，逐渐成为南方一座重要的皇家园林，其历史贯穿南朝始终。早期，人们就已经将玄武湖的水引入华林园中。东晋时期，开凿天渊池，堆筑景阳山，修建景阳楼。景阳楼成为宴饮游乐和居处朝见的场所。这一时期的华林园已经初具规模，展现浑然天成的美丽景观。刘宋文帝时期，按照将作大匠张永的规划而扩建，于园中穿池凿山，广建殿堂楼宇，保留了景阳山、天渊池、流杯渠等原有的山水地貌。同时整理水系，利用玄武湖的水位高差将湖水引入天渊池，流入台城南部的宫城之中，绕经太极殿及其他主要建筑，最后从东西掖门注入宫城的南护城河。华林园内，有处理政务的建筑，也有皇帝起居之所。经过这一系列的规划和扩建，华林园更加壮丽和精美，成为南朝皇家园林的典范之一。

到了南朝梁时期，华林园的发展达到鼎盛。梁武帝笃信佛教，在园内建造了“重云殿”，作为皇帝讲经、舍身、举行无遮大会的场所。此外，还在景阳山上建造了“通天观”，用于观测天象。这里不仅是天文观测所，还有观测日影的日观台。当时的天文学家何承天、祖冲之都曾在园内工作过。

548 年，侯景起兵叛乱，攻占建康，给华林园造成了严重的破坏。南朝陈后主即位后，大兴土木，重修华林园。他在光昭殿前为宠妃张丽华修建了著名的临春、结绮、望仙三阁，三座阁楼之间以复道相连，这种复道被称为“飞阁”。这种建筑方式在曹魏时期的邺城铜雀园中也有所使用，属于典型的皇家园林特色，展现了皇家园林的宏伟和奢华。

台城内还有另一处大内御苑——芳乐苑，始建于南齐时期。苑内种植了各种珍稀树木，其奢华程度盛极一时。芳乐苑内，还模仿市井风格建造了一条街道，街道两侧开设了各种店铺，宛如一个小型市集。

除大内御苑之外，南朝历代还在建康城郊和玄武湖周边兴建了二十余处的行宫御苑。其中比较著名的有南朝宋的乐游苑、上林苑，南朝齐的青溪宫（芳林苑）、博望苑，南朝梁的江潭苑、建新苑等。这些御苑星罗棋布，蔚为壮观，为南朝的皇家园林增添了一道亮丽的风景线。

交流讨论

魏晋南北朝时期的皇家园林相比于汉代皇家园林有什么发展？请结合当时的历史背景谈谈你的想法。

知识拓展五：旧时王谢堂前燕，飞入寻常百姓家

中华历史，数风流者，魏晋人物晚唐诗。乌衣巷在南京秦淮河南岸，是东晋时期高门士族居住的地方。东晋三大家族中的王氏家族和谢氏家族都在乌衣巷。乌衣巷当时是王谢两家豪门大族的住宅区，门庭若市，冠盖云集，更是走出了王羲之、王献之，以及中国山水诗派鼻祖谢灵运等文化巨匠。乌衣巷见证了“王家书法”“谢家诗”的艺术成就和两大家族的历史。乌衣巷的兴废也折射出东晋王朝的悲哀。乌衣巷之所以能流芳百世，不仅因为刘禹锡诗句绝佳，更在于它能引发后人对历史兴衰变化的深刻思考。乌衣巷是历史留给后人的一面镜子，从盛极一时到残败衰落，它警醒后人一个亘古不变的真理：纵观前贤国与家，成由勤俭败由奢。

（资料来源：微信公众号“北京大学出版社”《旧时王谢堂前燕，为什么会飞入寻常百姓家？》）

知识拓展六：南朝四百八十寺，多少楼台烟雨中

建康文化繁盛，人才辈出，文学作品丰富，有“六朝三杰”顾恺之、陆探微、张僧繇，还有书法家“二王”——王羲之和王献之，有著名诗人谢灵运、颜延年、谢朓、沈约、鲍照等，有刘义庆的《世说新语》，有刘勰的《文心雕龙》，有萧统的《昭明文选》，有范晔的《后汉书》，有裴松之的《三国志注》。建康的佛教文化更是昌盛。“南朝四百八十寺，多少楼台烟雨中”，有梁武帝萧衍四次舍身“为奴”的同泰寺（今鸡鸣寺），有唐朝时期号称“天下四大丛林”之一的栖霞寺，有张僧繇“画龙点睛”后白龙破壁飞去的安乐寺等。

（资料来源：微信公众号“中国地名学会”《中国古地名——建康》）

3.3 私家园林

东汉末，民间的私家造园活动频繁。魏晋南北朝时期，寄情山水、崇尚自然成为社会的风尚，官僚士大夫们在保证物质生活的同时追求享受大自然山水风景，私家园林逐渐兴盛。

3.3.1 城市私园

北方的城市私园，最具代表性的为北魏首都洛阳诸园。洛阳王公贵戚的邸宅和园林集中于外城西部的“寿丘里”地区，民间称其为“王子坊”。这些园、宅都极为华丽考究，不仅是游赏的场所，更是权贵斗富的资本。园与宅分开但又相互邻接，形成所谓的“宅园”。园内布满石材堆叠的假山、人工开凿的水体，花丛和绿树交相辉映，各种功能丰富的园林建筑，形象生动多样。以大官僚张伦的宅园为例，其园林主景为大假山景阳山，展现了天然山岳的主要特征，结构复杂，凭借一定的技巧，利用土石堆叠而成，园内高大的树木成林，饲养了多种珍贵的禽鸟。

南方的城市私园也像北方一样，多为贵戚、官僚经营。讲究山池楼阁的华丽格调，刻意追求近乎绮靡的园林景观。南齐武帝的长子文惠太子，在台城上精心打造了一座私家园林——玄圃。玄圃地势较高，园内的山池阁楼尽显精致华丽，汇集各种异石，掇山理水造诣高超，体现了较高的技术水平。园中种植竹子、修建高墙用以遮蔽园内过分华丽的景象，同时也可作画布和背景。到了南朝梁，玄圃在南朝齐的基础上进一步增色添彩，成为南朝

著名的私家园林之一。

湘东王萧绎建造了“湘东苑”。这是南朝另一座著名的私家园林，依山而建，临水而居，其建筑形态丰富多样，与花木相互映衬，借园外景色增添美感。园内建筑巧妙发挥出“点景和观景”的妙用，让园林中的每一处景致均有相应的主题。园中叠造铺陈出长达二百余步的假山石洞，构思精巧，叠山技艺水平高超。

随着社会的变迁，城市私园趋向于设计精致化。在城市私园中，筑山技艺也更加多样和灵活。除传统的土山外，叠石为山也逐渐普遍，开始出现特置的单块美石。《宋书 · 刘传》记载了用石砌筑水池驳岸的做法。水景在园中占据重要的地位，园林理水的技巧也更加成熟，园内的水体呈现出多样化的形式。园林植物的品类繁多，专门用于观赏的花木也不少，这些植物常与山、水配合，用于分隔园林空间。园林建筑追求与自然环境的和谐统一，形成了因地制宜的景观。此外，还有一些细致的建筑手法，如收摄园外之景即“借景”以扩展室内空间，通过窗框“框景”丰富室内景象等。

相较于汉代，这一时期的城市私园规模日趋小型化。在城市私园规模缩小的同时，其园林布局更加精致，小中见大的构思逐步发展。造园的创作手法也从单纯的写实逐渐转变为写意与写实相结合的方式，概括凝练原有的自然景象，并融入文化因素与造园者对山水的理解。这体现了造园艺术创作的重大飞跃。

3.3.2　庄园、别墅

庄园经济到魏晋时期已经成熟。世家大族大肆兼并土地，农民不得不依附于大地主生存。庄园规模大小不一，具有综合性和独立性，同时拥有一定的武器装备。他们的庄园经营在一定程度上体现了士人的文化素养和审美情趣。在承袭东汉传统的基础上，士人更讲究“相地卜宅”，延纳大自然山水风景之美，通过园林化的手法创造一种自然与人文相互交融、亲和的人居环境。

金谷园是其中具有代表性的私家庄园，为西晋大官僚石崇经营，位于洛阳西北郊的金谷涧。石崇经营金谷园的主要目的是满足其游宴生活和退休后享受山林之乐、吟咏赋诗的需求。金谷园的田亩、畜牧、果树、鱼池等一应俱全，是具备一定规模的庄园，其中生产和经济的运作占据主要地位。金谷园的园林化程度较高，居住部分有池沼和引自金谷涧的水穿错萦流其间，河道用于行船，沿岸可以垂钓。金谷园植物以大片成林为主，并与地貌、环境相结合，形成美丽的景观，如前庭的沙棠、后园的乌椑、柏木林中的梨花等。金谷园的建筑风格多样，层楼高阁，画栋雕梁，既有清纯的自然环境和田园环境，又展现了一派绮丽华靡的格调。

文人陶渊明经营的则是小型的庄园。陶渊明坎坷纠结半生，辞官后退隐庐山脚下，庄园规模较小，风格俭朴，但也怡然自得。庭院内种下菊花、松柏，闲暇时把酒赏花，聆听松籁，充满了恬淡宁静、天人和谐的生活情调。

东晋初期，由于“衣冠南渡”，大量北方的士族和百姓迁至江南地区，这些南迁的士族大姓主要集中在扬州地区（江苏南部、浙江和福建）。北方士族开发山林川泽发展畜牧业、渔业、农业及园林植物，形成了许多山清水秀的庄园，当时称之为“别墅”“墅”或“山墅”。发达的庄园经济与山光水色相互映衬，再加上老庄、玄学的文化素养，催生了园林化的庄园和别墅。这些庄园在规划布局上，更加注重生产组织与审美相结合，实现园林化的经营。相比西晋和北方的庄园，其园林化程度和审美意识有了进一步的提高和创新。

南朝时期，一些庄园、别墅的居住聚落部分逐渐与田园等部分分离，独立建置。文人名流所拥有的独立建置的居住聚落，风格偏向于天然山水园林，朴素雅致，妙造自然。

江南地区园林化的庄园、别墅，是南朝造园活动的独特之处，对后世的私家园林创作产生了深远的影响。“别墅”一词从原有的生产组织、经济实体的概念，逐渐转化为园林的概念。

3.4 寺观园林

东汉时期，佛教从印度由西域传入中国，形成了“汉传佛教”。魏晋南北朝时期，频繁的战乱为各种宗教的盛行提供了土壤，思想的解放也促进了外来和本土宗教学说的传播。这一期间，佛教的“因果报应”和“轮回转世”之说对于深受苦难的人民具有强大的麻醉作用。佛教不仅得到了人民的信仰，也得到了统治阶级的利用和扶持，这使得佛教广泛流行。

由于佛教、道教思想的盛行，寺观园林这一新的园林类型应运而生。与寺观建筑的世俗化相似，寺观园林并不直接展现强烈的宗教色彩，而是深受时代美学思潮的影响，更加注重为人们带来视觉享受和情感慰藉。寺观园林主要包含三种形式：一是毗邻于寺观的独立园林，它们原本是贵族官僚的宅园，后来捐献给寺观，成为其附属园林；二是寺观内部各殿堂庭院的绿化或园林化，为信徒和游客提供宁静祥和的休憩场所；三是郊野地带的寺观外围的园林化环境，营造出一种与自然和谐相融的氛围。

殿宇和僧舍常常根据山势和水流来布局，讲究曲折幽深、高低错落。它不仅是自然风景的点缀，本身也成为山水园林的一部分。其融合了当时宗教超脱世俗的情感与世俗的审美需求，以宗教信徒为主的香客、以文人名士为主的游客纷至沓来。自此以后，远离城市的名山大川不再神秘莫测，形成了以寺观为中心的风景名胜区，著名的茅山、庐山等都是这时开发出来的。例如，庐山的东林寺。东晋时期，佛教高僧慧远遍游群山，于384年在庐山主持建造了一座佛寺——东林寺。慧远眼光独特，在选址时，注重将内外环境与地形和风景特色相结合，进行园林化的处理。东林寺不仅为庐山增添了一处绝佳的风景，还使庐山成为当时全国的佛教圣地之一。

知识拓展七：中国佛教寺庙基本构成

中国佛教寺庙基本格局与基本构成如图3–5所示。

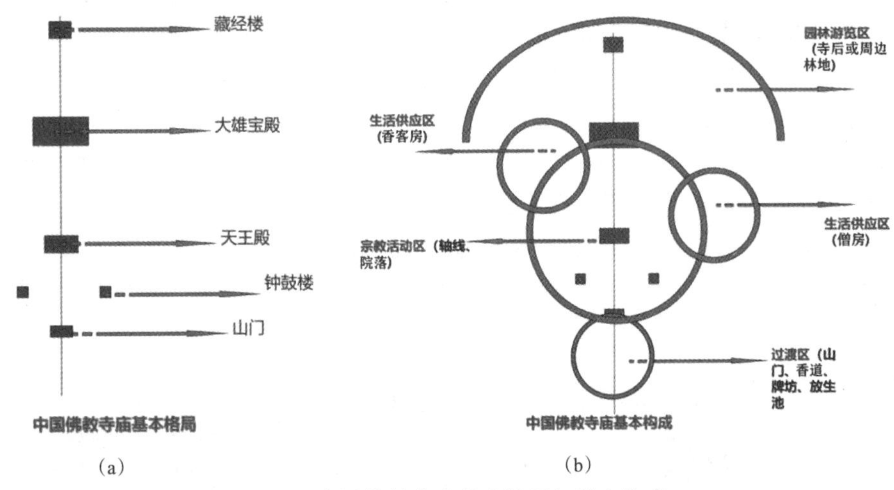

（a） （b）

图3-5 中国佛教寺庙基本格局与基本构成

（a）中国佛教寺庙基本格局；（b）中国佛教寺庙基本构成

知识拓展八：悬空寺

恒山“第一胜景”悬空寺建于北魏时期，是佛、道、儒三教合一的独特寺庙。全寺距地面高约50米，是世界上现存建在悬崖绝壁上最早的木结构建筑群，其建筑特色可以概括为“奇、悬、巧”三个字（图3–6）。

（资料来源：学习强国《悬空寺》）

图3-6 悬空寺

知识拓展九：我国现存最早的佛塔——河南登封嵩岳寺砖塔

嵩岳寺塔始建于北魏，原为宣武帝的离宫，后改建为佛教寺院，北魏孝明帝正光元年（520年）改名“闲居寺”，隋文帝仁寿二年（602年）改名为嵩岳寺，是我国古建筑中的瑰宝，也是中国现存最早的砖塔（图3–7）。

（资料来源：微信公众号“研学建筑”《中国建筑史中的10个建筑之最》，有删减）

图3-7 嵩岳寺砖塔

3.5 其他园林

非主流的园林类型在这一时期也开始见于文献记载。文人雅士常常聚集的新亭、兰亭等城市近郊风景游览地，就具有公共园林的特质。在汉代，亭原本是驿站建筑。然而，到了晋代，亭的功能发生了变化，成为一种风景建筑。文人雅士在城市近郊的风景区游览、聚会、吟诗、饮酒，亭不仅为他们提供了遮风避雨、稍作休息的场所，还成为点缀风景的一种建筑。随着时间的推移，亭逐渐演变为公共园林的代表。

东晋王羲之的《兰亭集序》描绘出了兰亭的清新朴素。作为公共园林典例的兰亭，曾经多次挪移，为的是找到一个更理想的自然环境——“有崇山峻岭，茂林修竹，又有清流激湍，映带左右”。在这样一个以亭为中心，周围满是自然风光的环境里面，于天朗气清的暮春之初，社会名流会聚一堂作“曲水流觞”，那“一觞一咏”的高雅清纯不言而喻（图 3-8）。

图 3-8　兰亭修禊图

兰亭是首次见于文献记载的公共园林。它展现了南朝文人名流的恬适淡远的生活情趣，也折射出他们的“园林观”。

知识拓展十：曲水流觞

我国旧时有一风俗，在夏历三月三日上巳节期间，女巫在河边举行仪式，为人们除灾去病，叫作“祓除”，也叫作“修禊”。后来，古人把修禊与踏青游融合，取名“曲水流觞”。觞，即酒杯，一般为木制，可在水中漂浮。上巳节，人们坐在环曲的水渠旁，在上游放置酒杯，任其顺流而下，杯停在谁的面前，谁即取饮，以此为乐，称“曲水流觞”。

东晋永和九年（353 年）三月初三，王羲之邀请友人共 42 人，在兰亭集会，饮酒作诗 37 首，后汇编成集，后人称为《兰亭集》。王羲之给诗集写了一篇序，这就是著名的《兰亭集序》。

曲水流觞对后来的园林营造影响很大，很多皇家园林和私家园林中设置了曲水流觞的景点，如北京现存中南海的流水音、故宫乾隆花园的禊赏亭、恭王府花园的沁秋亭、潭柘寺的猗玕亭。

本章小结

皇家园林规模小但精致，景观重点已从模拟神仙境界转换为世俗题材的创作。私家园林有建在城市里面或近郊的宅院、游憩园、庄园、别墅等。寺观园林出现。兰亭是首次见于文献的公共园林，其通过文人名流的雅集盛会和诗文唱和所展现出来的审美趣味，给当时和后世的园林艺术带来了深远的影响。

以史明鉴 启智润化

陶渊明

陶渊明（约 365—427），是“采菊东篱下，悠然见南山”的隐士，是“但识琴中趣，何劳弦上声”的雅士，是“好读书，不求甚解”的五柳先生，也是“不戚戚于贫贱，不汲汲于富贵”的靖节先生。他不仅有“不为五斗米折腰”的气节，更有“带月荷锄归”的潇洒。他并非没有政治抱负，只是相对复杂的官场，更喜欢“阡陌交通，鸡犬相闻”的世外生活。他被誉为“隐逸诗人之宗”“田园诗派之鼻祖”。他是田园诗的开创者，通过诗歌表达自己返璞归真、远离尘嚣的愿望。陶渊明一生经历复杂，他的思想和品格都备受后人推崇。他的人格魅力表现在独立精神、淡泊名利、热爱自然和真诚坦率等方面。

面对繁杂的工作和生活，“逃避”是需要勇气的，可世上哪有“桃花源”式的“乌托邦”，我们能做的就是担起属于自己的责任，勿过于留恋“身外物”，实在觉得压抑，大不了换个环境，学学陶渊明，暂时做个“田园农夫”，待到“元气恢复”，重整旗鼓，迈步向前！

魏晋风骨与现代人生

魏晋时代，世道沧桑，人生百态，然而如“竹林七贤”等名士们，却能在乱世中保持一份超脱的心境。他们远离尘嚣，不为名利所动，追求的是内心的纯净与真实，而非外在的虚荣与浮华。超脱的精神，正是“魏晋风骨”的精髓所在。“魏晋风骨”并非消极避世，而是蕴含着深刻智慧和乐观精神，在逆境中保持坚韧不拔，以风轻云淡的心态面对人生的种种变幻。

“魏晋风骨”不仅是历史长河中的璀璨明珠，更是现代人在喧嚣社会中可以汲取的精神力量。在物欲横流的现代社会，我们或许也可以试着放下对物质的执着，去追求内心的宁静与平和；在面对生活的起伏与波折时，用一份幽默与豁达去化解困境，保持内心的愉悦与安宁；在竞争与压力面前，我们可以借鉴“魏晋风骨”的智慧，以更加豁达、淡泊的心态去迎接每一个挑战。

文化传承 行业风向

曲水流觞在现代景观设计中的应用

曲水流觞是除“一池三山”外的又一个具有中国传统文化特色的理水手法。在园林中，常以“流杯池”“流杯亭”等水景为中心。这种诗酒文化，不仅是文人追寻的风流韵事，更是祈福文化与园林风景的结合。

明代万历年间的版画《环翠堂园景图》中描绘了园林桌面流觞席场景：方桌上挖了水渠，文人雅士围桌子而坐，品酒作诗（图3-9）。

图3-9 《环翠堂园景图》

现代园林中也有许多“曲水流觞”的应用，比如美籍华人建筑师贝聿铭设计的北京香山饭店（图3-10）。台湾省台北市有间“串门子”茶馆，地面也做成流杯渠（图3-11）。清华大学朱育帆教授曾以流杯亭为灵感来源设计户外装置作品“流水印”。该流水印是以锈钢板铸造的凸出于地表上的抽象溪流作为广场式开放空间的“路引”，既糅合了东方人对于景观的认知，又规范和提示着人在环境中的行为（图3-12）。在张唐景观项目——西安万科东方传奇示范区中，由张唐景观艺术工作室设计制作的石材雕塑“九曲”作为街区主题雕塑，恰是对曲水流觞的现代注解（图3-13）。

曲水流觞在现代景观中的应用，是对传统文化的传承，体现了文化自信。我们把历史文化具象地传承下来，帮助人们触摸、回味和体悟优秀传统文化，并陈列在广阔的大地上，以时代精神激活中华优秀传统文化的生命力，用文化凝心聚力，为发展注入精神力量。

图3-10 北京香山饭店

图3-11 “串门子”茶馆

图 3-12　户外装置作品“流水印”

图 3-13　雕塑“九曲”

（资料来源：微信公众号“园景人”；微信公众号“秋凌景观设计”）

温故知新　学思结合

一、选择题

1. 以下哪个私家园林不是魏晋南北朝时期的著名私家园林（　　）。

A. 寿丘里　　B. 姑苏台　　C. 金谷园　　D. 谢氏庄园

2. 东晋佛教高僧慧远在庐山建造的第一座佛寺是（　　）。

A. 简寂观　　B. 栖霞寺　　C. 东林寺　　D. 白马寺

二、填空题

魏晋时期北方城市私园的典例为 ________，南方城市私园的典例为 ________。

三、简答题

简述中国古典园林转折期的城市私园变化趋向。

四、实践题

请举例说明曲水流觞在现代景观设计中的应用，并与同学分享案例。

课后延展　自主学习

1. 书籍：《园冶》(手绘彩图修订版)，计成撰著，倪泰译，重庆出版社。
2. 书籍：《中国古典园林史》，周维权，清华大学出版社。
3. 书籍：《中国古典园林分析》，彭一刚，中国建筑工业出版社。
4. 扫描二维码学习：学习通平台，厦门工学院谢鑫泉《中外园林史》。
5. 扫描二维码观看：《苏园六纪》第三集《深院幽庭》。
6. 扫描二维码观看：《园林》第三集《桃花源有多远》。
7. 扫描二维码观看：《中国古建筑》第三集《卯木春雪》。

谢鑫泉
《中外园林史》

《深院幽庭》

《桃花源有多远》

《卯木春雪》

思维导图 脉络贯通

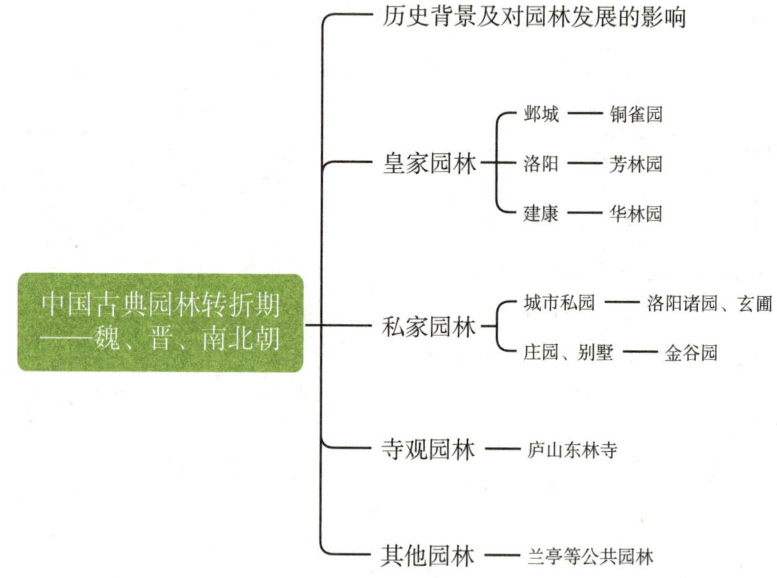

第4章 中国古典园林全盛期——隋、唐

学习目标

➢ 知识目标

1. 了解园林全盛期的时代背景。
2. 熟悉隋唐时期各种类型园林的主要特征。

➢ 能力目标

1. 培养园林鉴赏能力，领会隋唐时期园林的精髓。
2. 掌握结合传统文化思考园林发展的能力。
3. 吸收古典园林精髓，创新设计现代园林。

➢ 素质目标

1. 关注自然环境，发现自然美、艺术美、人文美。
2. 积极进取，不断追求个人价值。
3. 增强文化自信，学习中国传统文化。

启智引思 导学入门

隋唐园林进入了全盛发展期，这得益于国力的昌盛和经济文化的繁荣。隋朝时期，民族大融合，艺术风格多样化。唐代，文化交流和借鉴频繁，吸引了许多外国人前来学习。他们学习唐代园林的布局手法、植物配置、水景设计、建筑风格等方面的知识。同时，他们将唐代的园林艺术理念和技术带回自己的国家，促进了园林艺术的跨文化传播和发展。例如，日本的枯山水庭园就是在我国唐代自然式山水园林的影响下发展而来的。

隋唐园林艺术的开放性和包容性也为后世提供了宝贵的启示。在今天的全球化时代，

各国之间的文化交流更加频繁和深入，我们应该积极借鉴和吸收不同文化的优秀元素，加强国际的园林艺术合作与交流，推动园林艺术的创新和发展。

学习内容

4.1 历史背景及对园林发展的影响

4.1.1 隋唐时期的历史背景与文化发展

隋唐时期是中国历史上一个重要的阶段。隋朝由杨坚建立。唐朝在李渊的领导下统一全国，初期社会稳定，经济繁荣，文化交流广泛，疆域辽阔，成为世界强国。但中唐后国势渐衰，唐朝最终于 907 年灭亡。隋唐时期经济恢复迅速，均田制的推行，大运河的开通加强了南北联系，推动了经济文化发展。儒学重获正统地位，文学与艺术蓬勃发展，尤其是绘画领域风格多样，文学与绘画的繁荣又推动了园林艺术的兴盛。同时，木构建筑技术与艺术的成熟，屋顶形式与檐部装饰的发展，宫殿与佛寺建筑的兴盛，展现了高水平的建筑艺术。此外，观赏植物栽培技术也显著进步，珍稀品种得以培育。总之，隋唐时期的政治、经济、文化、艺术等方面均取得了重要成就。

4.1.2 历史背景对园林发展的影响

隋唐时期政治繁荣、文化融合、佛教影响及宫廷园林的兴盛，都促进了园林艺术的发展与繁荣。唐朝大明宫、兴庆宫、西苑等宫廷园林都是彰显帝王荣耀和统治权威的典型代表，对中国园林艺术的发展产生了深远影响。除了皇家苑囿和贵族宅园，隋唐时期还出现了一批文人、雅士的小园。这些文人、雅士多才多艺，品位高雅，园林设计充满文化内涵和诗意，显得雅致而清新。

交流讨论

中国唐代经济繁荣，文化昌盛，科技发达，是当时世界上的强国之一，与亚欧国家均有往来，声誉远播。中国的园林艺术也通过丝绸之路等渠道传播到其他国家，对世界园林艺术的发展产生了积极的影响。请谈谈国家强盛对园林发展的重要性。

4.2 隋唐宫苑建设

隋文帝杨坚建立隋朝，把都城建在“关陇集团”（鲜卑贵族）的根据地长安。原长安城地下水有盐碱，不宜饮用，开皇二年（582 年）隋文帝在旧城东南龙首山南面建新都，更名为“大兴城”。

4.2.1　隋唐长安城规划

开皇二年（582 年），隋文帝委派左仆射高颎负责新都的规划建设工作，次年，新都大兴城便基本建成。

大兴城东西长度为 9.72 千米，南北宽度为 8.65 千米，总面积约为 84 平方千米。大兴城规划中宫城和皇城相当于子城（内城），而大城则相当于罗城（外城）。大兴城的规划沿袭了北魏洛阳的特点，展现了一种严谨的中轴线布局。宫城位于大城的北部，其中轴线是大兴城规划结构的核心，它从北向南延伸，穿过皇城，直达大城的正南门。宫城和皇城共同构成了城市的中心区域，而周围则是居民居住的坊里区域。街道系统为方格网状布局，共有 14 条南北向的街道和 11 条东西向的街道，形成了 108 个“坊”和两个“市”。居住区采用严格的坊、市分离制度，所有商业活动都集中在东、西两市，坊之间以高墙隔离，并设有坊门供居民出入。居住区采用“经纬涂制”，街道纵横交错，宽窄不一。大兴城的北部是皇家园林“大兴苑”。

隋代的大兴城宫苑和坊里的建设只初具规模，到唐代，大兴城作为唐王朝的都城，发挥了重要的政治、经济和文化中心的作用，并恢复“长安”的名称。唐长安城作为全国的经济中心和财富集中地，人口密集，又是大运河“广通渠”的终点和国际贸易“丝绸之路”的起点，商业兴盛，经济繁荣，是当时世界上规模最大、规划布局最为严谨的城市。

到了唐中叶，长安逐渐摆脱了坊、市分离的格局，夜市出现，坊内部涌现出商店和作坊，茶楼和酒肆遍布全城，封闭高墙大多不复存在。长安成为全国的文化和政治中心。日本和新罗经常派遣留学生和学问僧来长安学习、交流，传播盛唐文化，同时也传播长安城的宏伟规划和建筑信息，对当地建设产生深远的影响。

宫城坐落于皇城北部，位于城市的主轴线北端，主要分为太极宫、掖庭宫和东宫三个区域。太极宫，又称为“西内”，是皇帝处理政务和居住的地方。此外，还有“东内”的大明宫和“南内”的兴庆宫，它们构成了宫城的另外两大区域。

知识拓展一：关中八景

关中八景，故又名“长安八景”，是关中地区八处著名的文物风景胜地。西安碑林中有一块碑石，用诗和画的形式描述了关中地区的锦绣河山。这块碑石刻于清康熙十九年（1680 年），距今已有三百多年的历史，作者朱集义。碑面书、画、诗为一体，分十六格，一景一画。关中八景即华岳仙掌、骊山晚照、灞柳风雪、曲江流饮、雁塔晨钟、咸阳古渡、草堂烟雾、太白积雪。

4.2.2　隋唐洛阳城规划

随着全国的统一，长安的地理位置逐渐偏离中心。洛阳是全国的重要粮仓，其存粮量占全国粮仓的三分之一，加之洛阳地理位置险要，是军事上的“四战之地”，还起到拱卫长安的作用，因此，隋炀帝迁都洛阳。到了唐代则实施“两京制”，洛阳设为东都，长安作为西京。两京都有各自的宫廷和政府机构，贵族和官员们也在两地分别建造了住宅和园林。洛阳宫城和皇城位于大城的西北角，这里的地势较高，有利于防御。洛阳城中轴线从北部的邙山开始，穿过宫城、皇城、天津桥、定鼎门，一直延伸到南部的龙门伊阙。

洛阳城居住区域由纵横交错的街道划分为 103 个坊里，并设立了北市、南市和西市三个市场。洛阳城内纵横交错着 10 条街道，其中最著名的“天街”从皇城的端门一直延伸到定鼎门。当中是专供皇帝通行的御道，街道两旁精心设计有泉涌渠流，种植着成排的榆树、柳树、石榴树和樱桃树，形成了一道美丽的风景线。水道密集如网，不仅为城市提供了充足的水源，还便利了水上交通。

洛阳宫城的周长为 13 里 241 步，隋名“紫微城”，唐朝时期改称“洛阳宫”。这里是皇帝处理政务和日常居住的地方，具有重要的政治地位。皇城环绕在宫城的东、南、西三面，呈现“凹”字形状，是政府各部门办公的地方。

自初唐以来，洛阳逐渐成为关东和江淮地区漕粮的集散地，唐朝的王公贵族和中央政府的高级官员在长安和洛阳都有自己的邸宅。安史之乱后，洛阳遭受了严重的破坏，政治地位下降，不再像以往那样繁荣。

交流讨论

隋唐时期的宫苑建设布局对当今城市规划有什么启示？

4.3 皇家园林

隋唐时期，皇家园林主要集中于两京地区。皇家园林数量众多，规模宏大，远超魏晋南北朝时期。隋唐皇室生活方式的多样化，体现在以大内御苑、行宫御苑和离宫御苑为代表的皇家园林分类体系中。他们的规划布局各有千秋，使这三种园林类别之间的区分更为明显。

4.3.1 大内御苑

1. 太极宫（隋大兴宫）

大兴宫与隋大兴城同时建成，位于皇城的北部，城市的中轴线上。它的东侧是东宫，西侧则是掖庭宫、太仓和内侍省。唐朝建立后，大兴宫被改名为“太极宫”。从 618 年唐朝建立到 663 年唐高宗移居新建的大明宫为止，太极宫一直作为主要的皇宫，也被称为“西内”。

太极宫的布局分为宫廷区和苑林区两部分。宫廷区又细分为朝区和寝区。朝区内有朝政的主要建筑，如承天门和太极殿，太极殿两侧则分布着各种官署。寝区则是由多路多跨的院落建筑群组成的，中心建筑为两仪殿和甘露殿。苑林区的北墙正门是玄武门，也是太极宫的后门，通向西内苑。该区域的主体是由三个大水池——东海池、南海池和北海池构

成的。水池周边有一系列殿宇和楼阁，其中最著名的当数专门收藏功臣画像的凌烟阁。此外，另设有一处供马球（击鞠）比赛使用的球场和一处园中之园“山水池”。太极宫的遗址面积是明清北京紫禁城的 2.7 倍，显示出其规模之大。整个宫殿的布局和设计都充分展现了唐朝的皇家气派。

2. 大明宫

大明宫，又称“东内”，与太极宫并列为长安城中的两大宫城。大明宫规模宏大，总面积约为 3.42 平方千米，是明清北京紫禁城的 4.8 倍。大明宫地理位置优越，居高临下，长安城内的街市尽收眼底。这里易守难攻，气候凉爽。到了唐高宗时期，大明宫便取代太极宫成为唐朝的朝政中心（图 4–1）。

大明宫内分为南部的宫廷区和北部的苑林区，形成了独特的宫苑分离格局。宫墙四周共设有 11 座宫门，南面正门名为丹凤门。含元殿位于丹凤门内，居于龙首原的最高处，俯瞰着整个大明宫。后面是宣政殿、紫宸殿和蓬莱殿。

含元殿是唐大明宫的大朝正殿，唐长安城的标志建筑，逢元旦、冬至等，皇帝多在这里举行大朝贺活动。含元殿体量巨大，气势壮丽，极富精神震慑力，外形彰显皇权将江山双手合围之势。其壮阔巍峨，让当时很多前来朝拜的外族惊叹不已。唐诗中的“千官望长安，万国拜含元”“九天阊阖开宫殿，万国衣冠拜冕旒”等诗句，就描写了含元殿大朝会的盛况。

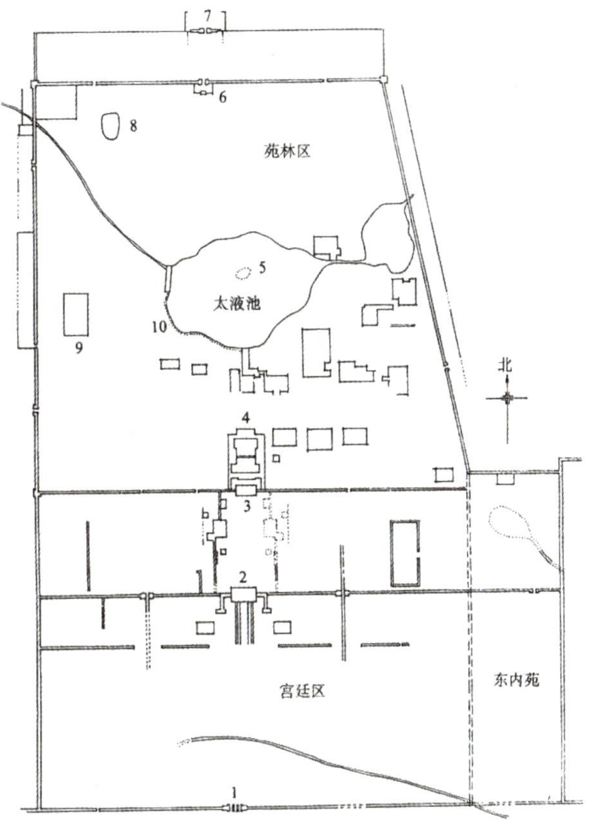

图 4-1　大明宫重要建筑遗址

（图片来源：刘敦桢《中国古代建筑史》）

1—丹凤门；2—含元殿；3—宣政殿；4—紫宸殿；5—蓬莱山；6—玄武门；7—重玄门；8—三清殿；9—麟德殿；10—沿池回廊

宣政殿是大明宫第二大正殿，位于含元殿正北 300 米处，是皇帝与文武官员听政议事之地，地位尊崇。凡是朔望朝会、大册拜、布大政之时，皇帝就会驾临此殿。

苑林区，地势较平坦。区域中央是“太液池”，分为东、西两部分。苑林区是一个多功能的园林，除常见的殿堂和休闲建筑外，还设有佛寺、道观、浴室、暖房、讲堂、学舍等各种设施。其中，麟德殿是核心建筑之一，面积大约是北京明清紫禁城太和殿的 3 倍。

3. 洛阳宫（隋东都宫）

洛阳宫，洛阳的东都宫城，隋代名为“紫微城”，唐朝贞观六年（632 年）改名为“洛阳宫”。684 年，洛阳宫再次更名为“太初宫”。宫的南垣设三座城门，其中中间的门为应天门。应天门北面是朝区的正门乾元门。乾元门之后是乾元殿，这是朝区的正殿，也是天子举行大朝会的地方。武则天时期，乾元殿被改建为规模宏大的“明堂”，贞观殿作为朝区的后殿被改建为“天堂”。徽猷殿则是寝区的正殿。应天门、乾元殿、贞观殿、徽猷殿构成了宫廷区的中轴线。中轴线的东、西两侧散布着一系列的殿宇建筑群，其中有天子常朝的宣政殿、寝宫及嫔妃居所和各种辅助用房。宫廷区的东侧是太子居住的东宫，西侧则是诸皇子、公主居住的地方，北侧则是大内御苑“陶光园”。

4. 禁苑（隋大兴苑）

禁苑位于长安宫城的北面，也就是隋代的大兴苑，与大兴城同时建成，因其中仅包含西内苑和东内苑，故又被称为“三苑”。禁苑与宫城太极宫和大明宫相邻，位于都城的北面。禁苑具有大内御苑的性质。

禁苑的范围辽阔，地势南高北低。长安城内的永安渠自景耀门引入，连接至汉代故城的水系。另一条清明渠经由宫城和西内苑引入，向北穿越整个苑区，最终注入渭河，为苑区的西部提供充足的水源，并形成了凝碧池。另外，从浐水引出的支渠自东垣墙流入苑内，为苑区的东部提供水源，形成了广运潭和鱼藻池。禁苑中分布着 24 处建筑群，占地面积大，树林茂密，建筑风格疏朗，显得十分空旷。除了作为游憩和娱乐活动的场所，这里还是野兽和马匹的驯养地，供应宫廷果蔬禽鱼的生产基地，皇帝狩猎、放鹰的猎场。同时，禁苑地处宫城与渭河之间，具有重要的军事防御功能。

西内苑又称为“西苑”，位于西内太极宫的北面，也称为“北苑”。东内苑又称为“东苑”，位于东内（大明宫）的东侧，南北二里，东西宽度相当于一个坊的大小。

5. 兴庆宫

兴庆宫又称为“南内”，位于长安外郭城的东北部、皇城的东南面，占据了兴庆坊及其相邻的半个坊的区域。兴庆宫主要由中、东、西三路跨院构成。中路正殿名为南薰殿，是整个宫殿的核心。西路正殿为兴庆殿，其后的大同殿内供奉着老子的塑像。东路则有偏殿新射殿和金花落。正宫门设在西路之西墙，名为“兴庆门”，是进入宫殿的主要入口。

兴庆宫的苑林区相当于大内御苑。苑林区的面积稍大于宫廷区，东、西宫墙各设一门，南宫墙设二门。现如今，兴庆宫的遗址已改建为兴庆公园。

4.3.2 行宫御苑、离宫御苑

1. 东都苑（隋西苑）

东都苑即显仁宫，又称“会通苑”，唐代为东都苑，武后为神都苑，在洛阳之西侧，是历史上仅次于西汉上林苑的一座特大型皇家园林。东都苑是一座人工山水园，园内的理水、筑山、植物配置和建筑营造的工程极其浩大，都按既定的规划进行，总体布局以人工开凿的最大水域——“北海”为中心。东都苑大体上仍沿袭汉以来“一池三山”的宫苑模式。

在唐代，东都苑主要是一个从事农副业生产的经济实体，与汉代的上林苑颇为相似，是皇家的庄园。与之前相比，皇家园林的职能已经变得次要，仅作为一些宫殿的避暑和休闲场所。这些宫殿坐落在庄园内部，使皇家园林的职能相对简化。

2. 上阳宫

上阳宫始建于唐高宗上元年间，地处东都苑西侧、皇城西南角，南临洛水，西距谷水。上阳宫的建筑密度较高，以殿宇为主，园林为辅。宫内有多组建筑群，林木茂盛，花木繁多，风景秀丽，构成了一派胜似仙境的园林景观。

3. 玉华宫

玉华宫始建于 624 年，原名“仁智宫”，后经唐太宗扩建，于贞观二十一年（647 年）落成，并更名为“玉华宫”。宫殿建筑群宏伟壮观，正殿为玉华殿，其上为排云殿，再上为庆云殿。南风门是正门，其东有晖和殿。此外，珊瑚谷和兰芝谷内也有若干殿宇及辅助用房。玉华宫建筑屋顶除南风门用瓦外，其他殿宇均用茅草覆盖，意在追求清凉和节约。这里气候适宜，是理想的避暑胜地。到了唐玄宗天宝年间，玉华宫已完全坍塌，沦为废墟。

4. 隋仙游宫

仙游宫位于黑水河的河套地段，始建于隋文帝开皇十八年，于仁寿元年（601 年）改名“仙游寺”。此地青山环抱，碧水萦流，气候宜人，曾是隋文帝的避暑胜地。仙游宫坐南朝北，背靠秦岭，东、西两侧有月岭和阳山环护，北面有象岭与四方台遥相呼应。黑水河从西南向东北贯穿其间，构成水口形势。

5. 翠微宫

翠微宫位于长安城西南 25 千米处的终南山太和谷翠微山上，初名为“太和宫”。终南山山岳空间层次丰富，自然风景十分优美。翠微宫是一组庞大的建筑群，展现了唐代离宫的宏伟与奢华。然而，由于翠微宫位于山高路险之地，交通不便，且宫苑面积过小，不易扩建，自太宗后，再无皇帝前往游幸。唐宪宗元和年间，翠微宫被废置，改名为“翠微寺”。

6. 华清宫

华清宫坐落在西绣岭北麓的冲积扇上，靠近天然温泉，环境优美。唐玄宗长期在此居住，处理朝政，接见臣僚，华清宫遂成为与长安大内相联系的政治中心。华清宫与骊山北坡的苑林区结合，形成了北宫南苑的宏大格局，外围还有“会昌城”的外廓墙。华清宫的规划布局基本以长安城为蓝本：会昌城相当于长安外廓城，宫廷区相当于长安皇城，苑林区相当于禁苑，只是方向正好相反，可谓长安城的缩影，足见其在当时众多离宫中的重要地位。

华清宫的宫廷区呈梯形，中心为宫城，东部和西部设有行政、宫廷辅助用房，以及随驾贵族和官员的府邸，是重要的政治和居住区域。宫廷区的南面为苑林区，呈前宫后苑的格局。华清宫南倚骊山北坡，北向渭河。宫廷区的北面是一片平原，除少数民居外，大部分区域规划为赛球、赛马和练兵的场地。这些场地包括讲武殿、舞马台、大球场和小球场等。唐玄宗曾在这里观看兵阵演练和参加马球比赛，体验军事和体育活动。

华清宫的宫城为一个方整布局，坐南朝北，两重城垣。华清宫设四门，北面设正门津阳门，东门为开阳门，西门为望京门，南门为昭阳门。南门往南是通往骊山苑林区的大道。宫廷区的北半部分为中、东、西三路。中路左右两侧分别为弘文馆和修文馆，前殿和后殿位于其南，相当于朝区。东路的主要建筑为瑶光楼和飞霜殿，是皇帝的寝宫。西部殿宇建筑带有一定的寺观性质，自北而南分别为果老堂、七圣殿、功德院等。

华清宫宫城的南半部为温泉汤池区。除了少数殿宇，华清宫还分布着八个汤池，供皇帝、皇后、嫔妃和皇室成员沐浴。九龙汤，又名莲花汤，是皇帝的专用汤池。贵妃汤，即杨贵妃的专用汤池，用料石砌成，形似盛开的海棠花。温泉的水源位于贵妃汤的东南，泉水通过地下暗管供应各处汤池。还有一处御用的长汤池，比其他汤池要大得多，池中央有玉石雕成的莲花状喷水口，泉水喷出如雨淋般洒落在池面上（图 4–2）。

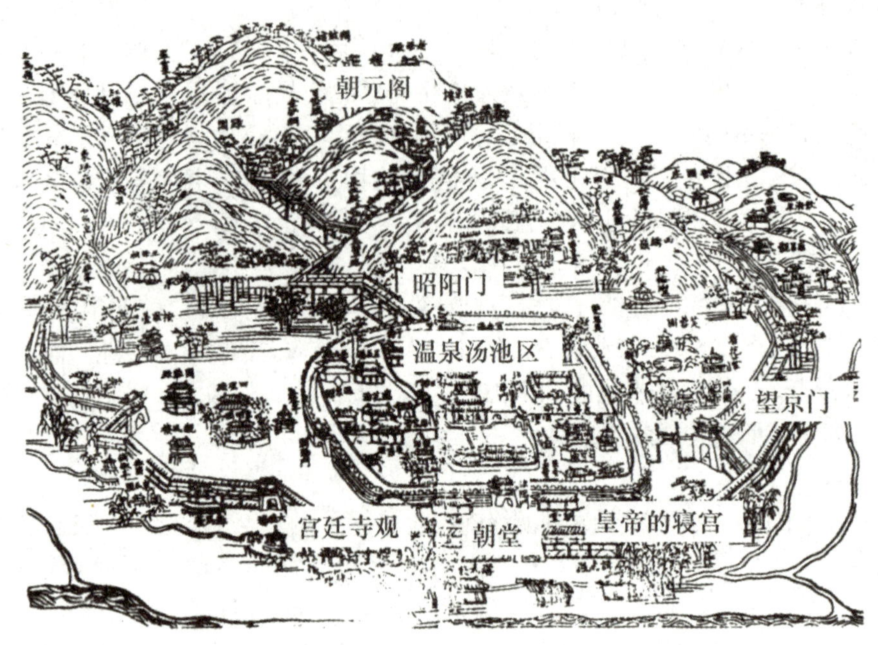

图 4-2　华清宫图

（图片来源：汪道亨、冯从吾《陕西通志》）

华清宫的苑林区，位于东绣岭和西绣岭北坡，结合山麓、山腰和山顶的地貌，规划出许多独具特色的景区和景点。山麓有花卉、果木为主题的小园林兼生产基地，如芙蓉园、石榴园等。山腰则突出自然景观，放养驯鹿。朝元阁是苑林区的主体建筑，从这里修筑御道直抵宫城。山顶上视野开阔，建有许多亭台殿阁，发挥"观景"和"点景"作用。东绣岭有王母祠和石瓮寺。西绣岭呈三峰并峙，主峰最高，建翠云亭；次峰上建老母殿、望京楼，后者又名"斜阳楼"；第三峰稍低，建朝元阁，其南即老君殿，供奉老子玉像，这两处属道观。唐皇多信奉道教，皇家园林中亦多有道观的建置。

7. 九成宫（隋仁寿宫）

仁寿宫位于今陕西省宝鸡市麟游县新城区，环境幽美，气候凉爽，是隋唐时期通往西北的交通枢纽和军事要地。仁寿宫的建置既满足皇帝游赏、避暑需求，也考虑了军事因素。仁寿宫始建于隋文帝开皇十三年（593 年），于唐太宗贞观五年（631 年）扩建，并更名为九成宫。

九成宫的规模宏大，建筑华丽，建筑布局顺应自然地形，因山就势。九成宫的宫墙有内、外两重。内部为宫廷区，采用前朝后寝格局。宫城是朝宫、寝宫以及府库、官寺衙署的所在地。在宫城之外，外垣之内，有一片广袤的山岳地带，被称为禁苑，也就是苑林区。九成宫是皇帝避暑的离宫御苑，规划设计和谐而又不失宫廷皇家气派，在当时颇有名气。

许多画家以它作为创作仙山琼阁题材的参考。文人墨客也为九成宫留下了千古传世的诗文赞颂，其中不乏名篇佳作，最为著名的是《九成宫醴泉铭》。

4.3.3　皇家园林综述

隋唐时期，皇家园林的建设已经趋于规范化，大体上形成了大内御苑、行宫御苑和离宫御苑的类别。大内御苑紧邻宫廷区的后面或一侧，呈宫、苑分置的格局。行宫和离宫多数选址于风景秀丽的山区，体现皇家建筑与自然景观的巧妙结合。不少修建在郊野风景地带的行宫御苑和离宫御苑，改作佛寺，反映了隋唐时期佛教的兴盛。郊外的宫苑，其基址的选择还从军事的角度来考虑，如玉华宫、九成宫等。

交流讨论

学习了隋唐的皇家园林，给你印象最深的是哪一座皇家园林，说说原因。

知识拓展二：唐代三朝五门制度

“三朝五门”制度来自周礼，是中国古代都城宫室规划的重要内容，历朝对此都有不同程度的诠释。大明宫三大殿含元殿、宣政殿、紫宸殿分别对应外朝、中朝、内朝。

（资料来源：何岁利 . 唐大明宫“三朝五门”布局的考古学观察 · 考古，2019（5），有删减）

知识拓展三：古建筑开间

中国古建筑平面以长方形为最普遍，其中长边为宽，短边为深。古建单体由“间”组成，“间”是两榀屋架所围合的空间，每四根柱子围成一间，一间的宽为“面宽”又称“面阔”，深为“进深”。

中国古代阴阳五行中的“术数”，认为奇数为阳，偶数为阴。阳数中九是最高等级，如开间九间、台阶九级、屋脊走兽九尊等。另外，“五”也是术数中的吉数，“九”和“五”结合就是最高最吉利的数。《易经》中说“九五，飞龙在天”，所以“九五”就变成了皇帝的专用数，称为“九五之尊”。天安门城楼就是面阔九开间，纵深五开间，故宫中很多建筑都是这样。

古代建筑开间的最高等级是九间，后来发展到十一间，如北京故宫太和殿、乾清宫。但是理论上仍然是九开间为最高，只有皇帝的建筑才能用九开间。其次是七间，皇亲贵戚和封了爵位的朝廷命官可以用七开间。再次是五间，朝廷一般官员和地方政府官员可以用。平民百姓就只能用最小的三间了。另外，开间数选择奇数还有一个原因是古人喜欢挂匾和楹联，开间数为奇数便于挂匾和楹联。

（资料来源：微信公众号古建家园《中国古建筑的开间有何讲究》，有删减）

知识拓展四：古代建筑元素之一——柱础

柱础亦称“柱顶石”，中国传统建筑构件之一，用材多为石质，少量为陶质、土质。石质柱础一般为覆盆式、鼓式、复合式等。柱础主要作用为承接木柱重量和防潮。最早的柱础发现于新石器时代仰韶文化遗址，早期柱础一般低于地表的柱础坑；秦汉以后大型建筑柱础基本升至地面以上。随着柱础制作技术的发展，宋代柱础形式多样，雕饰精美，艺术价值明显增强（图 4-3）。

图 4-3 柱础

（资料来源：学习强国《古代建筑元素之一——柱础》，有删减）

4.4 私家园林

4.4.1 私家园林发展的历史背景

唐代私家园林在数量和艺术水平上超越了魏晋南北朝，尤其在盛唐时期得到了迅速发展。长安、洛阳等地成为造园活动的热点。唐代政治变革导致知识分子心态转变，园林成为他们寻求心灵慰藉的场所，士流园林应运而生。园林是士大夫阶层隐逸的场所，促进私家园林的发展。长安、扬州、成都等地私家园林尤为繁荣，如杜甫的浣花溪草堂。同时，唐代风景名胜区众多，文人们也常在这些地方营造别墅园林，如白居易的庐山草堂。唐代私家园林的兴盛，既体现了当时社会的繁荣与文化的兴盛，又反映了人们追求心灵寄托的情感需求。

4.4.2 城市私园

长安城内的私园大多数被称为“山池院”或“山亭院”。大官僚、皇室或贵族的私园，都以豪华为特色。士人们的私园则以幽雅清逸的风格著称，这些园林承载着他们对隐逸生活和山水之情的向往。在洛阳城，园林建造者充分利用优越的水源条件，使洛阳城内的私人园林以水景为主题，颇具特色。

白居易的履道坊宅园位于洛阳城履道坊西北隅，洛水流经此处，这是城内“风土水木”形胜之地。白居易从 58 岁起定居于此。履道坊宅园也是以文会友的场所，白居易 74 岁时曾在此地举行了一场盛大的“七老会”。园和宅共占地 17 亩，其中屋室、水池、竹林和其他景观各占一定比例，岛屿、树木、桥梁和道路则散布其间。住宅和游憩建筑构成了屋室的主要部分。水池是园林的主体，池中有三个岛屿，游客可以通过拱桥和平桥相互往来。

白居易造园的目的在于寄托精神，陶冶性情，以泉石竹树养心，借诗酒琴书怡性。唐代的私家宅园采用前宅后园的布局，履道坊宅园即属此类。

4.4.3　郊野别墅园

别墅园即建在郊野地带的私家园林，它渊源于魏晋南北朝时期的别墅、庄园。在唐代，这种别墅园被统称为“别业”“山庄”“庄”，规模较小的则被称为“山亭”“水亭”“田居”“草堂”等。唐代别墅园的建置大致可分为以下三种情况。

（1）单独建置在离城不远、交通方便、风景优美的近郊。

（2）单独建置在风景名胜区内。

（3）依附于庄园而建置。

1. 建于近郊

长安城作为唐代的都城，近郊的别墅园林极多。贵族、大官僚的别墅园几乎都集中在东郊、西郊一带。这一带靠近皇家的太极宫、大明宫和兴庆宫，拥有便利的人工开凿的水渠和池沼，为园林供水提供了方便，因此聚集了许多权贵的别墅园。一般文人官僚的别墅多半分布在南郊。南郊的樊川一带，风景优美，物产丰富，靠近终南山。这里多有溪涧，地形略显丘陵起伏。南郊的别墅园林，不同于东郊贵族别墅区的风格，追求的是朴实无华、富有乡村气息的情调，突显自然、淳朴的美感。

东都洛阳像长安城一样，有很多建置在近郊的别墅。南郊一带的风景秀丽，引水便利，别墅园林尤为密集。例如，李德裕的平泉庄别墅，位于洛阳城南三十里处，紧邻龙门伊阙，风景秀丽，园内有百余所亭台楼榭，驯养鸿雁、白鹭鸶、猿猴等珍禽异兽，还收藏各种花木和奇石。

除两京之外，扬州、苏州、杭州和成都等经济、文化繁荣的城市，其近郊和远郊也有许多别墅园林的记载。其中，成都的杜甫草堂是一个著名的例子。杜甫草堂，取名“浣花溪草堂”，园内建筑布置随地势之高下，充分利用天然水景。园内的主体建筑物为茅草葺顶的草堂，建在临浣花溪的一株古楠树的旁边，园内栽植大量花木，满园花繁叶茂，荫浓蔽日，再加上浣花溪的绿水碧波，以及翔泳其上的群鸥，构成了一幅极富田园野趣又寄托诗人情思的天然画卷。

2. 建于风景名胜区

唐代，随着各地风景名胜区的开发和建设，文人、官僚们纷纷前往这些地方，寻找合适的地段，利用自然风景的优美条件兴建别墅园林，并逐渐成为一种流行风尚。例如，李泌的衡山别业和白居易的庐山草堂等。

3. 依附庄园而建

中唐时期，土地兼并和买卖盛行，官员们逐渐成为大地主，在坐收佃租的同时，也在庄园内建造园林和别墅，作为休闲和养老之所。这种庄园别墅多为文人官僚所经营，具有很高的文化品位。园主人常常在此悠游，吟咏风月，尽享田园美景，还以文会友，留下著名的诗篇，促进了唐代“田园诗”的发展。王维的辋川别业和卢鸿一的嵩山别业便是其中著名的庄园别墅。

王维的辋川别业在今陕西省蓝田县南。此地山岭环抱，幽谷交错，地形宛如车轮，因此得名“辋川”。辋川别业有山、岭、冈、坞、湖、溪、泉、沂、濑、滩，以及茂密的植被，总体上以自然风景取胜，局部的园林化部分则偏重于各种树木花卉的大片成林或丛植成景，建筑物并不多，形象朴素，布局疏朗。王维晚年笃信佛教，精研佛理，因此在园林造景中特别注重诗情画意。辋川别业及《辋川集》《辋川图》的问世，从侧面显示了山水园林、山水诗、山水画之间的密切关系。

卢鸿一像王维一样，既是诗人，又是颇有造诣的山水画家。卢鸿一归隐嵩山，专心打造他的嵩山别业。他为别业内及其附近的10处特色景观赋诗，撰写诗序。这些诗和诗序被编为一卷，题为《嵩山十志十首》。他还为嵩山别业的10处景观作画——《草堂十志图》。这也从侧面反映了山水园林、山水诗、山水画在唐代文人心目中的地位。

4.4.4 文人园林

唐代，山水文学繁荣兴盛，文人热衷于创作山水诗文，并对山水风景的鉴赏具备一定的能力和水平。文人出身的官僚不仅参与风景开发、环境绿化和美化，还参与私园营造。他们凭借对自然风景的深刻理解和高超的鉴赏能力经营园林，同时融入人生哲理和宦海浮沉的感怀。中唐时期的白居易、柳宗元、韩愈等文人官僚，身处政治斗争旋涡，通过园林的丘壑林泉寻找精神寄托和慰藉。在这种社会风尚影响之下，文人官僚的园林格调清沁雅致，富有文人色彩，便出现了“文人园林”。文人园林不仅是文人经营的或者文人所有的园林，也泛指那些受到文人趣味浸润而“文人化”的园林。“文人化”的园林是广义的文人园林，它们不仅在造园技巧、手法上表现了园林与诗、画的沟通，而且在造园思想上融入了文人士大夫的独立人格、价值观念和审美观念，作为园林艺术的灵魂。文人园林的渊源可上溯到两晋南北朝时期，唐代呈兴起状态，如辋川别业、嵩山别业、庐山草堂、浣花溪草堂。

交流讨论

谈谈隋唐的私家园林与魏晋南北朝相比进步的方面。

4.5 寺观园林

佛教和道教经过东晋、南北朝的广泛传播，在唐代更为盛行。唐代的统治者采取了儒、道、释三教并尊的政策，并在思想上和政治上给予了不同程度的扶持和利用。在唐代，除唐武宗外，其余皇帝都提倡佛教，有的甚至成为佛教信徒。

随着佛教的兴盛，佛寺遍布全国，寺院经济也相应发展起来。寺观的建筑制度已趋于完善，大的寺观往往是连宇成片的庞大建筑群，包括殿堂、寝膳、客房、园林四部分功能分区。寺观多有园林化的建置，许多都拥有丰富的植物景观。寺观成为居民公共活动的中心。例如，慈恩寺因其牡丹和荷花而闻名，吸引众多文人观赏。寺观内种植的树木

种类繁多，包括松、柏、杉、桧、桐等，为寺庙增添了宁静与美感。汉唐时期，寺观内也栽植竹林，甚至有单独的竹林院。此外，果木花树亦多有栽植，它们往往具有一定的宗教象征寓意。例如，道教中仙桃代表长寿，故道观多栽植桃树。

长安城内水渠纵横，寺观多引入活水构建山池水景。这些园林及庭院，吸引文人名流赏花、观景、饮宴、品茗。这表明了长安寺观园林和庭院园林化的盛况，同时也体现了寺观园林在城市中兼具公共园林的职能。寺观不仅在城市中建立，也广泛分布于郊野。

隋唐时期的佛寺建筑在魏晋南北朝的基础上有所改进和规范化，建筑的汉化和世俗化程度更深刻。中唐以后，佛寺主院的布局发生变化，塔不再居中，而是退居两侧或后方，佛像正殿成为构图中心和整个佛寺建筑群的焦点。隋唐时期的佛寺建筑采用分院制：主院为开放区域，用于宗教活动；南面的别院为接待区；北面别院则是僧人生活和修持场所。小寺有少量别院，大寺则有更多，形成庞大的院落建筑群。这种布局既方便了宗教活动，也满足了游客和香客的需求。

知识拓展五：应县木塔

应县木塔始建于唐代，重修于辽清宁二年（1056 年），是世界上现存最古老、最高大的纯木结构楼阁式建筑，也是世界木构建筑的典范（图 4-4）。应县木塔通高 67.31 米，底层直径 30.27 米。塔高九层，每层八面，每面开三间，五个明层，四个暗层（二层以上每层出平座），外观为五层六檐（底层为双檐），塔刹直插云霄。

（资料来源：学习强国《档案中的山西古建筑：应县木塔》，有删减）

知识拓展六：山西五台山南禅寺大殿

山西五台山南禅寺大殿（图 4-5）是中国现存最古老的唐代木结构建筑，大殿建造于 782 年，比佛光寺要早 75 年。这座大殿面阔、进深各三间，单檐歇山灰色筒板瓦顶。殿内有唐代彩塑 17 尊，神态自然，衣纹流畅，为唐塑珍品。南禅寺大殿虽小，也显示唐代建筑的艺术特征：舒缓的屋顶，雄大疏朗的斗拱，简洁明朗的构图，显现出雍容大度、气度不凡。

（资料来源：微信公众号“研学建筑”《中国建筑史中的 10 个建筑之最》，有删减）

知识拓展七：山西五台山佛光寺东大殿

大唐遗存佛光寺

五台山佛光寺东大殿被梁思成先生称为“第一国宝”。东大殿重建于唐大中十一年（857 年），是我国现存最早的庑殿顶建筑，面阔七间，34 米，进深八椽，17.66 米。大殿铺作硕大，气势宏伟，是唐代木构建筑的代表之一（图 4-6）。

（资料来源：学习强国《山西古建筑中的大木作：五台山佛光寺东大殿》，有删减）

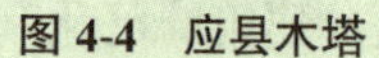

图 4-4　应县木塔

图 4-5　南禅寺大殿

图 4-6　五台山佛光寺东大殿

佛寺建筑群以“主院”为核心，周围别院有序布列。主院中轴延伸为建筑群南北中轴。南北大道连接主院南门与寺院南门，其余道路纵横如棋盘。院落多植花木或建山池花木，形成绿化或园林化庭院。山地佛寺可因山就势建置别院。隋唐时期道观建筑更为世俗化，宏观角度上，个体建筑和布局情况与佛寺建筑相似。

交流讨论

结合当代提倡的文化交流和促进文化多元化的理念，谈谈你所了解的敦煌石窟。

4.6 其他园林

公共园林起源于东晋，当时名士常聚会于“新亭”“兰亭”等地。唐代，随着山水风景的大开发，风景名胜区与名山遍布各地。城郊小范围的山水胜景之处，以亭为中心，形成了很多公共园林。这些园林是文人名流聚会、市民游憩和交往的理想场所。地方官为政绩和满足个人兴趣，常致力于开辟此类园林。

长安的公共园林，绝大多数在城内，少数在近郊。长安城内的公共园林主要有三种情况：一是利用城南一些坊内的岗阜，如乐游原（乐游原是一处以佛寺为中心的公共游览胜地）；二是以水景为主的游览地，如曲江池；三是街道的绿化。

在长安街道上，被称为“六街”的绿化带宽度均超过百米，其他街道也有几十米宽。这些街道两侧都有水沟，沿沟种植着整齐划一的行道树，这片绿化带被称为“紫陌”。紫陌以槐树为主，公共休闲区域则多种植榆树、柳树等。长安街道多为土路，两侧的坊墙也是用夯土筑成的，这样的结构容易扬起尘土。但是，由于街道两侧的树木被精心修剪，有效地抑制了尘土的飞扬，有利于改善环境质量。郁郁葱葱的树木和花草淡化了黄土地的枯燥，美化了城市环境。城南的一些街区没有居民居住，街道两侧的绿化带被用作薪炭林，定期砍伐提供燃料。

曲江又名“曲江池”，位于长安城东南隅，原为汉武帝所造。曲江池面积 144 万平方米，曲江池遗址面积 70 万平方米，为大型公共园林兼御苑。隋初宇文恺利用东南较高的地势，凿池引水更名为“芙蓉池”。唐初干涸，后经疏浚，恢复“曲江池”旧名。池水充沛，岸线曲折优美，环池楼台参差，林木蓊郁。每年的上巳节曲江池都十分热闹，游人如织。皇帝也会率嫔妃和百官来此游玩，举行盛大的庆典。曲江池沿岸张灯结彩，池中画舫游船

穿梭，乐队演奏新曲，百姓熙熙攘攘，少年衣着华丽、骑着肥马，妇女也盛装出游。曲江池既是市民的公共游览地，又具有皇家御苑的功能，这在封建时代极为罕见。曲江池的繁荣反映了盛唐时期政局的稳定和社会的安宁。曲江池在春天最为热闹，新科进士在此举行豪华的曲江宴，皇帝有时也观看。宴后，进士们还会在杏园举行探花活动，并在大雁塔题名。这些是士子们十年苦读后一朝及第的庆祝活动。

在长安城近郊，河滨水畔的风景佳丽地段被巧妙地转化为公共园林，如灞桥。此外，古迹也被开发为公共游览地，其中昆明池尤为著名。昆明池原为西汉上林苑的水池，在唐代经过几次整治和绿化，成为京郊的旅游胜地，皇帝和百姓都爱在此游玩。昆明池的美丽景观和丰富的文化历史，吸引众多游客前往欣赏和体验，成为长安城周边的一处公共游览胜地。

交流讨论

谈谈隋唐时期的公共园林与当代城市公园的区别。

知识拓展八：盛唐印象——大雁塔与小雁塔

大雁塔（图 4–7）和小雁塔（图 4–8）都是西安唐代佛塔。大雁塔又名“慈恩寺塔”，为存玄奘经卷而建，初为五层，经历代重建，现为一座七层四方形楼阁式砖塔。小雁塔，原有十五层，现存十三层，塔形秀丽，“关中八景”中的“雁塔晨钟”即指小雁塔。

为什么叫作“雁塔”？唐代人崇尚大雁，通常以雁泛指鸟类，为表达对释迦牟尼的崇敬，故取名“雁塔”。小雁塔经历 70 多次地震不倒塌，反而能不断自然复合，“三裂三合”，非常神奇。大雁塔高大雄伟，每逢九九重阳节，百姓们便来此“重阳登高”。此外，考中进士的人登大雁塔题名以表成就，即“雁塔题名”，其中就包括白居易，曾出现了“塔院小屋，四壁皆是卿相题名”的繁荣现象。大雁塔和小雁塔体现了中国千年的建筑技术发展，是古印度佛寺佛塔随佛教传入中原地区并融入华夏文化的典型物证。

图 4-7　大雁塔

图 4-8　小雁塔

（资料来源：微信公众号“研学建筑”《盛唐印象——大雁塔与小雁塔》，有删减）

知识拓展九：世界上最早的敞肩拱桥——赵县安济桥

安济桥坐落在河北省赵县，又称“赵州桥”，横跨在 37 米多宽的河面上，因桥体全部用石料建成，当地称作“大石桥”。安济桥建于隋朝开皇后期（595 — 605 年），由著名匠师李春设计建造，距今已有 1 400 多年的历史，是当今世界上保存最完整的古代单孔敞肩石拱桥，也是中国第一座石拱桥，虽然经过无数次自然灾害，却安然无恙。

（资料来源：微信公众号“研学建筑”《中国建筑史中的 10 个建筑之最》，有删减）

本章小结

随着封建经济、政治和文化的进一步发展，隋唐园林在风景园林基础上臻于全盛。这一时期的造园活动取得的主要成就有以下六方面。

（1）皇家园林的“皇家气派”更加明显。

（2）私家园林艺术性提升。

（3）寺观园林普及。

（4）公共园林出现。

（5）风景式园林设计提升。

（6）山水画、山水诗与山水园林互相渗透。

以史明鉴 启智润化

中国伟大的工匠智慧——榫卯

山西应县木塔作为世界上最高、最古老的木结构佛塔，虽经无数次的自然灾害与炮弹轰击，仍坚如磐石，其奥妙在于建筑的榫卯结构。榫卯工艺是我国古代建筑、家具等结构广泛使用的一种连接方式，是充满中国智慧的传统木匠工艺。凸出来的榫头和凹进去的卯眼扣在一起，两块木头紧紧相握，有效地限制木件向各个方向的扭动，起连接和固定作用。古人云，“榫卯万年牢”意味着榫卯结构非常坚固。

20世纪70年代，余姚的河姆渡遗址挖掘出了迄今为止考古发现最早的榫卯结构实物，说明榫卯是比汉字更早的华夏智慧。中国的建筑是人与自然和谐相处的例证。一座宫殿，由几万根木材铸造而成，全凭榫卯交叉错插结构，便可屹立千百年。榫卯结构让木制器物的轮廓简练而舒展，最大程度地展现出木材本身的美感，体现中国人从古至今都欣赏自然美，崇尚简单、素雅的风格。榫卯也是匠人匠心的最佳诠释。

2010年上海世博会中国馆（图4-9）被誉为“东方之冠”。它的结构技艺主要采用中国的技艺精粹“榫卯工艺”，主体造型雄浑有力，向世界展示了中国建筑悠久的历史积淀和丰富的文化内涵。我们要记住榫卯之美，坚定文化自信，传承优秀的传统文化。

（资料来源：微信公众号“中国华夏文化遗产基金会”《中国伟大的工匠智慧——榫卯》，有修改）

图4-9　上海世博会中国馆

中国园林中的语音符号

汉语中同音字、词众多，形成独特的谐音现象。园林巧妙运用谐音，将其转化为吉祥符号，

作为物质构建和装饰元素，展现出汉语的独特魅力，体现中华民族的审美意识和思想观念。

“福”与“蝙蝠”谐音，在园林建筑中，常见“蝠厅”建筑、“蝠池”水池，还有雕刻精美的“五蝠捧寿”图案。自宋以后，园林中还出现了扇亭、扇形洞窗和折扇铺地等设计，这些元素不仅美观，更寓意着扬善、行善、有福的。葫芦与“福禄”谐音，常见“葫芦门”等建筑形式，寓意福禄双全。葫芦门环，则寓意着“伸手有福禄”，寄托对幸福生活的期盼。寿的象征，除了常见的“五福捧寿”图案，还有用猫和蝴蝶组成的图案，因为“猫”与“耄”、“蝶”与“耋”谐音，合起来就是“寿”的寓意。此外，鱼与“余”同音，园林中常见鱼的符号，寓意着年年有余、富足有余。“九”与“久”同音，寓意着长长久久、连绵不断。还有园林廊边的玉雕“白菜”陈设，因“白菜”与“百财”谐音，寓意着财源广进。花台上种植的垂丝海棠、白玉兰和牡丹，则寓意着“玉堂富贵”。喜鹊登梅、喜鹊梧桐等图案，寓意着“喜上眉梢”“同喜”等吉祥之意。双宝瓶门相对，则寓意着“平平安安”，因为“瓶”与“平”谐音。荷花，“莲”与“廉”同音，被赋予了“一品清廉”的寓意，象征着身居高位而不贪、公正廉洁的品质。

谐音达意，乃中华智慧体现，艺术性显著。以雅化俗，将福禄寿喜财等世俗愿景化为美好意象，悦目更慰心。这些园林符号，既美且有深意，逐渐成为中华民族独特的文化印记，彰显民族文化特色。

（资料来源：赵江华 . 中国园林中的语音符号，《光明日报》，2023-06-04，有删减）

文化传承　行业风向

云冈石窟：千年瑰宝雕刻文化自信

云冈石窟被誉为镌刻在石头上的史书。无论是开凿技艺还是开凿内容，云冈石窟都雕刻着胡汉杂糅、民族交融的历史内涵，石窟内既体现汉式建筑的富丽堂皇，又散逸着少数民族建筑或雄浑壮阔或精巧柔美的气息。石窟背后蕴含着具有鲜明开放包容气质的文化。北魏鲜卑族改革融入中华民族大家庭，这一改革，直接影响了隋唐。除了包容性、和平性和统一性，云冈石窟也充分体现出中华文明的连续性和创新性。云冈石窟的开凿样式从早期引入外来风格，到中期形成云冈风格，至晚期又吸收南朝风格。同时，云冈风格不断走出去，东越太行山，西跨黄河，传播、影响至更多地区。

洞窟开凿是一部历史，文物的保存、保护又是一段历史。读懂云冈历史，继承其蕴含的中华优秀传统文化，有助于在新的历史起点上建设中华民族现代文明。我们要将云冈文化的灿烂成就及其世界意义、历史文脉传承下去，让中华文明发扬光大。

原创云冈音乐、复原创新的北魏服饰、借助数字化手段，使云冈石窟变得可触摸、可移动、更亲近。如 2023 年，在宁波美术馆展出的 3D 打印版的云冈石窟第 12 窟，雕刻精美，千年石窟的岁月痕迹触手可及，让人震撼。山西大同大学音乐学院舞蹈系编写了《云冈舞基础教程》，将“云冈舞”搬上舞台，构成了独有的时代印迹和美学特征，让中华优秀传统文化焕发出更加蓬勃的生机与活力。

（资料来源：新华网 . 云冈石窟：千年瑰宝雕刻文化自信 .2023-08-04，有删减）

温故知新 学思结合

一、选择题

1. 隋唐时期的“三苑”不包括（　）。

A. 禁苑　　B. 东内苑　　C. 西内苑　　D. 仙都苑

二、填空题

1. 从________开始皇室园居生活开始多样化，相应地________、________、________这三个类别的区分更为明显，它们各自的规划布局特点也更为突出。

2.________是唐代著名诗人王维晚年隐居的庄园，庐山草堂是唐代著名诗人________在庐山所构筑的山居草堂。

三、实践题

探索你见过的其他榫卯结构的古典建筑，并举例说明。

课后延展 自主学习

1. 书籍：《园冶》(手绘彩图修订版)，计成著，倪泰译，重庆出版社。
2. 书籍：《中国古典园林史》，周维权，清华大学出版社。
3. 书籍：《中国古典园林分析》，彭一刚，中国建筑工业出版社。
4. 扫描二维码学习：学习通平台，厦门工学院谢鑫泉《中外园林史》。
5. 扫描二维码观看：《苏园六纪》第四集《焦窗听雨》。
6. 扫描二维码观看：《园林》第四集《写在大地上的诗》。
7. 扫描二维码观看：《中国古建筑》第四集《匠心独运》。

《焦窗听雨》

《写在大地上的诗》

《匠心独运》

谢鑫泉《中外园林史》

思维导图 脉络贯通

中国古典园林全盛期——隋、唐

- 历史背景及对园林发展的影响
  - 隋唐时期的历史背景与文化发展
    - 隋唐小农经济奠定经济基础
    - 文学与艺术蓬勃发展
    - 木构建筑在技术与艺术方面趋于成熟
    - 植物栽培技术取得大进步
  - 历史背景对园林发展的影响——皇家园林、私家园林、寺观园林、公共园林
- 隋唐宫苑建设
  - 隋唐长安城规划
  - 隋唐洛阳城规划
- 皇家园林
  - 大内御苑——太极宫、大明宫、洛阳宫、禁苑、兴庆宫
  - 行宫御苑、离宫御宫——东都苑、上阳宫、玉华宫、隋仙游宫、翠微宫、华清宫、九成宫
- 私家园林
  - 私家园林发展的历史背景
  - 城市私园—履道坊宅园
  - 郊野别墅园
    - 建于近郊——平泉庄、杜甫草堂
    - 建于风景名胜区——庐山草堂、衡山别业
    - 依附庄园而建——辋川别业
  - 文人园林
- 寺观园林
- 其他园林
  - 公共园林——曲江
  - 街道绿化

第5章 中国古典园林成熟前期——宋代

学习目标

➤ 知识目标

1. 了解促使宋代园林走向成熟期的社会背景和文化背景。
2. 掌握宋代皇家园林的特点及精品赏析。
3. 掌握宋代私家园林的特点及精品赏析。
4. 掌握宋代文人园林、寺观园林、公共园林等园林特点。

➤ 能力目标

1. 掌握园林鉴赏的能力。
2. 能借鉴宋代古典园林设计精华，为设计和建设现代园林服务。

➤ 素质目标

1. 传承经典，树立文化自信。
2. 博古通今，提升人文素养。

启智引思 导学入门

著名历史学家陈寅恪曾言："华夏民族之文化，历数千载之演进，造极于赵宋之世。"宋代的美学观念可以用简朴本色、道法自然、意境之美来总结。宋代文人赋予园林浓厚的文人色彩——简远、疏朗、雅致和天然。景简而意深，清高而文雅，从园林竹石造景到曲水流觞，从名流宴集到赏花盛宴，文人的高雅情趣藏于园林中的每一处。

文化自信是一个国家发展进步的不竭源泉，应当传承和弘扬中华优秀传统文化。宋代是中国古代社会文化发展的极盛时期，具有鲜明的历史特色，宋代文化具有兼容精神、创新思想、经世理念、理性态度、民族意识等时代特点，在中国文化史上有承上启下、继往

开来的历史地位。我们要传承宋代艺术精髓，回归本真与朴素，创造更美好的和谐。宋代美学的传承与发展也是彰显国人文化自信的典范。

学习内容

5.1　宋代园林发展的社会与文化背景

5.1.1　社会背景

宋朝（960—1279 年）分为北宋（960—1127 年）和南宋（1127—1279 年）两个阶段。唐末，中国历史上形成五代十国的局面。960 年，宋太祖赵匡胤即位称帝，建都于后周的旧都开封，改名东京。

1127 年，北宋灭亡。宋高宗赵构南逃，重新立国，史称南宋，1138 年定杭州为临时首都，称临安。1279 年，元军攻灭南宋残部，南宋灭亡。

5.1.2　文化背景

宋朝是中国历史上商品经济、文化教育、科学创新高度繁荣的时代。两宋时期园林作为一个整体的系统，已发展成熟。此时园林建造有了固定的规模和体系，在造园技术方面也达到了前所未有的水平，因此宋朝成为古典园林发展史上一个承前启后的成熟发展阶段。这一新高潮产生的主要原因便是宋朝时期经济、文化、艺术、科技的不断进步和实质性的飞跃。

（1）宋代撤销土地兼并的限制，允许土地自由买卖，小农经济出现新的变化。

（2）宋代重文轻武，文人社会地位高，文官多能诗善画。山水画十分讲求以各种建筑物点缀风景，表现出自然风景的“园林化”倾向。

（3）宗教方面，佛教发展到宋代，完成汉化，成为地道的“汉地佛教”。佛寺的园林更趋同于私家园林，世俗化的倾向更为明显。道观的园林也像佛寺一样，趋向私家园林和世俗化的特征明显倾向。宗教的发展使宋代的寺观园林得以迅速发展。

（4）宋代是中国古代科技发展的巅峰时期，在当时的世界居于领先地位。宋代在建筑技术方面日趋成熟，不仅在形式上讲求轻巧变化，而且在技术上朝着标准定型的方向发展。例如，李诫编著的《营造法式》就记载了木结构建筑的规范。

（5）宋代在唐代的园林观赏树木和花卉栽培技术的基础上又有所提高，出现了嫁接和引种驯化，各种花卉栽培的方法和书籍也如雨后春笋般出现。造园中也注重植物配置的季相变化和观赏效果。

综上所述，宋代的政治、经济、文化的发展将园林推向了成熟的境地，同时也促成了造园的繁荣局面。

知识拓展一：清明上河图

《清明上河图》描绘的是清明时节北宋都城汴京东角子门内外和汴河两岸的繁华热闹景象。全画可分为三段：首段写市郊景色，茅檐低伏，阡陌纵横，其间人物往来。中段以“上土桥”为中心，另画汴河及两岸风光。后段描写的是市区街道，城内商店鳞次栉比，街上行人摩肩接踵，车马轿驼络绎不绝。全卷画面内容丰富生动，再现了12世纪北宋全盛时期都城汴京的生活面貌。此画用笔兼工带写，设色淡雅，构图采用鸟瞰式全景法，用传统的手卷形式，画面长而不冗，繁而不乱，在多达500余人物的画面中，穿插着各种情节，组织得有条不紊，富有情趣。

《清明上河图》

（资料来源：学习强国《[北宋]张择端〈清明上河图〉卷》，有删减）

知识拓展二：营造法式

我国关于营造之术的书极少，宋清两朝，各刊官书一部，分别是宋代的《营造法式》与清工部的《工程做法则例》，是研究我国建筑技术方面极为重要的资料。

《营造法式》由宋代李诫编著，记载了宋代建筑设计资料与建筑规范，是我国第一部古代建筑设计、建造制度、建筑规范的书籍，是中国古代最完整的建筑技术书籍。李诫在书中写道：“构屋之制，皆以材为祖。”“材”是一个标准尺寸单位，相当于模数。这说明中国在12世纪就已经开始使用模数制度进行房屋建造，在建筑技术史上是一个里程碑式的发展。《营造法式》除反映建筑设计以及施工规范外，还对劳动定额、施工用料等做了严格的规定。这些都反映了宋代建筑技术达到纯熟水平。

（资料来源：学习强国《江苏古籍珍本欣赏〈营造法式〉卷》，有删减）

知识拓展三：《菊谱》

宋代刘蒙所著的《刘氏菊谱》，是现存最早的一本以品花为主的菊花专著。书中对当时颇负盛名的35种菊花的形态特征做了细致描述，反映了北宋后期人工培育菊花所达到的水平。书中指出，通过人工选择的办法可以将变异形态培育成新品种。这种思想不仅指导当时的生产实践，还是近代生物进化观念的萌芽。

（资料来源：学习强国《菊有芳花：菊谱》，有修改）

交流讨论

关于宋代的艺术造诣，还有哪些著作？谁引领着文人士大夫把宋代艺术推向前所未有的高度？

5.2　东京、临安城市规划

5.2.1　北宋东京城（今河南开封北宋）

东京原为唐代的汴州，地处中州大平原。北宋王朝建都东京，历时 168 年。东京共设三重城垣：宫城、内城、外城，每重城垣之外围都有护城河环绕。宫城位于全城的中央。宫城的南部排列着外朝的宫殿，包括大朝的大庆殿和常朝的紫宸殿。其西面又有与之平行的文德殿和垂拱殿，作为常朝和饮宴之用。外朝之北为寝宫与内苑。东京外城又称“新城”，是民居和市肆之所在。内城又称“旧城”，主要为衙署、王府邸宅、寺观之所在。

东京的规划沿袭北魏、隋唐以来的皇都模式，但殿宇群组的规划布局严谨而灵活精巧，且都市的功能由单纯的政治中心演变为商业兼政治中心。蔡河、汴河、金水河、五丈河这四条河流贯穿东京城，组成水网，与东京的生产及生活关系很大，不仅推动了商业的繁荣，而且解决了城市供水及宫廷、园林的用水问题。东京城的商业繁华是宋代以前的都城前所未有的。

5.2.2　南宋临安城

南宋定都临安，即杭州。临安连接着大运河，濒临钱塘江，水陆交通非常便利。临安不仅是南宋时期的政治、文化中心，也是当时最大的商业城市。在中国历代封建皇朝中，临安是一座与众不同、不合乎《周礼》的皇城。南宋临安的皇城“坐南朝北”，宫殿在南面，市集在北面。皇城没有一条纵贯南北的中轴线，其南门（丽正门）与北门（和宁门）并不在同一条直线上。南宋皇城的布局没有遵循我国封建社会惯用的“左祖右社”（左太庙、右社坛）的格局。南宋临安的特立独行，实属无奈之举。北宋灭亡后，宋皇室一路南迁，曾定都建康（南京），在 1138 年才定都杭州。如此仓促，来不及提前规划，只能因地制宜，选择凤凰山麓的临安府治作为皇城。杭州地势南高北低，于是南宋皇帝因地制宜，按照“居高临下”的封建礼制，依凤凰山而建南宋皇城宫殿，来俯瞰社稷苍生；官府、街坊全在北面，上朝者须从后而入，当时称为“倒骑龙”。临安皇宫建于城南凤凰山麓，整个城市朝着北部拓展开来；城里有一条纵贯南北由石板铺成的专供皇帝用的御街，两旁是河道，河里种植荷花，河道外边是供市民行走的走廊。此外，城内还有四条大的横街，横街之间是东西向的小巷，共同构成了纵街横巷的街网布局，手工业、商业网点、仓库、学校及居住区等都穿插分布于各街巷，经济繁荣。

交流讨论

谈谈你对南宋皇城与众不同、不合乎《周礼》的规划有什么感想？

5.3 宋代皇家园林与精品

两宋时期园林营造兴盛，北宋末还在苏杭设置了应奉造作局，专门负责搜集奇花异石、名木佳果营造宫苑，制作珍巧器物。宋朝皇家园林以北宋东京汴梁（今开封）和南宋京城临安（今杭州）的园林最杰出，包括大内御苑和行宫御苑两种类型。这一时期的皇家园林规模和造园气魄远不如隋唐，也没有远离都城的离宫御苑，但在规划设计上更精密细致，较少带有皇家气派，更接近民间私家园林，部分皇家园林还定时对民众开放。北宋东京汴梁的大内御苑有艮岳、后苑和延福宫；行宫御苑为东京四苑：玉津园、琼林苑、宜春苑和金明池。南宋临安以西湖为中心建设皇宫，大内御苑有后苑。西湖周边有多个行宫御苑，如德寿宫、集芳园、延祥园、玉津园、聚景园等。

5.3.1 艮岳

宋徽宗登基之初，子嗣稀少，有道士进言，在京城东北角筑山可多生儿子。于是他命令宦官梁师成修筑万岁山，因其在宫城之东北面，按八卦的方位，以“艮”名之，改名“艮岳”“寿岳”，或连称“寿山艮岳”。园门的匾额题名“华阳”，故又称“华阳宫”。艮岳于宋徽宗政和七年（1117 年）兴工，宣和四年（1122 年）竣工，宋徽宗赵佶亲自参与艮岳的设计。这是我国首座出自帝王之手的园林。

艮岳面积约为 750 亩（1 亩 ≈666.67 平方米），规模虽不算太大，但宋徽宗爱好艺术，对艮岳的景观设置尤为重视，取天下瑰奇特异之灵石，移南方艳美珍奇之花木，设雕栏曲槛，置亭台楼阁。在汴京的平原上造出了一片胜景：山川、悬崖、峡谷、河流、异国的植物、珍稀的动物，样样齐全，每一处都是北宋疆域的微缩再现，堪称当时世界上独一无二的皇家园林。艮岳东半部以山为主，西半部以水为主，大体形成“左山右水”的格局，山体从北、东、南三面包围水体（图 5-1）。它突破秦汉以来宫苑“一池三山”的形制，以山水创作为主题，这是中国园林建筑史上的一大转折。艮岳还具有浓厚的文人园林色彩，同时也讲究诗情画意的追求，代表了北宋园林艺术的最高水平。艮岳在造园艺术方面的成就是远超前人的，具有划时代的意义。宋徽宗所作的《御制艮岳记》流传至今。

知识拓展四：宋徽宗

宋徽宗赵佶，创办了宣和画院（相当于皇家美术学院），在民间选拔优秀的艺术人才进行栽培，从而带动了整个国家艺术的发展。中国一些传世名画作者，如画出《清明上河图》的张择端、画出《千里江山图》的王希孟、画出《万壑松风图》的李唐，全都是他选中的。不仅如此，宋徽宗组织编撰的《宣和书谱》《宣和画谱》《宣和博古图》等书，都是后世美术史研究的珍贵典籍。在徽宗时期，极简美学得到了巨大发展，他的品位甚至影响了千年以后的中国，以及被中国文化影响了千年的日本和韩国。到现在，日本的书画装裱方式，还在延续宋徽宗发明的“宣和裱”。

宋徽宗是艺术史上的“千古一帝”，但也是一位亡国之君，政权灭亡，做了八年的俘虏，可以说他是千年一遇的艺术家，也是失败透顶的“倒霉”皇帝。

（资料来源：《大话中国艺术史》作者意公子，海南出版社，有修改）

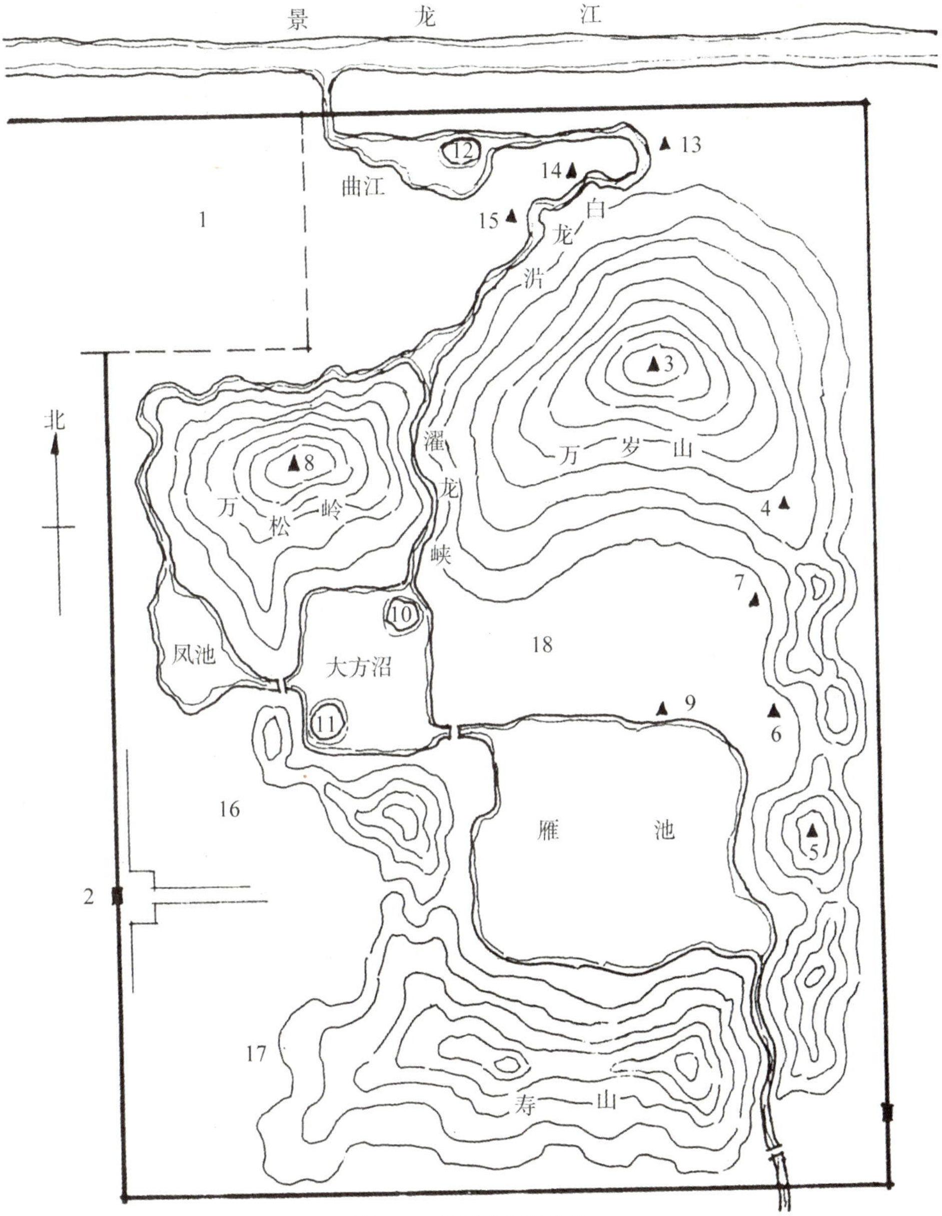

图 5-1　艮岳平面设想图

（周维权《中国古典园林史》）

1—上清宝箓宫；2—华阳门；3—介亭；4—萧森亭；5—极目亭；6—书馆；7—萼绿华堂；8—巢云亭；9—绛霄楼；10—芦渚；11—梅渚；12—蓬壶；13—消闲馆；14—漱玉轩；15—高阳酒肆；16—西庄；17—药寮；18—射圃

1. 叠山

艮岳对天然山岳进行概括，体现山水画论中“先立宾主之位，次定远近之形”的构图规律，整个山系脉络连贯，其经营位置也正合“布山形、取峦向、分石脉”的画理。北面主山“万岁山”模仿杭州凤凰山，轮廓用土石堆筑而成，主峰高九十步，是全园的最高点，上建“介亭”。万岁山居于整个假山山系的主位，其西隔溪相对的是侧岭“万松岭”，上建“巢云亭”，与主峰的介亭东西呼应成对景。万岁山东南的“芙蓉城”为其绵延的余脉，南面的“寿山”居于山系的宾位，隔着水体与万岁山遥相呼应，形成一个主宾分明、远近呼应、余脉延展的完整山系。园中石料源自各地，以太湖石、灵璧石为主。奇石作主景，特置于假山之旁。园中奇石堆叠成林，形式各异，是艮岳的一大特色。

2. 理水

艮岳从西北角引景龙江之水入园，建成小型水池“曲江”，然后水体折向西南，名曰“回溪”。河道至万岁山东北麓分为两股：一股绕过万松岭注入凤池；另一股沿寿山与万松岭之间的峡谷南流入山涧。涧水出峡谷后向南流入方形水池“大方沼”。大方沼水又分两支，西入凤池，东出雁池，雁池之水从东南角流出园外。园内形成一套完整的水系，包罗江、湖、沼、溪、渚、瀑、池、泉等多种内陆天然水体形态。水系与山系配合形成“水随山转，山因水活”的景观，这种景观正是大自然界山水成景的微缩，也符合中国传统风水学。

3. 动植物

在植物配植上，艮岳种植了乔木、灌木、藤本植物、水生植物、草本花卉、木本花卉和农作物等。《艮岳记》中记录的园内植物品种达 70 多种，其中不少是从江苏、浙江、湖南、湖北、广东等地引种的奇花异草。配植方式有孤植、对植、丛植、成片栽植等。植物漫山遍野，沿溪傍陇，郁郁葱葱，花繁林茂，艮岳堪称一个庞大的植物园。园内许多景区、景点都以植物之景为主题，如植梅的“梅岭”，种丹杏的“杏岫”，丛植丁香的“丁嶂”，在水畔种龙柏万株的“龙柏陂”，以及斑竹麓、万松岭、海棠川、梅渚等。

艮岳蓄养了诸多禽鸟，无异于天然动物园，放养的珍禽奇兽也以“亿计”，包括大象、狮子、犀牛、孔雀、白驼等，设专人饲养。山内设有动物管理机构，训练鸟兽表演，可在宋徽宗游幸时列队接驾，谓之“万岁山瑞禽迎驾”。

4. 建筑

宋代建筑外观多样，组合形式丰富多彩，总体是以沿轴线排列的四合院方式布局，错落有致。艮岳中的建筑不仅具有使用功能，同时还有“点景”或者“观景”的作用，山顶和岛上多建亭，水畔多建台、榭，山坡上多建楼阁。除游赏性的建筑之外，艮岳中还有村落、酒家等建筑，使园内更显生动活泼，具有强烈的田园色彩。艮岳在追求建筑意境的同时，也布置了很多与宗教有关的建筑，如道观，这种布置直接影响后世皇家园林中宗教建筑的布置。艮岳园内“亭堂楼馆，不可殚纪”，集中为大约 40 处，几乎包罗了当时的全部建筑形式，可谓集宋代建筑艺术之大成。

5.3.2　琼林苑

北宋东京城外西侧有两座南北相对的行宫御苑，北为“金明池”，南为“琼林苑”。琼林苑东南角设有假山，山上建有楼阁，山下铺设锦石道路，并辟有池塘。苑中大部分地段种植岭南、江南进贡的名花，以植物景观为主，称为“西青城”。苑中还设有射殿和球场，这是当时的击球场所。在殿试后，皇帝会宣布登科进士的名次，并赐宴琼林苑，此宴便称“琼林宴”。后琼林苑泛指京都宴请新进士的场所。

5.3.3　金明池

开封金明池是北宋时期的皇家园林，也是战时的水军演练场，用以教习水军。金明池园林中建筑全为水上建筑，池中可通大船。到北宋末，兴建殿宇，进行绿化种植，这里成为一座戏水园林，每年皇帝亲临观看在此举行的龙舟竞赛、夺标表演，宋人谓之“水嬉”。金明池每年定期开放任人参观游览，每逢水嬉之日，东京百姓倾城来此观看。张择端所绘的《金明池争标图》就是金明池龙舟比赛争标场面的真实写照。

5.3.4　玉津园

“东京四苑”之一的玉津园，位于东京城南的南薰门外，园内建筑物很少，树木繁茂，环境幽静深邃，一片苍翠，被称为“青城”。园内既有皇帝检阅骑射的校场，又有大面积的农作物种植区，还有动物养殖区和亭台花榭，是皇家的游赏胜地。北宋前期，玉津园每年春天定期开放，供百姓踏青游赏，以昭示皇帝与民同乐。玉津园最兴盛的时期是北宋初期，皇帝常常亲临玉津园游览观光。到北宋中后期，皇帝就很少去玉津园了。

南宋临安玉津园，是宋高宗在临安的嘉会门外南四里另建的，虽沿袭了北宋皇家园林玉津园的胜景，却没有延续北宋的辉煌。在宋孝宗时期，临安玉津园的发展最兴盛。宋孝宗临幸游玩，曾命皇太子、宰执、亲王、侍从五品以上官及管军官讲宴射礼。宋光宗以后，再没有皇帝临幸玉津园的记载。

5.3.5　临安后苑

南宋大内御苑只有一处，即宫城北半部的苑林区——后苑。其位于凤凰山西北部，是一座风景优美的山地园。后苑环境极佳，凉爽宜居，视野广阔，是一座有避暑和防御功能的皇家园林。园林植物以花木美取胜，园内有专门栽植单种花木的小园林和景区，如小桃园、杏坞、柏木园等。园中建筑小品的命名也是按不同的植物景观特色进行的。这些都是效仿汴京艮岳的做法。

5.3.6　德寿宫

南宋德寿宫位于临安外城东部望仙桥之东。宋高宗退位后在德寿宫居住 25 年。德寿宫也被称作"北内"，与宫城大内相提并论，其规模与身份不同于一般的行宫御苑。德寿宫按景色不同分为四个景区，即所谓的"四分地"：东区以赏花为主，如香远堂赏梅、清深堂赏竹等；南区是文娱活动场所，如宴请大臣的载忻堂、观射箭的射厅；西区以山水风景为主调；北区设置亭榭建筑，如绛华亭、倚翠亭、春桃亭等。德寿宫中央为一个人工开凿的大龙池，池水引自西湖，池中遍植荷花，可乘画舫水上游，像是微缩的西湖，故又名"小西湖"。园内叠石技艺极其高超，大假山"飞来峰"模仿杭州灵隐寺的飞来峰，孝宗作诗誉之为"壶中天地"。假山的石洞内可容百余人，这是当时非常了不起的一项石结构工程。

5.3.7 聚景园

聚景园为南宋皇家园林，因在临安城西，又名"西园"。聚景园在清波门外西湖之滨，园内沿西湖的湖岸上遍植垂柳，固有"柳林"之称。聚景园即西湖十景之一的"柳浪闻莺"之所在，每当阳春三月，柳浪迎风摇曳，浓荫深处莺啼阵阵。

从上述几个精品皇家园林的介绍中，宋代皇家园林有以下特点。

（1）宋代皇家园林的规模远不如唐代，宋代也没有唐代那样的远离都城的离宫御苑。

（2）规划设计上，宋代皇家园林更精密细致，讲究意境与诗情画意，比历史上任何一个朝代的皇家园林都少一些皇家气派，更接近民间的私家园林，皇家园林平民化。

（3）皇家园林定期向民众开放，以昭示皇帝与民同乐，从侧面反映出宋朝的德政。

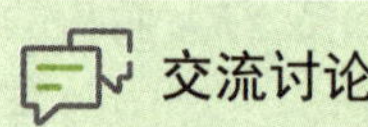

从宋徽宗艮岳兴衰历史的角度谈谈你的感想。

5.4 宋代的私家园林与精品

宋代私家园林以中原和江南的最为兴盛，中原以洛阳、东京两地为代表，江南有临安、吴兴、平江（今江苏苏州）等地。

北宋以洛阳为西京，公卿达官贵人兴建的府邸、园林不计其数。洛阳私家园林足以代表中原地区私家园林的特色。当时就有"天下名园重洛阳""洛阳名公卿园林，为天下第一"的说法。北宋李格非（李清照的父亲）就洛阳的私家园林而著《洛阳名园记》，其中记录的 19 处著名园林中，有 18 处是私家园林。

南宋临安，是当时全国的政治、经济、科教、文化中心，也是繁华的国际大都市，被意大利旅行家马可·波罗盛赞为"世界上最美丽华贵的天城"。临安私家园林的兴盛，不言而喻，它们大多分布在气候凉爽、风景绝佳的西湖一带和城内、城东南郊的钱塘江畔。

5.4.1　富郑公园

富郑公园是北宋名相、文学家富弼退休养老的宅园。富弼亲自设计营建此园林。园林设计“逶迤衡直，闿爽深密，皆曲有奥思”。园中总体布局是，由小渠引来园外活水，汇入园中东部的大水池。全园主体建筑是“四景堂”，可俯视整个园林；向南经过通津桥，登上方流亭，可遥望紫筠堂；右转入花木小径，沿途经荫樾亭、赏幽台，到重波轩而止；再向北是一大片竹林，竹林中有五个亭子，错落建于竹林之中；东南方向望去，在竹林的东边有一座卧云堂，与四景堂成对景。园中景观沿溪流池塘之畔，美不胜收。

5.4.2　环溪

环溪是北宋大臣王拱辰的宅园，园内布局别致，开凿南、北两个水池，以小溪环绕水池一圈，两小池围着中间的山地，故名“环溪”。园内主要建筑物均集中在中间的山地上，南水池的北岸建有“洁华亭”，北水池的南岸建有“凉榭”，均是临水的建筑物。多景楼在山地最高处，登楼远眺，园内“秀野台”“锦厅”“风月亭”尽收眼底，并可巧借园外美景。园中遍种松树、桧树，各类品种的花木达千株。环溪花园的特点是以水景和借景取胜。

5.4.3　独乐园

独乐园是司马光在洛阳修撰《资治通鉴》时营建的工作园林，是《资治通鉴》编写书局所在地，规模不大且朴素。其园林理水组景构思巧妙，以水景为主，筑园寓文于景，寄托情怀，这是此园最为突出的特点。独乐园将园林景物与古圣先贤结合而增强其意境，表达“园如其人”的园林文化属性。独乐园在洛阳诸园中最为简素，这是司马光有意为之。该园名称来自孟子“独乐乐，不如与众乐乐”的观点。

5.4.4　沧浪亭

沧浪亭，位于江苏省苏州市城南三元坊，占地面积为 1.08 公顷，是现存苏州园林中历史最为悠久的私家园林。其最初为五代时吴越国泰宁军节度使孙承祐的池馆。宋代诗人苏舜钦以四万贯钱买下废园，进行修筑，傍水造亭，因感于“沧浪之水清兮，可以濯吾缨；沧浪之水浊兮，可以濯吾足”，题名“沧浪亭”，自号“沧浪翁”，并作《沧浪亭记》。沧浪亭与狮子林、拙政园、留园并称为苏州四大园林。沧浪亭于 1982 年列为江苏省文物保护单位，2000 年作为《世界文化遗产苏州古典园林增补项目》被联合国教科文组织列入《世界遗产名录》，2006 年被国务院列为第六批全国重点文物保护单位。

沧浪亭园内以山石为主景，山上古木林立，山下凿有水池，曲折复廊临水而建，山水相连。建筑环绕在山石之间，通过复廊上的漏窗形成虚实空间对比，使园内、外景色互相渗透，水面、池岸、假山、亭榭融成一体（图 5–2）。

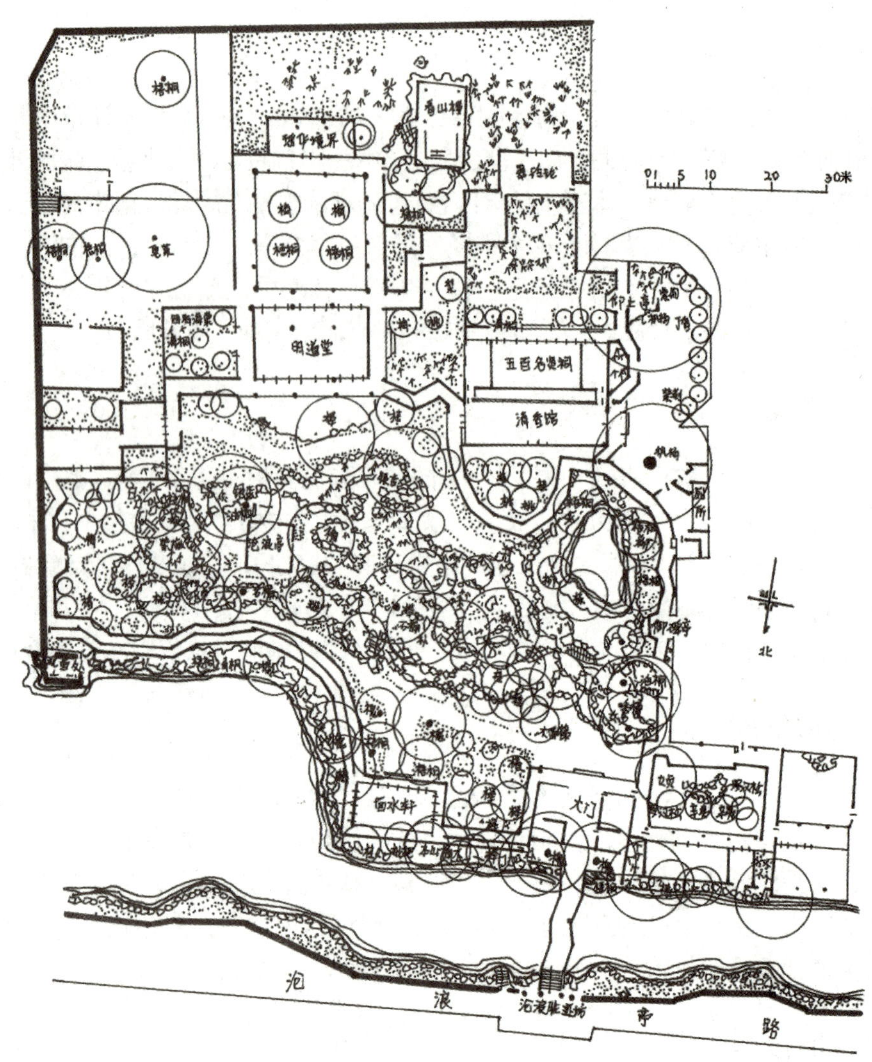

图 5-2　沧浪亭平面图（自摹）

“明道堂”是沧浪亭中体量最大的主体建筑，位于假山东南部。“翠玲珑”馆连贯几间大小不一的小馆，处在竹丛之中，取苏舜钦诗“日光穿竹翠玲珑”之意，环境清幽。与翠玲珑馆相邻的是“五百名贤祠”，祠中三面白色墙壁上镶嵌了 594 幅与苏州历史有关的人物雕像。“印心石屋”位于园中西南处，是一个假山石洞。“看山楼”位于山中，与“仰止亭”和“御碑亭”等建筑相互映衬。沧浪亭入口右侧的“藕香水榭”“闻妙香室”“瑶华境界”等处，自成院落，是一个幽静的小环境。

沧浪亭园林的主要特色是借景、漏窗和复廊。

沧浪亭的曲廊壁上设有 108 个样式各异的漏窗，镂空的花纹精美绝伦。窗框外形有方形、多边形、圆形、扇形、海棠形、花瓶形、石榴形、如意形、秋叶形、宫殿形、桃形等，以方形和多边形居多。漏窗的窗芯图案内容取材广泛，形式多样，大致可分为自然具象形和几何抽象形。自然具象形的图案较多，有植物花卉的变形，如桃形、荷花形、缠绕的树

根形、芭蕉叶形、梅花形、秋叶形、葵花形等，还有用类似中国结的形状的变形、折扇的变形图案、棋盘的变形等。虫鱼鸟兽形图案在沧浪亭的窗芯图案中并不多见，有龟背纹形和云龙纹形等。窗芯图案寄托着园主人对美好生活的向往，如海棠形象征着吉祥如意，蝙蝠形象征着福气满满，石榴形象征着多子多福，圆形方孔象征着财源滚滚等。借助漏窗，景区似隔非隔，似隐非现，光影迷离斑驳，使园内景致得以拓展和延伸。随着游人的脚步移动，景色也随之变化，真正产生了"一步一景""移步换景"的效果。

沧浪亭复廊的廊墙分隔了园、内外的空间，但左、右廊道共用的廊檐又将园内的山和园外的水联系起来，融为一体，弥补了园中缺水的不足。复廊使园内、外的山水景观互相渗透、相互借景，拓展了游览的视觉空间和赏景内容，形成了苏州古典园林独一无二的开放性格局。沧浪亭的复廊不仅是沧浪亭造景的一大特色，还被人们誉为"苏州古典园林三大名廊之一"。

交流讨论

谈谈你知道的宋代"极简"色彩美学有多美。

知识拓展五：沧浪亭经典楹联

沧浪亭坐落在山顶上，古朴典雅，周围有几百年树龄的高大乔木五六株。亭上刻有对联"清风明月本无价，近水远山皆有情"。此联为清代学者梁章钜为苏州沧浪亭题的集句联，上联出自北宋欧阳修《沧浪亭》诗中"清风明月本无价，可惜只卖四万钱"，下联来源于北宋苏舜钦《过苏州》诗中"绿杨白鹭俱自得，近水远山皆有情"。该对联不仅叙说了沧浪亭的建亭过程，也写活了沧浪亭与附近植物山水的情景交融，使人认识到热爱自然、顺应自然、与自然和谐共生的环境保护理念。

知识拓展六：苏州古典园林三大名廊

沧浪亭的复廊、拙政园的水廊、留园的曲廊是苏州古典园林三大名廊。

5.5 文人园林

文人园林萌芽于魏晋南北朝，兴起于唐代。到宋代，在文人墨客的大力推崇下，文人园林发展至顶峰，同时还影响了皇家园林和寺观园林的造园风格。宋代文人园林更多地表现隐逸思想，成为文人精神生活的寄托。文人的诗文吟咏、文献的记载，也更多地集中表现在文人园林中。宋代文人园林的风格特点大致可以概括为简远、疏朗、雅致、天然四个方面。

（1）简远：景象简约而意境深远。一方面是景象的简约；另一方面则是意境的"诗化"，其创造的意境比之唐代园林更为深远，耐人寻味。例如，司马光独乐园的简朴，沧浪亭108个样式各异的漏窗。宋代山水画的画风也主张“精而造疏，简而意足”，这与山水园林的简约格调也是一致的。

（2）疏朗：园内景物数量不求多，但整体性强。园林筑山往往主山连绵，客山起伏成一体，山势平缓。水体多设计大水面创造开朗气氛。植物配植亦以大面积的丛植或群植为主。建筑密度低，数量少，以个体建筑居多，没有游廊连接的建筑，也没有以建筑群分隔空间的情况，园林景观开朗。

（3）雅致：文人士大夫追求不同于流俗的清高、雅趣，在诗、词、绘画与园林中寻求雅致是逃避现实的最好精神寄托。梅、兰、竹、菊是文人最喜欢用以象征品格的植物。譬如，宋代园林中常常大面积栽植竹子，用竹子象征人品的高尚，素有“三分水，二分竹，一分屋”的说法。园林中栽植梅、菊，具有“拟人化”的用意。宋代文人爱石成癖，宋徽宗还给石头加封侯爵。宋代园林用石盛行单块的“特置”。以“漏、透、瘦、皱”作为太湖石的选择和品评的标准亦源于宋代。景题的命名原则主要是，激发人们联想，从而创造意境。景题蕴含的寓意，表达了文人士大夫脱俗、清高和孤芳自赏的情趣。这些都是文人园林雅致的体现。

（4）天然：宋代文人园林追求天然之趣，力求园林与自然环境的契合。园林景观以植物为主要内容。园林选址重视利用原始地貌，因山就水。园林设计上善于“借景”，扩展园内的空间，同时也使园内、外景观相结合而浑然一体。沧浪亭就是典型的例子。

上述文人园林的四个特点是艺术趣味在园林中的集中表现，也是中国古典园林的四个典型特点。宋代文人广泛参与造园活动，促进了文人园林在宋代的兴盛。同时，佛教禅宗的兴盛、隐逸思想的主导，也是促成文人园林风格异军突起的契机。

知识拓展七：花石纲

“花石纲”是宋徽宗时期运输东南奇花异石船只的编组。宋代陆运、水运各项物资大都编组为“纲”，如运马者称“马纲”，运米的称“米饷纲”。马以五十匹为一“纲”，米以一万石为一“纲”，花石以十艘船称一“纲”。当时指挥花石纲的有杭州“造作局”、苏州“应奉局”等，它们奉皇帝之命对东南地区的珍奇文物进行搜刮。这些运送花石的船只，每十船编为一纲，从江南到开封，沿淮、汴而上，络绎不绝。

知识拓展八：荒唐宋徽宗，为石头封侯

宋徽宗是古代皇帝中少有的艺术大师，作为一位艺术家，宋徽宗不仅爱书画，还对石头喜爱有加，尤其是一些奇珍异石。他曾给一块珍稀的太湖石封为“盘固侯”。侯爵是地位非常高的爵位，仅次于“王”“公”。一些奸臣利用宋徽宗对石头的爱好，在全国各地掀起搜集石头的风潮，劳民伤财，老百姓怨声载道，可宋徽宗丝毫没有发现自己的过错。直至他被金军俘虏，受尽侮辱和折磨，方才后悔莫及。

（资料来源：我爱历史网《荒唐宋徽宗为石头封侯》，有删减）

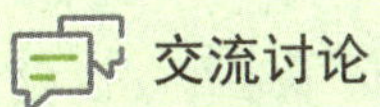

交流讨论

谈谈宋代文人园林与之前朝代的文人园林的不同。

5.6　寺观园林

佛寺建筑到了宋代已经完全汉化，佛寺园林世俗化的倾向更为明显。这一方面是由于文人士大夫之间盛行禅悦之风，另一方面是由于禅宗僧侣也日益文人化。许多禅僧附庸风雅，擅长书画，以文会友，与文人交往频繁。文人园林的趣味性便广泛地渗透到佛寺的造园活动中，从而使得佛寺园林逐渐“文人化”。例如，欧阳修主持修造的扬州“平山堂”园林，不仅是士大夫、文人吟诗作赋的场所，也是一处佛寺园林；书画家米芾曾为镇江鹤林寺题写“城市山林”的匾额，后来人们以“城市山林”作为城市私家园林的代称。

宋代道教发展向老庄思想靠拢，讲求清净、无为、空寂、恬适的哲理，追求清高、雅逸的文人士大夫情趣。道观园林由世俗化向文人化发展。

宋代寺观园林的文人化，使寺观园林除具有明显的宗教特征之外，其他设计元素与私家园林没有太大差异，且更朴实、简单。南宋临安的西湖一带，是当时国内佛寺建筑集中的地区之一，也是宗教建设与山水风景开发相结合的比较有代表性的区域。西湖一带早在东晋时就有佛寺的建置，灵隐寺便是其中之一。道家也在西湖建置了不少的道教建筑。南宋时，西湖边佛寺众多，不亚于私家园林和皇家园林，使临安成为当时东南地区的佛教圣地，前来朝奉的香客络绎不绝。江南著名的佛教“五山”中有两处——灵隐寺和净慈寺在西湖。

灵隐寺始建于东晋咸和元年（326 年），为杭州最早的名刹。灵隐寺地处杭州西湖以西，背靠北高峰，面朝飞来峰，林木耸秀，深山古寺，云烟万状。灵隐寺为西印度僧人慧理所建。他于东晋时入浙，看到杭州山峰奇秀，认为是“仙灵所隐”，取名“灵隐寺”（图 5-3）。

图 5-3　灵隐寺

净慈寺，位于杭州市西湖南岸南屏山慧日峰下，是954年五代吴越王钱弘俶为高僧永明禅师而建的，原名“慧日永明禅院”，南宋时改称“净慈寺”。寺内还建造了五百罗汉堂。净慈寺与灵隐寺、昭庆寺、圣因寺并称“西湖四大丛林”，是中国著名寺院之一。寺内有一口铜钟，黄昏敲响，钟声洪亮有力，悠扬不绝，余音萦绕，远飘大半个杭州城，称为“南屏晚钟”，是“西湖十景”之一。

交流讨论

你还知道哪些宋代寺观园林，请举例说明。

知识拓展九：我国古代最高的砖石塔——河北定县开元寺料敌塔

料敌塔位于河北省定州市城（宋、辽交界的军事重镇），是北宋真宗下诏所建之塔，宋利用此塔瞭望敌情。此塔是我国现存最高的砖塔（图5-4）。

（资料来源：微信公众号“研学建筑”《中国建筑史中的10个建筑之最》，有删减）

图5-4 料敌塔

5.7 公共园林

宋代城市经济的繁荣发展，带动了市民阶层的壮大和市民文化的全面形成，客观上为公共园林的蓬勃发展奠定了坚实的社会阶层基础，并推动了官方“与民同乐”政治理念的蓬勃发展。宋代城市公共园林，以东京、临安为代表。

北宋的东京（今河南开封），地势比较低，城内外有许多的池沼地。这些池沼大多由政府出资在池中种植水生植物菰、荷花、蒲等，沿河岸边种植桃、柳树，在池畔建亭、台、榭等建筑小品。这些地方成了东京居民的游览地，相当于公共园林。

5.7.1 街道绿化

北宋东京城市街道绿化与行道树的栽植也很有特色。城市中心的天街宽二百余步，用“御沟”把中间的御道与两旁的百姓道路分隔开来。御沟植莲荷，岸边植桃、李、梨等，生机勃勃，绚烂多彩。其他道路两旁一律种植行道树，多为槐、榆树等乡土树种。护城河和城内其他河道两岸均进行绿化，种植榆、柳树。这些街道绿化的景象在张择端所绘的《清明上河图》中就有所体现。

5.7.2 临安西湖

南宋的临安西湖在晋、隋、唐、北宋开发整治的基础上大力开发，建设成风景名胜游览

地。它是一座特大型公共园林，也是一座开放性的天然山水园林。环湖一带还有众多“园中之园”的小园林景点。小园林分布以西湖为中心，南、北两山为环卫，景色随地形而变化。

南段的园林因为接近宫城，故行宫御苑居多，如胜景园、翠芳园等。私家园林与寺观园林则随山而建，高低错落。中段园林的起点为长桥，环湖沿墙北行，经钱湖门、清波门、涌金门至钱塘门，包括孤山。这一段建有聚景园、玉壶园、环碧园等点缀西湖，并借远山与苏堤对应，以示湖光山色之美，还有许多别业、园圃，与水景相互映衬。因此，中段孤山及其附近成为西湖名园的聚集地，曾有诗句这样赞叹：“一色楼台三十里，不知何处觅孤山。”北段园林自昭庆寺沿湖而西，过宝石山，入于葛岭，多为山地小园。西泠桥畔的水竹院衔接孤山，使北段园林高潮与中段园林高潮相连一体，从而贯通全园。总观西湖三段园林的布置，各园的建设均着眼于全局，布置疏密有致，长桥与西泠桥是三段之间衔接转折的重要环节。苏轼曾为西湖美景写下传唱千古的诗句：“水光潋滟晴方好，山色空蒙雨亦奇。欲把西湖比西子，淡妆浓抹总相宜。”

著名的西湖十景，在南宋时就已形成。西湖十景有苏堤春晓、曲院风荷、平湖秋月、断桥残雪、花港观鱼、柳浪闻莺、三潭印月、双峰插云、雷峰夕照、南屏晚钟。南宋的临安拥有如此之多的景色丰富的大园林，在当时国内甚至世界上都是罕见的。

1. 苏堤春晓

宋代著名诗人苏轼任杭州知州时，用疏浚西湖时挖出的湖泥堆筑了一条三里长堤，它沟通南北交通，后人把它叫作“苏堤”。苏堤上建有六桥，自南向北依次为“映波桥”“锁澜桥”“望山桥”“压堤桥”“东浦桥”和“跨虹桥”，穿越整个西湖水域。苏堤自始建至今，一直都是沿堤两侧相间种植桃树、柳树，形成三步一桃、五步一柳的景观特色。春季拂晓是欣赏“苏堤春晓”的最佳时间，此时薄雾蒙蒙，桃红柳绿，尽显西湖的柔美气质。

2. 曲院风荷

曲院风荷位于苏堤北端西侧 22 米处，面积约为 0.06 公顷，以夏日观荷为主题，呈现“接天莲叶无穷碧，映日荷花别样红”的景象。曲院原为南宋设在洪春桥酿造官酒的作坊，当夏日荷花盛开，此处荷香渗透着酒香，飘香四溢，有“暖风熏得游人醉”的意境。

3. 平湖秋月

平湖秋月位于孤山东南角的滨湖地带、白堤西端南侧，是自湖北岸临湖观赏西湖水域全景的最佳地点之一。其以秋天夜晚皓月当空之际观赏湖光月色为主题。

4. 断桥残雪

断桥位于西湖北部白堤东端，面积约为 2.61 公顷。此处以冬天观赏西湖雪景为胜。当西湖雪后初晴时，日出映照，断桥向阳的半边桥面上积雪融化，露出褐色的桥面一痕，仿佛长长的白链到此中断了，呈“雪残桥断”之景。

5. 花港观鱼

南宋官员卢允升的别墅所在位置名为“花港”，因别墅内养鱼，故名为“花港观鱼”。它在苏堤映波桥西北 197 米处，介于小南湖与西里湖间，以赏花、观鱼为主题。春日里，微风起，沿岸花木落英缤纷，漂浮于水面，呈现“花著鱼身鱼嘬花”的动人画面。

6. 柳浪闻莺

柳浪闻莺原为南宋时的御花园，称“聚景园”。因园中多柳树，随风起浪，莺啼婉转，故名"柳浪闻莺"。其位于西湖东南岸，清波门处，园林布局开朗、清新、雅丽、朴实。柳丛衬托着园内紫楠、雪松、广玉兰、碧桃、海棠、月季等异木名花。此处是欣赏西子浓妆淡抹的佳地，临水眺望，视野开阔，空气清新，令人心旷神怡。

7. 三潭印月

三潭印月被誉为"西湖第一胜境"，是西湖中最大的岛屿。三潭印月与湖心亭、阮公墩鼎足而立，合称"湖中三岛"，犹如我国古代传说中的东海三座仙岛——蓬莱、方丈、瀛洲。三潭印月岛又称"小瀛洲"，岛上园林空间层次丰富，营造出"湖中湖""岛中岛""园中园"的景象。

8. 双峰插云

天目山东余脉的一支，遇西湖而分南、北两座高峰，环抱西湖景区。其与西湖西北角洪春桥畔的观景点构成以观赏西湖周边群山云雾缭绕为主题的景观。

9. 雷峰夕照

雷峰夕照位于西湖湖南、净慈寺前的夕照山上，因黄昏时晚霞镀塔，佛光普照而闻名。雷峰夕照以观赏夕阳下的山峰古塔为主要景观特点。该景观的最重要建筑要素为雷峰塔，始建于吴越时期，与保俶塔形成西湖南北两岸的对景。这也佐证了佛教文化的兴盛对西湖景观的直接影响。

10. 南屏晚钟

南屏晚钟指南屏山净慈寺傍晚的钟声。南屏山在杭州西湖南岸、玉皇山北、九曜山东。南屏山北麓的净慈寺创建于五代后周显德元年（954 年），距今已有 1 000 多年的历史。清康熙帝南巡时，以天将破晓，"夜气方清，万籁俱寂，钟声乍起，响入云霄，致足发人深省也"之由，改称"南屏晚钟"。

知识拓展十：东湖

杭州西湖闻名遐迩，可与杭州西湖并称"姊妹湖"的东湖，你是否知道呢？

东湖，位于陕西省宝鸡市凤翔区，占地 5 万多平方米，历史悠久，古称"饮凤池"。相传周文王元年，瑞鸟凤凰飞鸣过雍，在此饮水，故取其名。我国宋代文学家苏轼，任凤翔府签书判官时，借"饮凤池"，挖掘疏浚，扩池而成，引城西北角凤凰泉水注入，种莲植柳，建亭修桥，筑楼成阁，并因地处城东取名"东湖"。东湖与杭州西湖南北遥望，皆因苏轼而名，人们称"姊妹湖"，有诗曰："东湖暂让西湖美，西湖却知东湖先"。

（资料来源：微信公众号"践行渐成长"《政微宣讲 | 陕西省凤翔东湖》，有删减）

知识拓展十一：苏堤与白堤因什么得名

北宋诗人苏东坡任杭州知州时，为疏浚西湖，利用挖出的淤泥构筑成堤坝。后人为了纪念苏东坡治理西湖的功绩，将堤坝命名为"苏堤"。白堤是为了储蓄湖水灌溉

农田而兴建的。后人以为这条堤是白居易主持修建的，就称它为“白堤”。其实，白居易任杭州刺史时，曾在昔日的钱塘门外的石涵桥附近修筑了一条堤，这便是“白公堤”，如今已经不复存在了。

（资料来源：学习强国《“苏堤”与“白堤”因什么而得名》）

5.7.3　苍坡村

在宋代，个别经济文化发达的农村地区也有公共园林的建置。比如，浙江楠溪江苍坡村，是迄今发现的唯一一处宋代农村公共园林，在今浙江省温州市。

巷坡村是楠溪江中游的古老村落之一，建成于南宋时期，公共园林沿寨墙呈曲尺形分布，位于村落的东南部。总体景观注重文化的蕴含，按“文房四宝”构思进行布局。整体上看，仓坡村就像一张铺开的纸，东南部的园林景观就似纸、笔、墨、砚的“文房四宝”。这样独具特色的园林造景，反映了当地居民的“耕读”精神与高雅的文化品位。苍坡村的公共园林是开敞、外向式的，可供村民游憩、交流。与一般私家园林内向、封闭的小桥流水格局不同，苍坡村没有假山堆叠，只有平铺的水景园及村落的自然之美，公共园林中的水池方便古代木建筑取水救火，方便又实用。

交流讨论

1984 年评出了杭州“新西湖十景”，你知道是哪些景点吗？你认为评定的标准是什么？

以史明鉴　启智润化

东坡精神的当代价值

北宋初年，西湖淤塞问题严重，湖面面积缩小，蓄水量大减。鉴于这种情况，第二次到任杭州的苏轼下决心疏浚西湖，为杭州人民造福。他向朝廷上奏，多角度、全方位地说明西湖既是杭城百姓赖以生存的水源地，也是城市繁荣发展的基础，并提出了全面疏浚、开发西湖的具体方案。朝廷准奏后，苏轼调集民夫，开掘葑泥，并用挖出的淤泥和葑草在西湖中筑成一道长堤以通南北，堤上造六桥，遍植桃柳，此堤被杭城百姓称为“苏公堤”，同时在西湖中央设置了三座石塔，规定三塔之内不能种植菱藕。此后，不仅西湖葑田淤塞问题得到了解决，行人游走西湖周边也比较便利，还形成了“苏堤春晓”和“三潭印月”两个西湖代表性景观。苏轼为西湖治理作出巨大贡献，为西湖形成两堤三岛景观格局奠定了基础，使西湖由一个水利工程，逐渐变成了一处“天人合一”的人文景观。

杭州西湖能成为如今的“人间天堂”，离不开苏轼的民本精神与创新精神。苏轼以民为本，心系百姓，值得今人敬仰学习。他的创新精神更是我国现代化进程中最需要的。我们要在新时代新征程上继续推动中华优秀传统文化创造性转化、创新性发展，建设中华民族现代文明。

（资料来源：学习强国《史话杭州·政通人和：苏轼疏浚西湖》《激发创新精神建设现代文明》，有删减）

北宋“顶流”的家国情怀

范仲淹是北宋的“顶流”，王安石、欧阳修、苏轼、李清照都是他的铁杆“粉丝”。他出将入相，功业文章，被朱熹尊为“天地间第一流人物”。范仲淹自小就立下“不为良相，便为良医”的志向，抱定了上安社稷、下救百姓的雄心壮志。纵观范仲淹的一生，他以天下为己任，为官清廉，体恤民情，命运的一副烂牌被他打出了“王炸”。他始终秉持这样一种人生态度：侠之大者，为国为民。为官则造福一方，为将则保土安民，为相则改革弊政。

他所追求的“先天下之忧而忧，后天下之乐而乐”的精神境界，在新时代的中国，仍是时代先锋们孜孜以求的最高标杆，不失为时代的强音。他的事迹和思想，对于我们今天仍然具有重要的启示和借鉴意义。

（资料来源：学习强国《北宋“顶流”的家国情怀》，有删减）

文化传承 行业风向

宋式美学设计：和谐之美的千年传承

从电视剧《知否知否应是绿肥红瘦》《清平乐》到《梦华录》，都展现了极致的宋代美学。历史学家陈寅恪先生认为：“华夏民族之文化，历数千载之演进，造极于赵宋之世。”宋朝色彩淡雅朴素，追求简约、自然与和谐。在园林设计方面，宋代追求自然、和谐、精致的设计风格。宋代美学至纯至雅的独特风貌，影响着我们的生活方式。当下的“新中式”园林设计中，对宋式风雅和审美范式多有借鉴。

例如，重庆电建泷悦长安项目（图 5-5），从南宋山水画《碧山仙境图》中汲取灵感，以画为脉，以文为魂，再现宋式美学。金华的中天东方诚品·源著项目，以宋式美学为底蕴，打造隐匿自然间的东方美学行馆。江苏淮安的中海·淮上景明，以“书院”为主题造园布景，承袭中式传统文化中宋代极简的美学风格，用简约凝练的手法，再现宋风雅致。武汉城建·明镜台从宋画借景，于古代建筑、山水、场景中提取元素，将极简宋韵与现代主义融合重构，写进建筑、园林、空间设计。

图 5-5　泷悦长安项目实景图

（资料来源：微信公众号“新微设计”《宋式美学——5 个雅致的宋风园林设计》）

宋画意境在北京林业大学

北京林业大学学研中心景观“溪山行旅”，其设计概念来自北宋画家范宽《溪山行旅图》——描绘几个渺小的旅人在宏大的自然山水间行走跋涉，体现出自然与人和谐朴素的辩证关系，它与北京林业大学校训“知山知水，树木树人”形成了完美的呼应。从《溪山行旅图》中提炼出的“山、水、树、人”四个符号，成为景观形式的概念源泉。建筑和结构的限制，不允许以拟态山水的方式体现“溪山行旅”的空间意象。因此设计将中国传统的哲学审美及艺术语汇与当代的景观和材料语言相结合，从而在地域性与当代性之间取得平衡。

（资料来源：微信公众号“蔡凌豪”《溪山行旅——北京林业大学学研中心景观》）

从园林版《浮生六记》看传统文化的传承与创新

2018 年，全国首个沉浸式戏曲——园林版《浮生六记》，在苏州沧浪亭首演。园林版《浮生六记》用昆曲结合园林的方式赋予了苏式传统文化全新的生命力（图 5-6）。其带有“浸入式”的特点，演出并不固定于园中一景，而是分为序、春盏、夏灯、秋兴、冬雪、春再六个场景，在沧浪亭的六个点观看，观众随着人物剧情的发展移步换景。新颖的表现方式和有趣的互动形式有效地吸引了《浮生六记》原书的忠实读者、喜爱园林的观众，以及到苏州旅游的游客，不仅大大增加了观众的代入感、参与感，也让每一场演出都成为独一无二的“私人定制”。入选世界文化遗产名录的苏州园林和入选世界非物质文化遗产名录的昆曲“双遗联袂”，提升了剧作的文化内涵，让观众全方位体验到中国之美。

习近平总书记强调，科学对待文化传统，不忘历史才能开辟未来，善于继承才能善于创新。要善于把弘扬优秀传统文化和发展现实文化有机统一起来、紧密结合起来，在继承中发展，在发展中继承。

图 5-6 园林版《浮生六记》剧照

（资料来源：学习强国《江苏苏州沧浪亭：从园林版〈浮生六记〉中看昆曲如何实现创新性发展》，有删减）

温故知新 学思结合

一、选择题

1. 我国著名的皇家园林艮岳是（　）主持建造的。

A. 宋徽宗　　B. 汉武帝　　C. 秦始皇　　D. 明太祖

2. “艮岳”的“艮”是指（　）方向。

A. 东北　　B. 西北　　C. 东南　　D. 西南

二、填空题

1. 宋代浙江楠溪江________是迄今发现的唯一一处宋代农村________。

2. 宋代寺观园林由________达到________，尚保留一点烘托佛国、仙界的功能。

3. 北宋的________代表着宋代皇家园林的风格特征和宫廷造园艺术的最高水平。

三、实践题

读园史经典，绘经典园图。根据富郑公园的说明，试着画出富郑公园的平面设计图。

课后延展 自主学习

1. 书籍：《园冶》(手绘彩图修订版)，计成著，倪泰译，重庆出版社。
2. 书籍：《中国古典园林史》，周维权著，清华大学出版社。
3. 书籍：《中国古典园林分析》，彭一刚著，中国建筑工业出版社。
4. 扫描二维码学习：学习通平台，厦门工学院谢鑫泉《中外园林史》。
5. 扫描二维码观看：《苏园六纪》第五集《岁月章回》。
6. 扫描二维码观看：《园林》第五集《汴京艮岳梦》。
7. 扫描二维码观看：《中国古建筑》第五集《夕阳凝紫》。

谢鑫泉《中外园林史》

《岁月章回》

《汴京艮岳梦》

《夕阳凝紫》

思维导图　脉络贯通

- 中国古典园林成熟前期——宋代
  - 宋代园林发展的社会与文化背景
    - 社会背景
      - 北宋
      - 南宋
    - 文化背景
      - 小农经济发达
      - 文化艺术发展
      - 意识形态发展
      - 科技发展
  - 东京、临安城市规划
    - 北宋东京城
    - 南宋临安城
  - 宋代皇家园林与精品
    - 艮岳
      - 叠山
      - 理水
      - 动植物
      - 建筑
    - 琼林苑
    - 金明池
    - 玉津园
    - 临安后苑
    - 德寿宫
    - 聚景园
  - 宋代的私家园林与精品
    - 富郑公园
    - 环溪
    - 独乐园
    - 沧浪亭
  - 文人园林——简远、疏朗、雅致、天然
  - 寺观园林
    - 灵隐寺
    - 净慈寺
  - 公共园林
    - 街道绿化
    - 临安西湖
    - 苍坡村

第6章 中国古典园林成熟中期——元、明、清初

学习目标

➢ 知识目标

1. 了解元、明、清初时期的社会、政治、经济和文化背景，理解影响园林发展的因素，掌握这一时期不同类型的园林设计理念、布局手法和艺术风格。

2. 熟悉元、明、清初时期园林建设的总体趋势和特点，熟悉这一时期园林在中国古典园林发展史上的地位和价值及其对后世园林设计的影响和启示。

➢ 能力目标

1. 通过学习元、明、清初不同时期、不同类型的园林，学会综合运用历史、艺术、文学等多学科知识分析园林现象。

2. 通过对元、明、清初古典园林的欣赏和分析，提升审美水平和批判性思维的能力，以及园林艺术的鉴赏力和创造力。

➢ 素质目标

1. 深刻认识中华优秀传统文化的独特魅力和价值，增强文化自信，自觉传承和弘扬中华优秀传统文化。

2. 激发历史使命感，为保护和传承古典园林艺术贡献力量。

启智引思 导学入门

在元、明、清初时期，园林艺术迎来了发展的高峰，尤其是私家园林的兴起和皇家园林的壮大，形成了独具特色的园林风格。元代园林注重山水融合，追求意境的营造和心灵的宁静；明代园林则更加精细，善于运用各种美石材料，强调园林与诗文、绘画的融合；

到了清代，园林艺术更为侧重构造意境和思维氛围方面，空间感和整体感得到加强，同时雕刻艺术也得以广泛应用。

元、明、清初的园林艺术强调人与自然和谐相处，与当代提倡的人类与自然相互依存、和谐共生的理念不谋而合。这一时期的园林艺术在继承前人成果的基础上不断创新，形成了独特的风格，非常值得当代园林人借鉴和学习。我们既要尊重和学习传统文化，又要敢于挑战和突破，以实现个人和社会的共同发展。

学习内容

元、明、清初是中国古典园林成熟期的第二个阶段。在这个时期，我国园林艺术取得了巨大的成就，园林艺术风格多样，特点鲜明，注重自然与人文的结合，强调意境的创造和文化的内涵。同时，这个时期的园林艺术也有很高的实用性和舒适性，为后世留下了宝贵的文化遗产。

6.1　历史背景及对园林发展的影响

6.1.1　元、明、清初的社会背景

1271 年，忽必烈建立元朝，次年定都大都（今北京）。1279 年，元朝灭南宋。1368 年，明王朝灭元，建都南京，永乐十九年（1421 年）迁都北京。

在元明初期，战乱刚刚结束，经济仍未恢复，因此园林建设相对低迷。永乐年间，造园活动逐渐活跃起来，并在明末清初的康熙、雍正年间达到巅峰。这一时期的园林基本延续了两宋时期的传统，但也出现了一些显著的变化。

6.1.2　元、明、清初的文化背景

元、明、清初是一个政治稳定、文化繁荣、经济发展、儒家审美与文人雅士审美相互交融的时期，这样的文化背景为园林建设提供了丰富的资源和条件，也塑造了园林艺术独特的风貌。

这一时期皇权更加集中，皇家园林规模宏大，表现皇家气派与威严。文人士大夫渴望追求个性解放，以期在园林中找到一种自我满足的途径，这促使私家园林文人风格的深入发展，将园林艺术推向更高的境界。明末清初，“儒商合一”的新现象提高了商人的社会地位。以商人为主体的市民阶层作为一个新兴的社会力量，对园林的发展产生了深远影响。在明代初期，市民文化的繁荣推动了民间造园艺术的进步，使市民园林与士流园林齐头并进。市民园林以生活享乐为主要目标，而士流园林更注重人性的陶冶。

在建筑方面，装修和装饰也更为精致。传承的建筑著作有《鲁班经》《工段营造录》等。尤其清朝雍正年间由工部颁布的《工程做法则例》，系统总结了民间建筑经验。在叠山方面，不同地域的风格和匠师的独特风格开始显现，为园林艺术增添了更多丰富多彩的元素。观赏植物方面的专著陆续问世，其中影响较大的包括明代的《群芳谱》、清初的《花镜》和《广群芳谱》等。尤其是《花镜》，可谓中国最早的一部花卉园艺学专著，对后世园艺学的发展产生了深远影响。

交流讨论

园林的发展与社会政治、经济、文化发展息息相关。在当今提倡绿色、生态、和谐的社会大背景下，谈谈中国园林发展的新方向。

6.2 都城建设

6.2.1 元大都

元灭金后，元世祖忽必烈于 1267 年以东北郊的大宁宫为中心建新的都城“大都”，这就是北京城的前身。在新都城的规划中，琼华岛及其周边的湖泊经过开发和扩建，被命名为“太液池”，并被纳入大都的皇城区域，成为皇家御苑的核心部分。

大都城整体设计大致呈方形，采用三重环套的配置，包括外城、皇城和宫城。外城东西长约 6.64 千米，南北长约 7.4 千米，设有 11 个城门。皇城位于外城南部偏西位置，周长约 10 千米。皇城中心是太液池，池东侧设有宫城，即皇室大内。大内的主要建筑，包括朝堂和寝宫区域的大殿，呈现“工”字形布局。大都城继承并发展了唐宋时期皇城的规划模式，形成三套方形城市布局，宫城位于中心，呈现中轴对称格局。同时，大都城也强调了《周礼·考工记》中“前朝后市，左祖右社”的古制，社稷坛设在城西的平则门内，太庙则建在城东的齐化门内，“后市”指的是皇城北面的商业区。大都外城设 50 个坊。城内设有三个主要市场，即北市、东市和西市，它们构成了城中三大综合性商业区。在大都的建设过程中，选择水量丰富的高梁河水系作为新都城的主要水源，解决了大都城的供水和漕运问题。

6.2.2 明清北京城

明成祖朱棣即位后，将首都从南京迁至北京。永乐十八年（1420 年），在大都的基础上建成了新的都城“北京”，并明确了北京与南京的“两京制”。

在建设北京城的过程中，将南城墙稍向南移动，形成了内城。内城面积略小于大都，东西长约 7 千米，南北长约 5.7 千米，共设 11 个城门。宫城（大内，又称“紫禁城”）位于内城中心，南北长 960 米，东西长 760 米，围绕有护城河也称“筒子河”，设有四门：东华门、西华门、午门、玄武门。大内的主要朝宫建筑为三大殿，均建在汉白玉石台基上，宫

城整体呈现“前朝后寝”的格局，最后为御花园。

皇城包括大内御苑、内廷宦官机构、府库及宫城，周长十八里余。皇城正南门为承天门（清代改为“天安门”），两侧建有太庙、社稷坛，前设千步廊，两旁为政府衙署。

明清时期，北京内城街巷布局、居住区和商业网点大体沿袭大都旧制。随着工商业发展，城市人口迅速增长，城南形成大片市肆和居民区。明嘉靖年间，在内城南侧增筑外城，纳入天坛、先农坛，形成明清北京城的规模和格局。

明清更替时，北京城未遭大破坏。清王朝初期沿用明代宫殿、坛庙和苑林，只有少量改建、增损和易名。清初撤销宦官二十四衙门，设内务府管理皇室供应。皇城内的宦官衙门、住所、作坊、仓库、马厩大量减少，空地部分改建为宫廷寺庙或赐给贵族，大部分转为旗人民居。清初时期，皇城作为禁区的性质大为减弱，部分区域逐渐开放给旗人居住。

知识拓展一：故宫太和殿

北京故宫太和殿，俗称“金銮殿”，是中国现存最大的木构殿堂，殿高 35.05 米，面积 2 377 平方米，共 55 间，72 根大柱，可谓尊贵至极。太和殿的内部及外部构造是中华民族古老智慧的结晶。太和殿遭遇过多次大地震，丝毫不受影响。

交流讨论

你知道北京城的中轴线在什么位置吗？反映了什么？

6.3 皇家园林

6.3.1 元明皇家园林

元明时期，皇家园林建设呈现不同的特点。元代统治时间较短，皇家园林建设不多。明代更侧重大内御苑的建设，与宋代相比，规模更大，带有更多的宫廷色彩。

6.3.1.1 元代皇家园林

元代皇家园林均在皇城内，以在金代大宁宫基址上拓展的大内御苑为主，占据皇城北部和西部的大部分地区。这些园林开阔空旷，保留着游牧民族的粗犷风格。元代大内御苑的园林主体为开拓后的太液池，沿袭历来皇家园林的“一池三山”的传统模式，最大的岛屿为金代的琼华岛（后更名为万岁山），仍保留金代风貌，山上的广寒殿被拆毁后，在元初重建，成为岛上最大的建筑。

6.3.1.2 明代皇家园林

明代开国时，朱元璋为消除元代“王气”，命萧洵毁大都宫苑，被记录于《故宫遗录》中。明代皇家园林以大内御苑为主，其中御花园、慈宁宫花园在紫禁城内，万岁山、西苑、兔园、东苑则在紫禁城外、皇城内。这些园林或毗邻紫禁城，或距离紫禁城很近，便于皇帝游览。

1. 西苑

西苑即元代太液池的旧址，它是明代大内御苑中规模最大的一处，占据皇城三分之一的面积。天顺年间西苑首次进行扩建：填平了圆坻与东岸之间的水面，圆坻由水中的岛屿变成了突出于西岸的半岛；往南开凿“南海”，扩大太液池的水面；在琼华岛和“北海”北岸新增若干建筑物，改变了这一带的景观。西苑水面占园林总面积一半，东侧宫墙设有西苑门、乾明门、陟山门三个入口，西侧则仅在玉河桥附近筑墙，设有棂星门。西苑门作为园区的主要入口，正对着紫禁城的西华门，入门可见太液池上水禽飞翔、池边林树苍翠，沿东岸北上有蕉园（椒园）、崇智殿、药栏花圃、金鱼池、临漪亭和水云榭等建筑和景观，最后抵团城。

2. 御花园

御花园（图 6-1）在紫禁城中轴线的尽端，也称后苑。这种布局彰显了古代封建都城规划中前宫后苑的传统格局。该园与紫禁城同期建成于明永乐年间。其布局呈方形，占地面积约 1.2 公顷，相当于紫禁城总面积的 1.7%；正门南面是坤宁门，通往坤宁宫；东南和西南各设一角门，分别通往东、西六宫；北面是顺贞门，通往紫禁城后门玄武门。

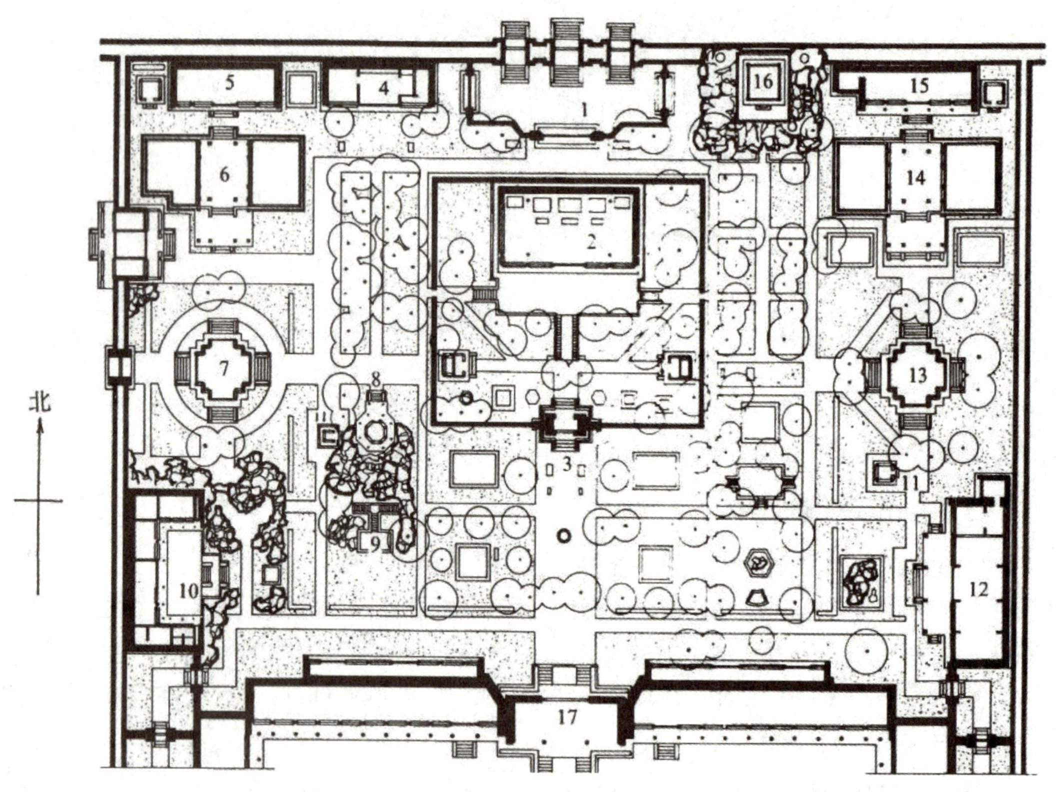

图 6-1　御花园平面图（摹自《清代内廷宫苑》）

1—承光门；2—钦安殿；3—天一门；4—延晖阁；5—位育斋；6—澄瑞亭；7—千秋亭；8—四神祠；9—鹿囿；10—养性斋；11—井亭；12—绛雪轩；13—万春亭；14—浮碧亭；15—摛藻堂；16—御景亭；17—坤宁门

御花园内园林的建筑密度较高，建有十几种不同类型建筑共二十多栋，建筑布局按照宫廷模式即主次相辅、左右对称的格局，园路布设呈纵横规整的几何式，山池花木仅作为建筑的陪衬和庭院的点缀，这在古典园林中实属罕见，主要由于它所处的特殊地位，同时也为显示皇家气派。御花园园内建筑分为中、东、西三路。其中，中路的核心是钦安殿，面阔五间，进深三间，以重檐黄琉璃瓦盝顶为特色，内供奉玄天上帝（真武大帝）像，是宫中供奉道教神像的重要场所。东路的北端偏西，原本有座观花殿，在万历年间被改建为堆秀山，用太湖石堆砌的假山倚墙而建，独具匠心，山下有洞穴和蹬道，山顶的御景亭是登高远眺的绝佳地点，可以欣赏紫禁城全景。假山还设有“水法”装置，形成美丽的瀑布。假山东侧是摛藻堂，面阔五间，与假山紧密相连，堂前长方形水池曾注入筒子河水，水池上有浮碧亭和敞轩，构成优美的景观。水池南侧是万春亭，四面出厦，金碧辉煌，与西路的千秋亭相呼应，成为御花园中最具特色的建筑之一。亭前的小井亭之南，是朴素的绛雪轩，面阔五间。轩前的方形五色琉璃花池种植着牡丹和太平花，中央的太湖石宛如大型盆景，增添自然之美。西路北端，与东路堆秀山相对的是延晖阁，为三开间重檐二层楼房。其西侧五开间的位育斋与东路布局相似，前有水池、亭桥和千秋亭。池边是漱芳斋，通向内廷东路。千秋亭南侧的养性斋为两层楼房，楼前叠石假山形成小庭院。其东北的大假山四面可登，山前有方形石台，可俯瞰园景。假山北是四神祠，八角亭与延晖阁相对，旁有方形小井亭。钦安殿南、东、西三面布满方形花池，种植太平花、海棠、牡丹等花卉，并巧妙布置石笋和太湖石，成排的柏树增添绿意，园路铺设多样如雕砖纹样、瓦条花纹和五色石子图案，增添自然气息，减弱人工感。御花园建筑布局于端庄严整中力求变化，虽左右对称但并非完全均齐，山池花木的配置则比较随意，因而御花园的总体于严整中又富有浓郁的园林气氛。

3. 东苑

东苑位于皇城东南的巽隅，也称“南内”。在明朝永乐至宣德年间，东苑因其天然的野趣和优美的水景而备受称赞。皇帝常常带领文武官员和使者来此观赏“击球射柳”等活动。苑内绿树成荫，宫殿金碧辉煌，瑶台玉砌、奇石花卉点缀其间，泉水形成池塘，玉龙喷水。南部高台上耸立着殿宇，前面两块石头，一左一右，分别雕刻着龙和凤，形态奇妙。苑旁另有景区，小桥流水，游鱼嬉戏，山木搭建的亭台楼阁，青草茵茵，竹篱环抱，蔬果丛生，展现出水乡村舍的悠闲生活。

4. 兔园

兔园坐落于皇城西南角、西苑以西，由元代西御苑改建。园中心为大假山“兔儿山”，由石头堆砌而成，保留了元代的历史痕迹。每块石头代表一定数量的粮食，被称为“折粮石”。兔儿山峰峦叠嶂，形似云龙，内藏石洞。兔园布局整齐，中轴线贯穿南北，山、池、建筑沿线布置。每年九月九日重阳节，皇帝会登上兔儿山和旋磨台，品尝迎霜麻辣兔和菊花酒。兔园与西苑相连，游客可绕射苑至南海西岸。兔园也可作为西苑的附属园林。

5. 万岁山

紫禁城北部的万岁山（景山）位于皇城中轴线上。该园林设计秉承对称和谐的原则。中心处耸立着人工堆筑的土山，形成五峰并列之势。万岁山坐落于元代皇宫的遗址上，其选址出于风水的考虑，以镇压元代的“王气”，客观上，万岁山也成为京城中轴线北端的制高点和紫禁城的屏障，丰富了中轴线的轮廓变化。园内树木葱茏，鹤鹿悠然自得。

6. 慈宁宫花园

慈宁宫在紫禁城内廷西路的北部，是皇太后、皇太妃的居所。慈宁宫花园在慈宁宫的南面，呈对称规整的布局，主体建筑名“咸若馆”。

7. 上林苑

上林苑地势辽阔，以采育为其中心，因此得名“采育上林苑”，位于左安门外东 55 里处。最初，这片土地荒无人烟，永乐年间，来自山西平阳的移民迁入并开始在此地种植树木和蔬果，养殖禽畜，以供应宫廷所需，经过发展，景色宜人，成为皇帝偶尔出游的胜地。

8. 南苑

南苑位于南郊的大兴县，古称“飞放泊”。永乐十二年（1414 年），这片土地进行了扩建，并建起了苑墙。南苑周长近两万丈，设有四座城门，苑内有三处海子（湖泊）。明代，南苑建有行宫、官署等建筑，成为皇家猎场，皇帝经常来此处狩猎。宣德三年（1428 年），南苑进行了修缮，增添了人工景观，使其更加幽美。此处便是“燕京十景”之一的“南囿秋风”。

知识拓展二：燕京八景

乾隆十六年（1751 年）御定“燕京八景”，为：太液秋风、琼岛春阴、金台夕照、蓟门烟树、西山晴雪、玉泉趵突、卢沟晓月、居庸叠翠。“燕京八景”推动了园林建设的发展，亦被现代园林景点建造借鉴。

（资料来源：学习强国《燕京八景》）

知识拓展三：“衣冠禽兽”曾是褒义词

“衣冠禽兽”这个词曾是权力的象征。在明朝初年，官服上绣的各种飞禽走兽表示官的大小与权力等级。文官一品到九品官服图案分别是仙鹤、锦鸡、孔雀、云雁、白鹇、鹭鸶、鸂鶒、黄鹂、鹌鹑。武官一品到九品官服图案分别是狮子（一品、二品）、老虎、豹子、熊、彪（六品、七品）、犀牛、海马。这些形形色色的图案是在成衣的官服上补缀上去的，也称“补子”。明朝中晚期，政治腐败，有人把那些穿戴着禽兽服装却不为老百姓办实事，甚至祸害压榨百姓的官员称为“衣冠禽兽”。“衣冠禽兽”逐渐演变成了贬义词。

（资料来源：学习强国《“衣冠禽兽”也曾有美好喻义》，有删减）

6.3.2 清初皇家园林

清朝初期，清朝皇家园林的规模和气派相比明朝的更为宏伟和显赫。清朝入关后定都北京，继承并使用了明代遗留的宫殿、坛庙和园林等建筑，最初并未进行大规模的皇家建筑活动。自康熙中期开始，清朝的皇家园林建设逐渐进入了一个高潮期。这一时期的园林建设始于康熙帝，由乾隆帝完成，到乾隆、嘉庆年间达到顶峰。

6.3.2.1　大内御苑

兔园、景山、御花园、慈宁宫花园仍保留明代风貌。东苑部分于顺治年间赐出，后收回改建，余下多为佛寺、厂库、民宅，仅部分保存。西苑增改建较多。

顺治八年（1651 年），毁琼华岛南坡诸殿宇，改建为佛寺“永安寺”，在山顶广寒殿旧址建喇嘛塔“白塔”，因此琼华岛又名“白塔山”。每年十月二十五日，自山下至塔顶都会点燃灯火，喇嘛们手持经书咏唱梵呗，吹响大法螺，其他人则左手持圆鼓，右手持弯槌，一同敲击，节奏各异，直到深夜才停止，以此祈福。康熙年间，北海沿岸的凝和殿、嘉乐殿、迎翠殿等建筑都已坍塌废弃，玉熙宫被改建为马厩，清馥殿则改建为佛寺“宏仁寺”，而中海东岸的崇智殿则改建为万善殿。

南海南台一带，环境清幽宜人，顺治年间已略做修缮。康熙帝钟爱此地，选定为处理政务、接见臣僚及御前进讲、耕作“御田”之地，遂进行大规模改建和扩建，特邀江南著名叠山匠师张然主持，增添宫殿、园林及辅助用房。南台更名为“瀛台”，象征海上仙山的琼楼玉宇。北堤加筑宫墙，分隔南海为独立宫苑区，新建勤政殿及正门德昌门。瀛台上建有宏大宫殿建筑群，四进院落呈中轴对称。前殿翔鸾殿临大石台阶，两侧有延楼。正殿涵元殿两侧有配楼和配殿。后殿香扆殿，临水为南台旧址，东、西有堪虚、春明二楼，南有延薰亭。建筑群红墙黄瓦，金碧辉煌，假山亭榭间植花木，园林氛围浓郁，隔水望，瀛台如海上仙山，美不胜收。

勤政殿以西有三组建筑群相邻，最东是丰泽园，分四进三路，依次为园门、崇雅殿、澄怀堂和遐瞩楼。其旁有菊香书屋和静谷小园林，假山叠石均出自张然之手，为北方园林之佳作。丰泽园附近有明代的“御田”，康熙常在此举行农事礼仪，还推广他培育的优良稻种，即“御稻米”。该稻米香腴且早熟，适合北方生长。西北的春藕斋藏有韩滉的《五牛图》及其摹本该画作内容与农事相关。西南则为佛寺大圆镜智。

勤政殿东，通过“垂虹”亭桥便是御膳房。在南海东北角，明代乐成殿的遗址上，矗立着一座小园林——淑清院。此园巧妙融合了江南园林的韵味，假山与水池相映成趣。东、西两个小池之间利用水位落差创造出如音乐般的美妙水声，因此得名“流水音”小亭。西池边有正厅“蓬瀛在望”，以及葆光室、流杯亭等建筑，还有俯瞰南海的小亭。东池边则有尚素斋、鱼乐亭等，以及响雪廊和日知阁。淑清院西临南海，可欣赏瀛台景色，故正厅名为“蓬瀛在望”。园林内部幽静雅致，康熙常来此小憩。

南海东岸，淑清院南面有春及轩、蕉雨轩两组建筑群，再往南是云绘楼、清音阁、大船坞等建筑。雍正后，皇帝移居圆明园，西苑仅中海西岸的时应宫见于记载，这是一处道观建筑群，包括祀龙神的前殿、正殿和后殿。

6.3.2.2　行宫御苑和离宫御苑

清初，南苑被扩建为皇家猎场和演武场，增筑五座园门及行宫、寺院；上林苑废弃，变为村落农田。之后，皇家园林重点转向西北郊的行宫御苑和离宫御苑。

北京西北郊的山水景色美不胜收，连绵的西山峰峦如同“神京右臂”，香山余脉则似屏障般拱卫平原。其中，玉泉山和瓮山平地崛起，泉水丰富，湖泊罗布，特别是瓮山南麓的西湖是这片区域最大的湖泊。这种远山近水的组合形成了如诗如画的江南风光。这片广大区域可分为三大区：香山及其山系，玉泉山、瓮山和以西湖为中心的河湖平原，以及海淀镇以北的泉水沼泽地（图 6-2）。

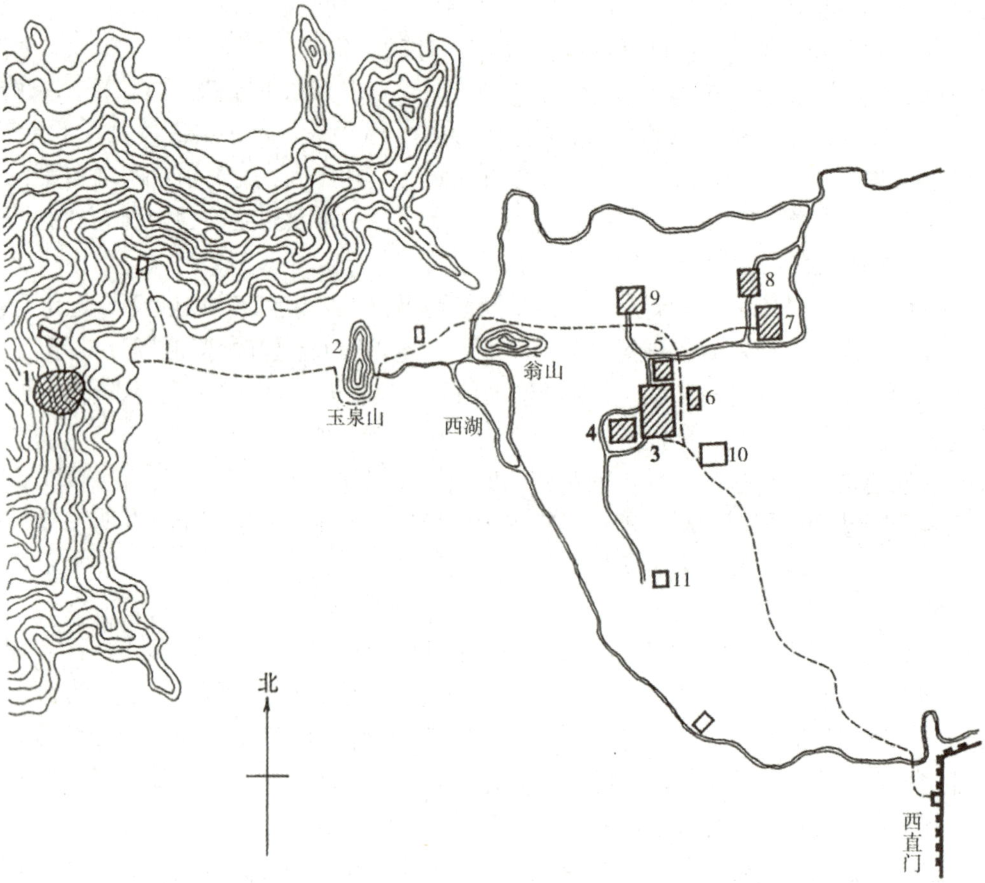

图 6-2　康熙时北京西北郊主要园林分布图

（摹自周维权著《中国古典园林史》）

1—香山行宫；2—澄心园；3—畅春园；4—西花园；5—含芳园；6—集贤院；7—熙春园；8—自怡园；9—圆明园；10—海淀；11—泉宗庙

1. 畅春园

畅春园，明清时期的第一座离宫御苑，在康熙时期建立，并在乾隆时期进行了部分增建，今已不复存在，遗址也被夷平。

园址东西长 600 米，南北长 1 000 米，面积约为 60 公顷。它有五座园门：大宫门、大东门、小东门、大西门和西北门。宫廷区位于园南偏东。外朝有三进院落，依次为大宫门、九经三事殿、二宫门；内廷有两进院落，包括春晖堂、寿萱春永殿，整体布局中轴对称。苑林区以水景为主题，分为前湖和后湖两个水域，由岛堤分隔。水源来自万泉庄，从园西南角流入，东北角流出，形成完整的水系。畅春园以其疏朗的布局和丰富的植物景观而著称。这座园林在明代已有旧园遗址，众多古树见证了其悠久的历史。畅春园的园林景观不仅注重植物配置，还融入了江南和塞北的元素。不仅有北方的乡土花树，如蜡梅、葡萄等，还有移自江南、塞北的名种花卉和树木。此外，园林中还种植了多种果蔬，如菜竹等，体

现了其实用性。林间水际的成群麋鹿、禽鸟，构成了一座生动的禽鸟园，为园林增添了无限生机。值得一提的是，畅春园的建筑风格也十分朴素，简约而高雅。

2. 避暑山庄

避暑山庄，位于河北承德，是清朝皇帝避暑和处理政务的地方。由康熙帝亲自勘查并确定园址，利用原址上的泉水开辟湖泊，整理山麓地形，引导水源汇入湖中。其强调保持自然风貌，避免过度雕琢，力求在节约开支的同时，保留大自然的粗犷之美。

避暑山庄占地广阔，位于狮子沟北、武烈河东，经过人工改造，呈现出五大显著特点。第一，山庄地形变化丰富，起伏的山峦和幽静的山谷构成了山岳景区、平原景区和湖泊景区，它们各具独特的景观，紧密联系在一起，为游客带来高远、平远和深远的视觉享受。第二，山庄几乎包含了所有自然山水的景观元素，湖泊与平原南北相连，形成了完整的水系，充分利用水体打造景观。第三，山庄周围群山峻岭连绵起伏，怪石嶙峋，为园林提供了良好的借景条件。西北方向的山峰阻挡了寒冷的冬季风，而高耸的山峰、茂密的森林及湖泊的调节作用，使山庄拥有冬暖夏凉的宜人气候。第四，避暑山庄的布局体现了"负阴抱阳、背山面水"的风水原则，符合良好的风水格局。最后，山庄的建筑布局简洁舒适，建筑体量适中，外观淡雅朴素，体现了康熙皇帝的园林建设原则。山庄外部北面的山脉宛如奔腾的游龙，与南面的山峰相互呼应，共同营造出壮观的山水景观，展现了帝王所居的雄伟气势。

避暑山庄不仅仅是皇家避暑胜地，更是皇家园林艺术的典范之地，历时十年的园林工程，直至康熙五十二年（1713 年）修筑宫墙方才全部竣工。它不仅是政治和行政中心，也是中国古典园林的杰作之一，将自然美与人工美完美融合。避暑山庄以其园林景观的自然风貌而闻名，创造了一种独特的园林规划，将自然风景与园林景观融为一体，形成了园林化的风景名胜区。

3. 圆明园

圆明园始建于清康熙，是康熙给皇四子的赐园。

雍正三年（1725 年），圆明园改为离宫御苑，扩建的内容共有四部分。

第一部分，宫廷区的新建。在原赐园的南面，精心规划并建设了新的宫廷区，分为外朝和内廷两部分。外朝由大宫门开始，门前广场矗立着影壁，与扇面湖相映成趣。正大光明殿是皇帝听政、处理国家大事、宴请外藩、庆祝寿诞的重要场所。勤政亲贤殿、翻书房和茶膳房是皇帝日常政务的核心地方。宫廷区的内廷，位于前湖北岸的九州清晏建筑群及其周边建筑是帝后嫔妃的居所。

第二部分，水网地带的改造。就原赐园的北、东、西三面往外拓展，利用多泉的沼泽地改造为河渠串缀着许多小型水体的水网地带。

第三部分，东湖的开拓与河道的开凿。原赐园东面的东湖开拓为福海，沿福海周围开凿河道，形成独特的水系景观。

第四部分，狭长地带的扩建。此处是位于北宫墙的一条狭长地带，经过地形和理水的考量，扩建时间可能稍晚于前三部分，但同样体现了精心的规划和设计。

扩建后的圆明园，面积达到 200 余公顷。据历史记载，"圆明园四十景"中有二十八景由雍正亲自题署，这意味着雍正时期的圆明园已有二十八处重要建筑群组。圆明园山形水系的布列，在一定程度受堪舆学的影响。堪舆家认为，山脉以昆仑为源，自西北向东南延伸，河流亦随之自西北向东南汇入大海。圆明园西北角的紫碧山房，作为全园最高点，象征昆仑山，是园内群山之首，形势最佳。万泉庄与玉泉山水系于园西南汇聚，向北流至西北角后分为两路，一路东流汇入万方安和之后再汇于前、后湖，另一路流经濂溪乐处之后注入福海，再从福海分支南流，自东南出园。这种水系布局与山势相呼应，符合堪舆家所认定的山川大势。历史上，自魏晋华林园、北宋艮岳至乾隆清漪园等皇家园林，水系亦多自西北向东南流，暗示了风水学说在皇家造园中的潜在影响。

明代重视大内御苑，清初则侧重离宫御苑。这种转变一方面反映了宫廷园林观的变化，另一方面也与统治阶级生活习惯和国家政治形势密切相关。康熙皇帝不仅礼聘江南的造园专家主持皇家园林的设计，更将江南民间园林的精髓引入宫廷之中。但满族的骑射传统和对大自然的深厚情感，也在清朝园林观中留下了深刻的烙印。康熙的园林观体现了对自然的尊重与融合。皇家园林在设计和建造时，充分利用政治和经济优势，占据大片天然山水，创造出既具有浓郁诗情画意，又宛若自然生态的环境氛围。清初的离宫御苑，成功地将江南民间园林的韵味、皇家宫廷的气派及大自然的生态环境融为一体，相较于宋、明御苑，这无疑是一次创新性的突破。

交流讨论

元明清初的皇家园林中表现尊重自然的方面有哪些？

6.4 江南私家园林

江南包括今江苏南部、安徽南部、浙江、江西等地。元明清时期，江南经济领先全国，农业产量高，手工业、商业繁荣，贡献大量税收。经济的繁荣推动了江南地区文化水平的提升，湿润的气候为花木的生长提供了优越条件，同时，精湛的建筑技艺和优质的造园石材，使江南的私家园林成为中国古典园林艺术的顶流，代表了风景式园林的最高水平。北京及其他地区的园林，包括皇家园林，都深受其影响。这一时期造园活动兴盛，造园技艺登峰造极，还出现了一批杰出的造园家和匠师及丰富的造园理论著作。

江南的私家园林数量远超国内其他地区，几乎每个城镇都有私家园林，其中扬州和苏州更是被誉为“园林城市”。扬州自隋唐起便繁华，明清时更是成为南北交通枢纽和江南商业中心，吸引了徽州、江西、两湖等地的商人聚集，其中以徽商势力最大。经济的繁荣带动了文化的兴盛，私家园林在元代短暂衰落后，在明中叶再度兴盛。

6.4.1 扬州私家园林

从明永乐年间开始，随着漕运的恢复和大运河的整修，扬州就成为连接南北的重要水路交通枢纽和江南地区最主要的商业中心。有关明代扬州城内及近郊宅园和游憩园的文献记载众多，而有关郊外别墅园的资料较少。这些“城市山林”提升了扬州的造园艺术。明

末，郑氏兄弟的四座园林——“影园”“休园”“嘉树园”和“五亩之园”被誉为当时的“江南四大名园”，其中“影园”和“休园”规模最大，艺术成就最高。

清初“纲盐法”的实施，使扬州成为两淮食盐的集散地，盐商因此暴富。盐商多为儒商，不仅参与商业活动，还扶持文化事业，使扬州成为江南的主要文化城市，吸引了众多文人和艺术家。在这样的背景下，私家园林的兴盛也是必然的。借助扬州便捷的水路交通，徽商将徽州、苏州和北方的工匠及各类建筑材料、叠山石料源源不断地运送到扬州。扬州园林特别注重叠山技艺，文人如石涛、计成直接参与叠山设计，而著名的叠山匠师如张涟、仇好石、董道士等也汇聚于此。扬州园林以叠石技艺著称，赢得了“扬州以名园胜，名园以叠石胜”的美誉。康熙年间，扬州园林已从城内逐渐发展至城外西北郊风景秀丽的保障湖一带。如东园、卞园、员园、冶春园、王洗马园等，这些园林为乾隆时期瘦西湖园林集群的形成奠定了基础。扬州的私家园林种类繁多，既有士流园林和市民园林，也有两者融合的独特变体。

1. 休园

休园位于扬州新城流水桥畔，占地五十亩，是一座大型宅园。休园布局精妙，正厅南面有叠石小院，西半部山水景色尤胜。该园因地制宜，引水入园，形成独特景致。园内有小假山、空翠楼、“墨池”、水阁、大假山、“玉照亭”和“来鹤台”等景点，各具特色。游廊贯穿全园，无论晴雨，游客都能尽享园中美景。

2. 影园

影园位于扬州西城墙外的南湖长岛的南端，是明朝著名造园家计成的杰作，也代表了明代扬州文人园林的风格。影园虽小（约五亩），但选址极佳，环境宁静。园子三面借景极佳，站在高处可眺望迷楼、平山等江南诸山，仿佛置身柳影、水影、山影之间，因此得名“影园”。

影园是一座以水景为中心的水景园，南湖中有岛，岛上又有池，内外水景浑然一体。东面以堆砌的土石假山作为主山将城墙隔开，北面的小山则作为园林的界墙，其余两面敞开借景于远处的山水。园内树木、花卉繁茂，注重植物造景，吸引鸟类栖息；建筑简约朴素，各有功能。园林划分利用山水、植物，少用游廊，整体恬淡雅致，以少胜多，以简胜繁。

6.4.2　苏州私家园林

苏州与扬州同为消费城市，但苏州文风浓厚，多有仕途为官者。他们退休后购田建园，外地官僚地主也常来此定居。因此，苏州园林多由文人、官僚、地主修建，保持正统士流园林风格，多为城内宅园，少数位于附近乡镇。苏州城因河道纵横、地下水位浅而取水便利，加上周边有太湖石和黄石等优质石材产地，为园林建设提供了优越条件。因此，苏州园林的繁荣程度与扬州不相上下。这里有建于北宋的沧浪亭，还有始建于元明时期的狮子林、艺圃、拙政园等园林。这些园林的园主人多为擅长诗文绘画的官僚，有的则聘请文人画家主持造园，都沿袭了文人园林的风格。

1. 拙政园

拙政园位于苏州娄门内东北街，始建于明正德四年（1509 年）。园主人王献臣，曾任御史、巡抚等职，后因官场失意，归乡买下了原大弘寺遗址，修整为园。他借用西晋文人潘岳的《闲居赋》中的意境，希望过逍遥自在的生活，享受种植、钓鱼、牧羊的乐趣，将园命名为“拙政园”。

据历史记载，拙政园昔日与现今风貌有所不同。远香堂曾是若隐堂的所在地，倚玉轩则在明代已有。小飞虹原为平桥，与现今的廊桥不同。园中的两座岛山及北面水面在明代尚未形成。梦隐楼以西的自然风光，包括柳荫曲路、见山楼及园西半部，都曾是竹树茂密、水色浩渺的景象。梦影楼北有大片松林，东有竹林和花圃，展现了拙政园以植物景观为主、水石为辅的自然野趣。昔日园内建筑稀少，仅一楼、一堂、六亭、二轩，且多为茅草屋顶，与现今的拙政园相比，更显简远、疏朗、雅致和天然之美。

2. 归田园居

归田园居位于苏州娄门内东北街，与拙政园仅一墙之隔，在拙政园东部。明末崇祯四年（1631 年），御史王心一购得了这片土地，四年后，他在这片废址上打造了一座新园——归田园居。王心一在辞官归田后，倾注心血于此，亲自参与园林的规划，因地制宜，充分利用地形，挖池堆山，筑屋建楼。整个园林的布局极具匠心，展现了王心一对自然与生活的深刻理解。归田园居的东半部以水池为主，荷花盛开，秫香楼临池而建，登楼可远眺园外稻田，感受田园风光。园门设在东墙上，门虽简朴，但别有一番自然之美，入门后，长廊蜿蜒，连接着秫香楼与园西半部。

兰雪堂，是这座园林的主体建筑，它与前方的涵青池和后方的叠石假山共同构成了一条南北中轴线。兰雪堂东西两侧的桂树如屏，为这片空间增添了几分雅致。假山的周围，梅花树错落有致，与周围的竹子、僧庐相映成趣。水池的南、东、西三面，都聚土成山，这些山体与园内的其他元素相结合，形成了近二十处不同景观、不同意趣、不同大小的园林空间。此外，园内的花木之景也是一大亮点。杨梅隩的杨梅树丛植、竹邮的竹林、饲兰馆的玉兰和海棠、杏花涧的杏花，每一处都让人流连忘返。这些花木不仅为园内的景观增色添彩，也为人们提供了一个休闲、游玩的好去处。

王心一之后，其子孙守护此园，历经九十四年未易主。嘉庆后，该园逐渐荒废，但至 20 世纪初仍完整。1959 年，该园重建并融入拙政园，现设茶室、亭榭等，风格明快，已非昔日风貌。

除了苏州城内的宅园，近郊的别墅园林很多，点缀在山间村野、水边林下，与太湖的自然景色交相辉映，如著名叠山家张然与画家王石谷共同参与营造的南村草堂。

6.4.3 江南其他私家园林

苏州周边的常熟、上海、无锡等地，园林建设也十分繁荣。其中，无锡的“寄畅园”尤为著名，是江南名园之一。其造园艺术成就高超，成为江南地区明末清初文人园林的珍贵代表，其总体格局至今保持完好。

1. 寄畅园

寄畅园位于无锡城西的锡山与惠山之间，占地面积约为 1 公顷，属于中型别墅园林。该园的历史可追溯到元代。该园原是佛寺的一部分，明代正德年间，兵部尚书秦金将其改为别墅，初名“凤谷行窝”，后归布政使秦梁，更名为“寄畅园”（图 6–3），寓意王羲之《答许询诗》中“取欢仁智乐，寄畅山水阴。”此园一直为秦氏家族所有，因此当地俗称“秦园”。

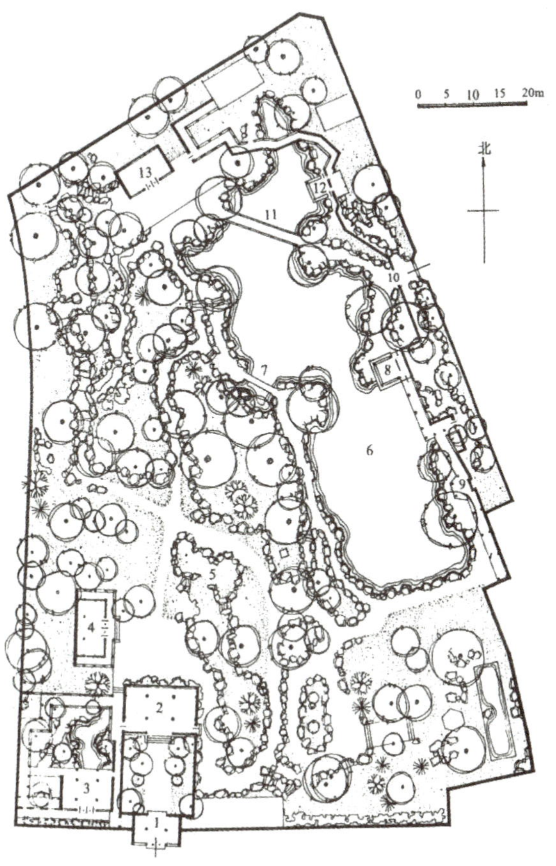

图 6-3　寄畅园平面图

（图片来源：周维权《中国古典园林史》）

1—大门；2—双孝祠；3—秉礼堂；4—含贞斋；5—九狮台；6—锦汇漪；7—鹤步滩；8—知鱼槛；9—郁盘；10—清响；11—七星桥；12—涵碧亭；13—嘉树堂

园林布局中，水池位于东部，与由土石堆砌而成的假山共同构成园林的山水核心。园林的主体以狭长的“锦汇漪”水池为中心，水池的西、南岸被山林自然景色环绕，东、北岸则以建筑为主。西岸的大假山以黄石和土壤构建，高度仅 4.5 米，但其起伏有致的形态赋予人高峻的幻觉。山间幽谷深浅不一，古树参天，灌木丛生，香樟和落叶乔木交相辉映，形成浓密的树荫，怪石嶙峋，更添山野的天然氛围。惠山的泉水流经假山，注入水池的西北角，形成了山间堑道，水声叮咚如琴声，因而得名“八音涧”。行走其间，仿佛置身于深山大壑，耳边回荡着空谷流水的琴音，别有一番意境。假山的中部隆起，首尾两端渐低，与锡山、惠山相呼应，仿佛真山的余脉，展现了园林叠山的独特匠心。

此园选址得当，能巧妙摄取周围美景，使视野延伸至园外。从池东岸的建筑向西看，透过水池、假山和树木，可远眺惠山的秀丽山形，形成远、近、中三个层次，园内与园外景色完美融合。从池西岸和北岸的嘉树堂向东南望，锡山和龙光塔映入眼帘，与近处的临水建筑相映成趣，展现一幅以建筑为主的山水画卷。

寄畅园以山水林木为主体，假山占全园面积的 23%，水面占 17%，两者共占据园内三分之一以上的空间。园内建筑数量相对较少，凸显出山水的核心地位，继承了宋代以来的文人园林风格。这与清代乾隆以后园林建筑密度增高、数量增多的趋势形成鲜明对比。寄畅园在总体规划、叠山、理水、植物配置等方面更显精致成熟，是江南文人园林中的上乘之作。

清代咸丰十年（1860 年），园林因战乱而损毁，现存的景观为重建。

2. 寓园

寓园坐落在绍兴城西北约 10 千米处的柯山对岸的寓山，由苏松道巡按御史祁彪佳修建。祁彪佳曾撰写园记《寓山注》，详尽描述园子的历史、布局以及四十五个景点的细节。园子巧妙利用地形打造开阔的远眺景观，建筑物依山而建，大体呈“屋包山”之势，山水交融，景致完整，展现自然之美。此外，园内保留种稻麦瓜果的田地，增添庄园气息。

3. 东园

东园，即“太傅园”，位于南京聚宝门附近。入园可见开阔空地，前行二百步至二道园门。转向右侧为“心远堂”，前有月台，置奇石古树；堂后紧邻小水池与“小蓬莱”假山，假山间有小亭和榭，两株古柏相连成“柏门”。左侧为“一鉴堂”，堂前大水池，堂中可摆十席，两侧供仆从休息；出左侧可见朱漆平桥，连接水亭，背后为田园画卷，城墙与雉碟为园外借景；右侧水池尽头有新建石楼高耸入云。

交流讨论

元、明、清初扬州私家园林的兴衰侧面反映了扬州盐商的兴衰，谈谈你的感受。

6.5　北京私家园林

北京作为元、明、清三代王朝的都城，是政治和文化中心。与苏州、扬州等城市的私家园林不同，北京的私家园林多是官僚、贵戚和文人。这些园林在设计上，有的保持了士流园林的传统特色，有的则融入了显宦和贵族的华丽风格。在造园过程中，常用的石材是北京附近的北太湖石和青石，前者以圆润著称，后者则显刚健有力，都体现了北方的沉雄风格。由于北京气候寒冷，建筑物以封闭式设计为主，形象庄重。同时，在植物配置上，更多地使用了北方的乡土花木。这些人文和自然条件共同塑造了北京园林与江南园林截然不同的地方特色。

元代大都的私家园林多位于城近郊。其中，最为人知的是右丞相廉希宪的“万柳堂”（又称“廉园”），位于城南草桥至丰台之间。园内种植了近万株名花，被誉为京城第一。园内景色如诗如画，尤其是牡丹花盛开时，宛如仙境。此外，还有姚仲实的城东艾村园、赵禹卿的匏瓜亭、张九恩的遂初堂等。

明代北京私园众多，遍布内、外城，尤以什刹海一带为多。什刹海沿岸明代寺观和名园众多，园林常借什刹海之水造景，也常以此地之景为“借景”。其中不少园林以清幽雅致著称。刘百世的别业，刘茂才的园子，米万钟的“漫园”和苗君颖的“湜园”，以及杨侍御的“杨园”，都是内城备受赞誉的名园。此外，外城有供水条件，不少大官僚在外城兴建了私家园林。如梁梦龙的“梁园”，以朴实无华和充满野趣而著称。梁园面对西山，后绕清波，亭台花树繁盛，到清初已逐渐演变成为一处公共园林，园内栽培的牡丹和芍药尤为著名。

海淀及其附近地区拥有充足的水源和优美的景致，许多贵戚、官僚在此占地建造园林。因此，海淀及其周边地区逐渐成为西北郊园林最为集中的地方。在这些园林中，文献记载较为详尽、文人题咏较多的当数“勺园”和“清华园”，它们在当时享有极高的知名度。

6.5.1　清华园

清华园位于海淀镇北，是一座以水景为主体的园林，湖面被岛和堤分为前湖和后湖两部分。主要建筑按南北中轴线布置，南端有两重园门，门后便是蓄养金鱼的前湖。前湖与后湖之间坐落着全园的核心建筑“挹海堂”，堂北有“清雅亭”，与挹海堂形成对景或犄角之势，亭周遍植牡丹、芍药等观赏花木，一直延伸至后湖南岸。后湖中有岛屿，与南岸以桥相连，岛上建有“花聚亭”，四周荷花盛开。后湖北岸则利用挖湖的土方堆成高大的假山，山畔水边建有高楼，楼上有台阁，可观赏园外西山和玉泉山的景色，也是中轴线的终点。后湖西北岸有水阁观瀑和听水音，湖面宽广，冬季可行冰船。园林水网环绕，便于设景游览。园内叠山采用多种名贵山石，形态奇特，有洞壑瀑布。植物以牡丹和竹最为知名，竹子在此易生长。园林建筑多样，富丽堂皇，彩绘、雕饰皆精美。

清华园在明万历十年（1582 年）前已建成，万历皇帝的外祖父武清侯李伟倾其皇亲国戚之富打造此园。清代康熙选择在其旧址上修建畅春园，既节省工程，又满足离宫御苑的需求。因此，清华园对清初皇家园林有深远影响，其规划可视为后者的蓝本。

6.5.2　勺园

勺园约建于万历年间，略晚于清华园。园主米万钟是明末知名诗人、画家和书法家，对石头情有独钟，家中藏有众多奇石。米万钟曾在江南为官，深受江南园林启发，晚年还将勺园美景绘成《勺园修禊图》传世。勺园虽规模较小，建筑朴素，却别有一番景致。米万钟亲手绘制了《勺园修禊图》长卷，全面展示了勺园的美丽景色，揭示了勺园的造园布局：建筑物群组与地形、植物配置相互融合，形成了色空天、太乙叶、松坨、翠葆榭、林于澨等多个各具特色的景区。这些景区之间通过水道、石径、曲桥、回廊巧妙连接。建筑外观简朴，与江浙农村民居相似，多临水而建，与水的关系密切。勺园的布局也充分考虑了园外西山的借景。

勺园与清华园各有千秋，前者简雅，后者华丽，均展现出高超的园林艺术。勺园更富文人韵味，胜过清华园，因此游客多集中于米家园林。

6.5.3　清初北京城内宅园

清初，北京城内宅园众多，远超明代。许多知名园林为文人和大官僚拥有，如纪晓岚的阅微草堂、李渔的芥子园等。其中，部分园林由江南造园家主持设计，如张然为冯溥改建的万柳堂。这些园林的建造，促进了北方私家园林对江南技艺的引进。江南造园技艺的传播，对北方园林的发展起到了积极的推动作用。

万柳堂位于广渠门内（今北京市东城区板厂南里），曾是清代康熙年间大学士冯溥的宅第，亦称“亦园”。《藤阴杂记》中记载，冯溥仿效元代廉希宪的万柳堂，在夕照寺旁创建了育婴会，并购买了一块空地种植了万株柳树，因此得名“万柳堂”。到了康熙年间，这座园林转归侍郎石文桂所有。有权贵欲购此园，石文桂急中生智，一夜之间召集工匠建成了大悲阁，并以大悲阁为家祠为由婉拒了权贵的请求。自此，万柳堂转变为佛寺，名为“拈花寺”。

半亩园位于北京市东城区弓弦胡同，是康熙年间贾汉复的宅园。该园的规划与园内的叠山景观据传均出自李渔之手。李渔的叠石技艺闻名于世。他巧妙地垒石成山，引水成池，创建了平台与曲室，使园林既有深奥之美，又有开朗之感。除了这座半亩园，李渔还参与了北京城南的芥子园和内城另一处半亩园的建设。

清初，北京城内王府和花园大量涌现，其规模与特点使其成为私家园林的特殊类别。因北京城内地下水位低，宅园水景少，而西北郊海淀水资源丰富，故赐园多建于此。康熙帝在北部建畅春园后，赐园增多，如含芳园、圆明园等，沿袭明代风格，以水景为主体。

熙春园，又称“东园”，因位于畅春园之东。至乾隆十六年（1751 年），熙春园保持完整并被纳入长春园体系中，两者以复道相连，后被内务府接管，用作皇子赐园。海淀一带的赐园多集中在畅春园附近，与少量私家别墅园交错分布。然而，大多数别墅园如孙承泽的退谷，向海淀以南和瓮山以西发展，与赐园区逐渐分离。

退谷位于北京西山樱桃沟水源头峡谷，园林虽小但选址优越。孙承泽是北京著名文人，在明末、清初都曾为官，后致仕归隐于此，自号“退翁”。他在退谷潜心著述 20 年，完成了两部关于北京历史的重要著作。退谷得名于两侧山脉环抱、山势向东南张开成扇形，水源头位于其尽端，涧水潺潺流淌。该园林虽为山地园，但水景优美，地僻景深，兼具山、石、林、泉之美。因孙承泽曾亲手在谷口种植樱桃树，得名“樱桃沟”。

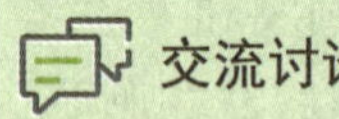
交流讨论

谈谈北京私家园林与江南私家园林的异同点，分析其原因。

6.6　文人园林、造园家及造园著作

6.6.1　文人园林

明代至清初，江南、北京等地经济文化发达，文人园林成为评判园林艺术的标准。

文人画在明代已臻于成熟，并确立了画坛的主导地位。江南地区文人画家，生活富足，淡泊名利，作品多描绘江南美景和文人雅士在山水园林中的闲适情怀。这种画坛主流格调影响民间造园活动的趋势。士流园林便是这种影响的体现，反映了园主人摆脱礼教束缚、追求返璞归真的愿望，同时也寄寓了他们不满现状、不合流俗的情感——隐逸思想。士流园林的进一步文人化大力推动文人园林发展进入了新阶段，这在当时的造园理论著作中也有体现。例如，清代李渔在《一家言》中明确提出“宁雅勿俗”的观点，明代文震亨的《长物志》将文人的雅逸作为园林设计的最高指导原则。扬州影园、休园，苏州的拙政园，无锡的寄畅园，以及北京的梁园、勺园等均为当时文人园林的代表作品。

士流园林的全面文人化推动了文人园林的蓬勃发展。同时，富商巨贾因儒商合一、追求风雅，纷纷模仿士流园林或聘请文人筹划经营，使市民园林融入了文人化元素。

清初，康熙帝南巡江南后，他特请江南文士叶洮与造园家张然共同规划畅春园，首次将江南民间造园技艺引入宫廷，并将文人雅趣融入其中，为皇家园林增添了清新雅致的韵味。这一创新举措极大地推动了文人园林的发展，使其达到高峰，不仅影响了皇家园林和寺观园林，更在全国范围内普及，逐渐成为一种独特的造园模式。与两宋时期相比，文人园林在意识形态上的影响逐渐减弱，转而更加注重造园技巧的钻研。因此，造园技巧得到了长足发展，造园思想却逐渐式微。正是在这样的背景下，江南地区涌现出一大批既掌握造园技巧又具备文化素养的工匠，为文人园林的进一步发展提供了有力支持。

6.6.2　造园家

历史上，造园工匠在长期实践中积累了宝贵的经验，并通过世代传承创造了卓越的园林艺术。宋代文献中已有园艺工人和叠山工人的记载，明代江南地区的造园技艺更是精湛，如杭州的陆氏工匠擅长堆叠峰峦、拗折洞壑，苏州的叠山工匠被称为“花园子”。园林设计的成败常取决于叠山技艺，因此这些工匠是造园的关键，他们的技艺精湛，能够将文人的造园理念具体实现。曾经造园匠师的社会地位普遍较低，鲜有记载，除少数被文人提及外，大多默默无闻，明末清初，这种情况逐渐改变。江南地区经济文化繁荣，造园活动频繁，工匠需求量大增。随着资本主义萌芽和市民文化的兴起，社会价值观念逐渐转变，技艺高超的叠山工匠开始受到社会的重视和赞誉。他们在园主人、文人与普通匠人之间起到桥梁作用，显著提高了造园效率。部分工匠努力提升文化素养，甚至擅长诗文绘事，成为主持规划设计的造园家，受到文人士大夫的尊重与青睐，甚至有人为之撰写传记。这些匠师的社会地位远超一般工匠，张南垣父子便是其中的佼佼者。

张南垣，名涟，生于明万历十五年（1587 年），原籍华亭（今上海松江区），晚年定居嘉兴，以叠山造园为业。他与江南名士钱谦益、吴伟业交情深厚，可见其叠山技艺已名扬江南。张南垣文化素养高，叠山作品深受时人推崇。他反对传统叠山方法，主张创造真实可游的意境，通过堆筑曲岸、平岗等，再点缀山石、短垣，营造一种园外有奇峰的幻觉，仿佛园中山石是大山一角。这种截取大山一角让人联想整体的手法，开创了叠山艺术新流派，对后世影响深远。

张南垣的四个儿子都继承了父亲的叠山造园技艺，其中尤以次子张然最为出色，成就斐然。张然，号陶庵，早年在苏州洞庭东山一带便因营造私园叠山而享有盛名，数次被朝廷征召入京造园，北京许多王公士大夫的私园出自他手，他还参与重修西苑瀛台、新建玉泉山行宫及畅春园的叠山规划等事宜。康熙二十七年（1688 年），他获得赏赐还乡。其后人的一支定居北京，世代承传其业，成为北京著名的叠山世家——“山子张”。

比张涟父子稍早一些的张南阳也值得一提。张南阳，字山人，上海农家出身，自幼爱画，后投身叠山行业，以绘画手法堆叠假山，颇受赞誉。文人陈所蕴赞其作品神似真山，形态自然，大小高低随地形变化，仿佛文人举重若轻。除设计外，他还亲自施工，如太仓王世贞的弇山园和上海豫园的黄石大假山均出自其手。豫园假山以黄石为主，不露土，有深谷、磴道，还有小岩洞，尽管高度仅 12 米，却给人以万山重叠之感，体现了传统缩移真山的技艺，与张涟父子的风格有所不同。

6.6.3 造园著作

明末清初，随着社会价值观的转变，文人不再轻视造园技术，一些文人、画士也掌握了造园叠山技术，成为造园名家，计成便是其中的佼佼者。计成，字无否，江苏吴江人，生于明万历十年（1582 年），少年时即以绘画著称，专注于造园技艺的钻研，成为著名造园家。他还总结造园经验，写成《园冶》一书，于崇祯七年（1634 年）刊行。《园冶》成为中国园林理论史上的重要著作。

江南私家造园经验丰富，文人、造园家与工匠身份的融合使这些经验升华为系统化的理论。因此，此时期出现了众多园林理论著作，如《园冶》《一家言》《长物志》等全面且具代表性的作品。同时，文人著述中的园林议论和评论也更为丰富。

1.《园冶》

《园冶》是明末造园家计成的杰作，成书于崇祯四年（1631 年），刊行于崇祯七年（1634 年）。该书深入剖析了江南私家园林的规划、设计、施工及细节处理，全书三卷，采用骈文撰写。

第一卷“园说”共四篇：“相地”“立基”“屋宇”“装折”，详述园林规划设计的要点与细节。计成首提两大原则：第一原则是“景到随机”，指园林造景应顺应地形地貌，扬长避短；第二原则是“虽由人作，宛自天开”，强调人工山水需宛若天成，建筑亦须与山水环境和谐相融，不可喧宾夺主。

第二卷“栏杆”。计成认为，园林建筑不宜采用古代的回纹和万字纹栏杆，然而他并未详述其缘由。他提倡园林栏杆的设计应随心所欲，以简约大方为美。他曾精心设计出百种栏杆纹样图案，从中精选一部分附于文后，供人鉴赏。

第三卷内容丰富多彩，涵盖了园林建造的门窗、墙垣、铺地、掇山、选石、借景等常见形式与做法。计成强调叠山应追求自然与人工的完美结合。选石不必拘泥于太湖石，首要考虑的是开采和运输的成本，其次才是石质。计成非常重视园外之借景，认为这是园林设计中最关键的一环。他提出了“俗则屏之，嘉则收之”的原则，并列举了五种借景的方式，包括远借、邻借、仰借、俯借和应时而借。这些方式不仅丰富了园林的视觉效果，还使园林与周围环境形成了和谐统一的整体。

通读《园冶》全书，可以发现它是一部理论与实践相结合、技术与艺术相融合的杰作。该书不仅系统地论述了江南园林的建造技艺，还具有很强的实用性和指导意义。

2.《一家言》

《一家言》又名《闲情偶寄》，作者李渔，字笠翁，钱塘人，生于明万历三十九年（1611 年）。李渔是一位擅绘画、词曲、小说、戏剧、造园多才多艺的文人，晚年定居北京，为自己营造“芥子园”。《一家言》共有九卷，其中八卷讲述词曲、戏剧、声容、器玩。第四卷“居室部”讲述建筑和造园的理论，分为“房舍”“窗栏”“墙壁”“联匾”“山石”五节。李渔在园林艺术上的见解独特且深邃。他认为，要通过模拟大自然来创造园林。李渔在论述园林建筑时，极力反对墨守成规，提倡勇于创新。他特别强调了窗栏设计的重要性，认为开窗要坚固且善于借景。借景之法，即通过框景的手法，将四面实景中的一部分虚化，

形成独特的景观效果，被李渔称为“尺幅窗”“无心画”。在“山石”部分，李渔主张叠山要自然，反对过分的人工雕琢。

3.《长物志》

文震亨，字启美，江苏吴县人，为文徵明曾孙。其著作丰富，其中《长物志》12 卷中，“室庐”“花木”“水石”“禽鱼”四卷与造园密切相关。“室庐”卷中，文震亨对园林中不同功能和性质的建筑及门、阶、窗、栏杆、照壁等元素进行了详细的论述，共分为 17 节。“花木”卷详细列举了园林中常用的 42 种观赏树木与花卉。“水石”卷详述园林中常见的水体与石料，共 18 节。“禽鱼”卷中列举鸟类六种、鱼类一种。其余各卷亦论及园林中的建筑、家具、陈设，三者互为一体，园居生活的点滴细节亦显高雅之趣，不可轻忽。

《园冶》《一家言》《长物志》论述私家园林的规划与设计，涵盖叠山、理水、建筑、植物造景等艺术，并触及园林美学。这些著作是文人园林自两宋至明末的理论精华。

在园林植物和园艺方面的诸多专著中，有三部尤为引人瞩目。首先是明代王象晋所著的《二如亭群芳谱》(简称《群芳谱》)，共 30 卷，详细记录花月令、花信、花异名、花神、插花、护卫等多个方面，且对每一种花卉的名称、习性、种植方法、用途及相关的诗文题咏、典故考证都进行了详尽的阐述。其次是清代康熙年间汪灏的《广群芳谱》，此书在《群芳谱》的基础上进行了增补，共 100 卷，其中“花谱”31 卷，收录的花木种类达到了 187 种。最后，是康熙年间陈淏子的《花镜》，又名《秘传花镜》，全书六卷，是作者在前人研究的基础上，结合当时劳动工匠的经验而写成的一部观赏花木类的杰作，书中详细划分了花木、花果、藤蔓、花草等多个类别，记述了数百种植物，还涉及鸟类、兽类、鳞介类及昆虫类等多种生物。

《素园石谱》是园林用石与赏石的专著，作者林有麟，明万历年间人。他痴迷山水，寄情于石，每见奇石便绘图记录，终成此作。书中收录石品 103 种，园林用石占三分之一，每种皆附图配文，展现石的形态与韵味。

交流讨论

元明清初出现了许多优秀的园林造园工匠，他们不仅有高超技术，还追求精益求精。谈谈这种匠人匠心的工匠精神。

6.7 寺观园林

元代时期，佛教与道教在政府的庇护下蓬勃发展，寺观数量急剧增长，出现许多精心建置的寺观园林。例如，北京西城区西便门外的长春宫，是全真宫的重要宫观，其后部园林更是尽显山池花木之美，且规模宏大；北京朝阳区朝阳门外的东岳庙，石坛内有杏花千余株，人称“杏花园”，元时杏花盛开之际，文人墨客纷纷赋诗设宴，成为当时盛事。郊外的寺观园林则以北京城西北郊的西山、香山、西湖（北京颐和园湖泊）一带最为集中。其中位于西湖北岸偏西的大承天护圣寺，不仅规模宏大，建筑华丽，更是临水建造，展现独特的园林艺术魅力。

明代佛寺数量尤多，寺庙园林蓬勃发展，寺观注重庭院绿化与园林化。有的寺观以庭院花木之美著称，如北京市西城区的法源寺；有的结合绿化构筑亭榭、山池，如西直门万寿寺，山池亭榭之美与百亩菜圃相映成趣。明代寺观园林与私家园林相似，也是文人雅士常相聚之所。西山、香山等地佛寺甚多，当时即有“西山岩麓，无处非寺”之说。这些寺庙中，敕建及贵族、皇亲捐资修建者多附设园林，以出色的园林或庭院绿化闻名于世。

香山寺坐落于香山东坡（今北京香山公园内），气势磅礴，佛殿建筑宏伟壮丽，园林亦占据重要位置，既有宅第的华丽，又有园亭的精巧，更有庵隐的幽僻。寺庙周围山岭环绕，林木葱茏，道路宽敞，楼阁高耸入云，游人络绎不绝。建筑群沿山坡坐西朝东，观景条件极佳。香山寺内的景色如诗如画，被誉为当时北京的最佳名胜，吸引众多文人墨客游赏并留下诸多诗文佳句。

碧云寺位于香山寺之北，此寺园林以泉水为特色，巧妙导引山泉流经香积厨，环绕长廊，再汇聚于殿前水池，池内金鱼千尾，供人欣赏。香山寺园林以开阔著称，碧云寺则更注重幽静。因此，当时人评价道：“碧云鲜，香山古；碧云精洁，香山魁恢。”

圆静寺位于瓮山（今北京万寿山）南坡，临西湖堤而建，由明孝宗乳母罗氏资助，于弘治年间兴建。此寺依岩而建，石阶曲折，游人拾级而上。由山顶雪洞可观湖曲、平田、远村，景色无边。圆静寺规模虽不大，但环境幽静，视野开阔，为当时北京西北郊游览胜地。

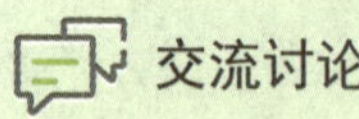

交流讨论

谈谈元、明、清初寺庙园林与之前朝代寺庙园林的不同之处。

知识拓展四：中国古建筑细节之美（一）

图 6-4　额枋

（1）额枋（图 6-4）：也称檐枋，是中国古代建筑中柱子上端联络与承重的水平构件。南北朝的石窟建筑中可以看到此种结构。额枋多置于柱顶，隋唐以后移到柱间，到宋代称为阑额。额枋处于建筑物的显要部位，是视觉感受的重要对象，一般作为装饰的突出部件，常常用彩色雕塑进行装饰。

（2）挂落（图 6-5）：中国传统建筑中额枋下的一种构件，常用镂空的木格或雕花板做成，也可由细小的木条搭接而成，用作装饰或同时划分室内空间。其主要功能是围护、遮挡、避风、采光等，且发挥丰富建筑立面和美化建筑外观的作用。

（3）悬鱼（图 6-6）：是一种建筑装饰，大多用木板雕刻而成，位于悬山或歇山屋顶两端的博风板下，垂于正脊。因其最初为鱼形，并从屋顶悬垂，故名“悬鱼”，为中国古代建筑的一种元素，最早出现在唐代。因为古代民居多为木结构，房子怕火，而鱼为水中之物，象征水，可克火。悬鱼的形象，除本身有水的寓意之外，还有利用其谐音

取吉祥之意“鱼，余也，裕也”，有的还加上莲花，以祈“连年有余”“吉庆有余”等。在古建筑中悬鱼常见的还有“福、禄、财、喜、寿”、钱形与蝙蝠配合、万字纹等丰富多样的形式。

（4）门簪（图 6–7）：门上的一种连接构件，安在街门的中槛之上，有用两个或四个的，用以锁合中槛和连楹。门簪有方形、菱形、六角形、八角形等形状，装饰以图案或文字。门簪数量的多寡体现等级的高低。

（5）铺首（图 6–8）：宫殿、庙宇厚重的木门上都有一个金属兽头，嘴里衔着一个铜环，这叫作铺首，又称“门铺”“铜蠡”。铺首在中国已有数千年的历史，是一种集实用、装饰和等级标志为一体的古建筑构件，也是中国古建筑“门文化”中的重要组成部分。铺首的形状一般是衔环兽面，常用金属铸成狮、虎、螭、龟、蛇等形。

（资料来源：学习强国《中国古建筑细节之美》）

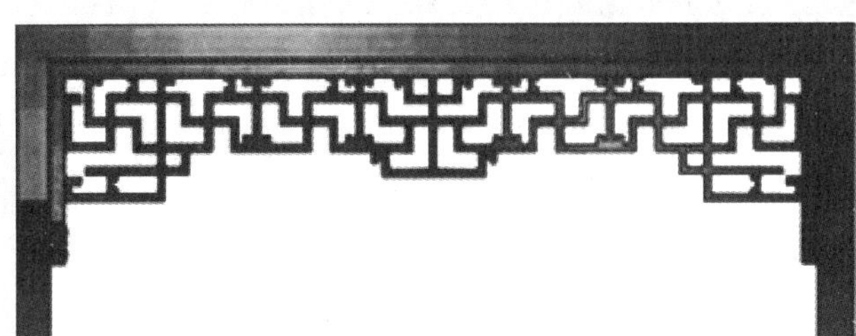

图 6-5　挂落

图 6-6　悬鱼

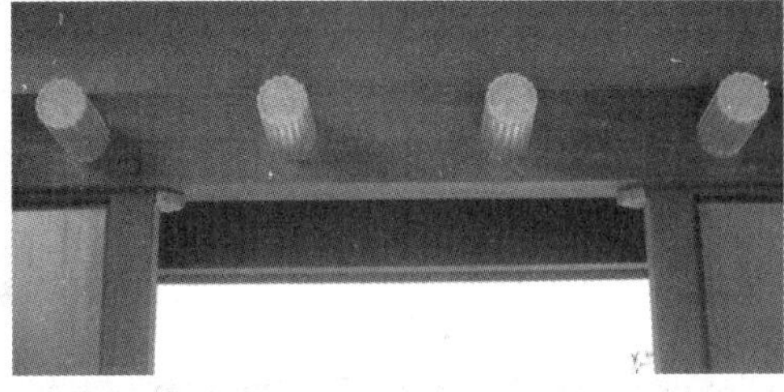

图 6-7　门簪

图 6-8　铺首

知识拓展五：中国古建筑细节之美（二）

（1）飞檐（图 6–9）：中国传统建筑檐部的一种形式，多指屋檐特别是屋角的檐部向上翘起，若飞举之势，常用在亭、台、楼、阁、宫殿、庙宇等建筑的屋顶转角处，四角翘伸，形如飞鸟展翅，所以也常被称为“飞檐翘角”。

（2）拴马桩（图 6–10）：古代拴牛、拴马的桩子，等同于现代社会的停车位。拴马桩设在大门两侧，有的桩下还配有石凳方便驾马人上下马。官府门前的拴马桩即暗示“文官到此下轿，武官到此下马”，然后由小厮把马或者马车停到专用“车库”（马厩）。

（3）抱鼓石（图 6–11）：俗称“石鼓”“门鼓”“圆鼓子”等，是门枕石的一种，上如鼓形，下有基座，犹如抱鼓的形态承托于石座之上，故此得名。抱鼓石一般放置于大中型宅院、衙门、寺庙等建筑大门入口的两侧，成双成对出现。

（4）惊鸟铃（图 6–12）：我国传统古建筑的屋檐下系挂着铃铛，风吹铃动，这种庙宇殿堂屋角的铃铛叫作“风铃”，亦称“惊鸟铃”“护花铃”。古建筑屋顶采用木头制作，尤其是斗拱叠架，有许多空隙，风铃声响便可惊走鸟雀，防止鸟雀做窝和粪便的污染，也保护廊内的花花草草，同时，其清脆的铃声，增加建筑的动感。

（5）雀替（图 6–13）：中国古建筑特色构件之一。宋代称之为“角替”，清代称之为“雀替”“插角”或“托木”。雀替通常被置于建筑的横材（梁、枋）与竖材（柱）相交处，作用是缩短梁枋的净跨度从而增强梁枋的荷载力，减少梁与柱相接处的向下剪力，防止横竖构材间的角度倾斜。其制作材料由该建筑所用的主要建材决定，如木建筑上用木雀替，石建筑上用石雀替。

（6）牛腿（图 6–13）：支撑屋顶出檐部分的撑栱综合部件。工匠用一块雕花木板来填充撑栱后面与柱子之间的三角形空档，将两部分完美地结合成一个整体，这个整体就被称为“牛腿”。“牛腿”和“雀替”不同。“雀替”一般是梁下的木雕构件，而“牛腿”一般是指檐下的木雕构件。

（7）门槛（图 6–14）：古建筑中门框下部挨着地面的横木（也有用石头的）。门槛只能跨，不能踩。

（8）斗拱：中国古代建筑中特有的形制，是较大建筑物的柱与屋顶间的过渡部分，可承受上部支出的屋檐，将其重量或直接集中到柱上，或间接地先纳至额枋上再转到柱上。最早的斗拱形象见于西周青铜器命簋上所用的栌斗。唐代斗拱已至成熟阶段，斗拱雄大疏朗，展现斗拱的结构美。明清时期斗拱的结构退化，装饰作用加强。

（资料来源：学习强国《中式园林造景美学》，有删减）

图 6-9　飞檐

图 6-10　拴马桩

图 6-11　抱鼓石

图 6-12　惊鸟铃

图 6-13　雀替与牛腿

图 6-14　门槛

6.8 其他园林

在经济繁荣、文化昌盛的地区，随着大城市居民公共及休闲活动的日益增多，城内、附廓、近郊纷纷涌现公共园林。这些园林大多依水而建，少数则利用古迹、旧园林遗址或寺观外围的园林环境改造而成，供市民放松身心、游赏玩乐。附廓、近郊的公共园林距离适中，常作为市民一日游的选择，如浙江绍兴颇负盛名的兰亭。城内的公共园林不仅为市民提供休闲空间，还结合商业、文娱活动，成为多功能、开放性的绿化区域，对城市生活与结构产生深远影响，如明清时期北京城内的什刹海便是其中的佼佼者。

兰亭，这处纪念性公共园林，众多景点均与书圣王羲之及其书法活动紧密相连。兰亭之中，碑石林立，亭台点缀，呈现一派古朴典雅的风貌，布局疏朗，小溪与水池环绕其间，绿草茵茵，树木葱郁。兰亭江贯穿其中，四周群山环抱，让人仿佛穿越到“崇山峻岭，茂林修竹”的境地，联想起当年的兰亭盛会盛况。

什刹海，古称“积水潭”，又称“海子”，曾是元代大都城内的漕运码头。明代的什刹海与净业湖，荷花盛开，稻田遍布，江南农民耕耘其间，营造出如诗如画的江南水乡风光。湖畔聚集众多佛寺，如海印寺、广化寺等，巧妙利用湖面，创造出园林化的外围环境。这些园林与佛寺相互映衬，共同构成了什刹海与净业湖一带独特而迷人的风景。

江南、东南及巴蜀等经济文化繁荣之地，富裕的村落常设专地凿池植树、建造亭榭，供村民公共交往与休憩。这种开放的绿化空间兼具公共园林的性质，或由乡绅出资，或由村民集资兴建，彰显当地村民较高的文化素养与环保意识。部分园林设计独具匠心，艺术造诣颇高，并与公共活动融为一体，成为村落环境的重要组成部分。例如，楠溪江中游苍坡村的宋代公共园林，一直承袭优良传统并不断发展，成为当地文化的重要载体。

交流讨论

谈谈兰亭公共园林的发展及人文背景。

知识拓展六：园林楹联

园林楹联是为风景园林撰写的对联，多为楹柱联。中国皇家园林联，多为帝王及重臣所作，其联文多气度恢宏、庄严肃穆，如承德避暑山庄联“云卷千峰色，泉和万籁吟”。私家园林联的作者多为园主和友人，其联文也多诗情画意，飘逸安闲，与小巧别致的园林格调相谐配，如沧浪亭名联“清风明月本无价，远山近水皆有情”，狮子林名联“相赏有松石间意，望之若神仙中人”，写出了情景交融、诗味隽永、寄情山林的情趣。

（资料来源：学习强国《苏州园林楹联撷趣》《楹联类别之园林联》，有删减）

知识拓展七：中国古典园林造景九大手法

中国古典园林造景的九大手法包括借景、框景、添景、障景、对景、隔景、夹景、漏景、抑景。

（资料来源：微信公众号“园景人”《园林造景的九大手法》，有删减）

本章小结

元、明、清初时期，作为中国古典园林成熟期的第二阶段，不仅继承了两宋时期第一阶段的优秀传统，还在诸多方面有所创新与发展。

（1）士流园林“文人化”促使文人园林发展，进而将私家园林推上了艺术巅峰。

（2）明末清初涌现出众多既有文人背景，又为叠山工匠出身的杰出造园家。

（3）文人画影响延伸至园林艺术，巩固了写意创作的主导地位。

（4）地方建筑显著发展，形成独特的地方特色。

（5）皇家园林的规模日益宏大，皇家气派愈发浓厚。

（6）公共园林在城市和农村聚落中已相当普遍。

以史明鉴 启智润化

花街铺地——古代匠人的智慧

花街铺地是园林中一种地面铺装工艺，以两种以上的卵石和碎石片、碎瓦片、碎缸片、碎陶片等碎料拼合，组成图案精美、色彩丰富的路面。该工艺通常以瓦片作为线条摆出图形，其他材料为色填充其中，犹如地上锦绣。花街铺地以精美的工艺技术、深厚的文化底蕴、精美的视觉景观和独特的意境体现中国古典园林的丰富内涵（图 6-15）。

花街铺地带着中国古匠人们的技艺流传至今，它独特的文化底蕴，让行走其上的游人，走出了“莲生袜底，步出个中来；翠拾林深，春从何处是”的感觉。我们要借鉴学习传统园林花街铺地反映出来的和谐景观创造应注重节约、可持续性、以人为本、物尽其用的设计理念，在传承传统文化的同时也要创造宜时、宜地、宜景、宜人的现代景观。

（资料参考：微信公众号“景观设计师”《花街铺地——走进古代匠人的智慧》，有修改）

(a)

(b)

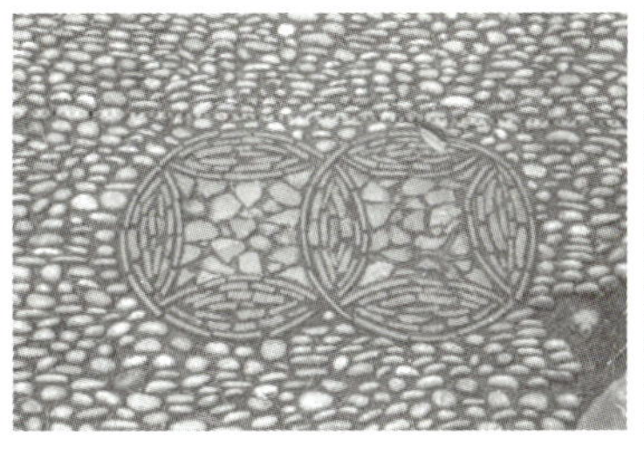

(c)

(d)

图 6-15　花街铺地

(a) 芝花海棠；(b) 五福捧寿；(c) 压胜钱；(d) 十字金钱纹

中国古代园林的造园艺术——洞门及花窗之美

中国园林的园墙常设洞门。洞门仅有门框而没有门扇，其作用不仅引导游览、分隔空间，还可以框景，作为园林中的装饰品，可以使庭园环境产生园中有园、景外有景、步移景异的效果（图 6-16）。

图 6-16　园洞门

花窗是中国古典园林中窗的装饰和美化形式，遵循着“巧于因借、虚实相生”的理念，达到虚中有实、实中有虚的美学。花窗主要形式有漏窗和空窗。漏窗以“漏”为主，窗两侧的景物可互相渗透。漏窗窗框中镶嵌各种花纹图案，有冰裂纹、万字纹、海棠纹等几何图样或植物图案，突显窗外景物的端庄雅致（图 6-17）。空窗有框景的效果，还可巧妙地营造出“尺幅窗，无心画”的效果（图 6-18）。例如，苏州拙政园的“与谁同坐轩”墙上有扇面形空窗，露出后面的翠竹，形成一幅翠竹图。

历代的造园艺术家把园林中的每一个景点、每一个构件都打造得极其精细，匠心独运，彰显了工匠艺人的非凡才华，值得当代园林人借鉴学习。

（资料来源：微信公众号“昆明市西华公园”《中国古代园林的造园艺术——门洞之美》、微信公众号“木木古建景观”《奇妙精巧的苏州古典园林的漏窗艺术》、微信公众号“蚂蚁景观”《什么是尺幅窗、无心画》，有修改）

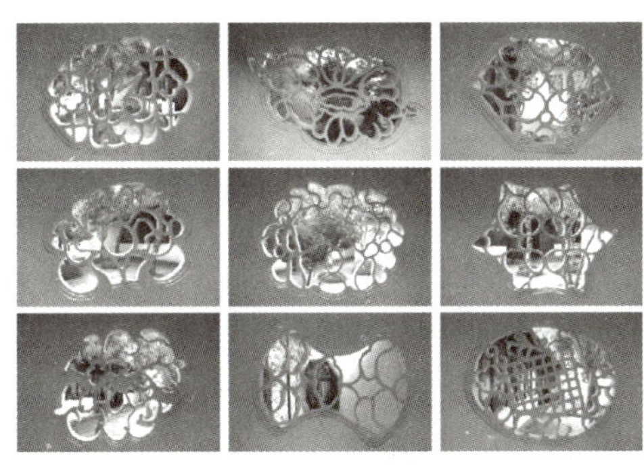

图 6-17　漏窗

图 6-18　空窗

文化传承 行业风向

不到园林，怎知春色如许

“不到园林，怎知春色如许?”出自明代汤显祖《牡丹亭》。

近年来，不少园林建构注重“园林与戏曲”的艺术融合，比如，北京园博园举办中国戏曲文化周、中国园林博物馆举办中秋戏曲文化活动、苏州沧浪亭引进园林版昆曲《浮生六记》，效果和反响都很不错，其中一个主要原因就是戏曲与园林有极为相似的审美意境，两者相辅相成、完美融合，给人们带来更为真实的传统文化生活的体验感和沉浸感。

园林与戏曲有着深厚的历史渊源，不少经典剧目就是在园林之中演绎的。如以园林及亭台楼阁为曲名的就有《拜月亭》《牡丹亭》《艳云亭》《翡翠园》《西园记》等作品，《长生殿》《西厢记》《玉簪记》等经典剧目中，园林也有迹可循。园林与戏曲不仅在题材上有关联，园林也是戏曲表演的理想舞台之一。戏曲往往需要移步换景，园林艺术便讲究移步换景。在园林中演绎戏曲，通过剧目情节的推进、演员表演的烘托与周边园林环境情景的交融，往往能呈现出戏曲更为深刻的意境之美。与此同时，观众和游人在体味园林意境时，也体会了文学、韵律、音乐等戏曲之美。戏曲走进园林，戏曲美与园林美在新时空下的相互激发，让传统文化之美愈加释放，吸引人们更深入地走进传统之中。

（资料来源：不到园林，怎知春色如许 .《人民日报》.2020-10-26，有删减）

温故知新 学思结合

一、选择题

1. 始建于康熙四十二年（1703 年)，中国现存占地最大的古代皇家园林是（　）。

A. 避暑山庄　　B. 畅春园　　C. 圆明园　　D. 御花园

2. 中国古典四大名园有颐和园、避暑山庄、拙政园和（　）。

A. 留园　　B. 西园　　C. 芳草园　　D. 畅春园

二、简答题

计成在其著作《园冶》一书中提出的园林造园规划的两个原则是什么?

三、实践题

举例说明你身边城市古典园林中的造园艺术。

课后延展 自主学习

1. 书籍:《园冶》(手绘彩图修订版)，计成著，倪泰译，重庆出版社。
2. 书籍:《中国古典园林史》，周维权，清华大学出版社。
3. 书籍:《中国古典园林分析》，彭一刚，中国建筑工业出版社。
4. 扫描二维码学习：学习通平台，厦门工学院谢鑫泉《中外园林史》。
5. 扫描二维码观看:《苏园六纪》第六集《风吅门环》。

6. 扫二维码观看：《园林》第六集《不朽的林泉》。

7. 扫二维码观看：《中国古建筑》第六集《庭院深深》。

谢鑫泉《中外园林史》

《风叩门环》

《不朽的林泉》

《庭院深深》

思维导图 脉络贯通

中国古典园林成熟中期——元、明、清初

- 历史背景及对园林发展影响
  - 元、明、清初的社会背景
  - 元、明、清初的文化背景
    - 皇权集中促进皇家园林发展
    - 文人追求个性解放促进文人园林发展
    - 儒商合一促进园林发展
    - 市民文化促进士流园林发展
    - 建筑发展促进园林建筑发展
- 都城建设
  - 元大都
  - 明、清北京城
- 皇家园林
  - 元明皇家园林
    - 元代皇家园林
    - 明代皇家园林 —— 西苑、御花园、东苑、兔园、万岁山、慈宁宫花园、上林苑、南苑
  - 清初皇家园林
    - 大内御苑 —— 西苑
    - 行宫御苑和离宫御苑 —— 畅春园、避暑山庄、圆明园
- 江南私家园林
  - 扬州私家园林 —— 休园、影园
  - 苏州私家园林 —— 拙政园、归田园居
  - 江南其他私家园林 —— 寄畅园、寓园、东园
- 北京私家园林 —— 清华园、勺园、清初北京城内宅园
- 文人园林、造园家及造园著作
  - 文人园林
  - 造园家 —— 张南垣、张然、张南阳
  - 造园著作 —— 《园冶》《一家言》《长物志》
- 寺观园林 —— 香山寺、碧云寺、圆静寺
- 其他园林 —— 公共园林

第7章 中国古典园林成熟后期——清中叶、清末

学习目标

➢ 知识目标

1. 掌握清中叶至清末时期园林发展的历史背景与特点。
2. 了解该时期园林艺术的主要风格和代表作品。
3. 探究园林与社会、文化、经济等因素的相互关系。
4. 分析清中叶、清末园林在规划、设计、建造技术等方面的创新与传承。

➢ 能力目标

1. 培养独立分析和评价园林艺术的能力。
2. 提升审美鉴赏力，欣赏和理解清中叶、清末园林的美学价值。
3. 培养跨学科思维能力，将园林艺术与历史、文化、社会等多领域知识综合应用。

➢ 素质目标

1. 通过园林的发展了解社会变迁，学会尊重和理解历史文化。
2. 培养文化传承和文化保护的责任感。
3. 培养艺术和设计的审美情感，理解人文关怀。

启智引思 导学入门

清中叶和清末是中国园林艺术发展的高潮期，在继承前人优秀传统的基础上，展现出更加成熟和精湛的技艺。皇家园林和私家园林的建设都达到了空前的规模和水准，如颐和园、圆明园等，都是集大成的园林艺术杰作。这些园林不仅注重景观的布局和构造，更追求细节处理上的极致，展现了中国古典园林的独特魅力。

当代人要借鉴学习古典园林的精髓，古为今用，推陈出新，园林设计充分考虑生态平衡和可持续性，注重传统文化的传承和弘扬，增强文化自信。

学习内容

7.1 历史背景

清代乾隆时期为封建社会末期繁荣期，政治稳定，经济繁荣。然而，当时世界形势已与汉唐时期截然不同，西方殖民国家携工业文明与武力向东扩张，为后来的侵略做准备。乾隆盛世下，阶级矛盾尖锐，危机四伏；地主小农经济繁荣，工商业资本主义活跃，但统治阶级奢华无度；劳动人民被残酷剥削，生活贫困。清代嘉庆、道光后，民变频发，咸丰年间太平天国革命爆发，冲击清王朝根基。

封建文化在清代乾隆时期沿袭宋明时期的传统，但已失去能动和进取精神，在艺术创作上，多守成而少创新。乾隆时期的园林技艺精湛，达到了宋明以来的高峰，但也开始显现拘泥于形式和技巧的消极面。这一时期的园林既承袭了过去的辉煌，又预示了末世的衰落。古典园林体系虽呈末世衰颓，但因其根深叶茂，仍持续发展了一段时间。同治时期后，皇家虽财力枯竭，仍修建园苑。地主阶级和满蒙贵族的权势增长，引发了兴建邸宅的热潮，私家园林也随之兴盛。然而，园林的艺术创作力逐渐减弱，仅维持传统外在形式。

乾隆、嘉庆两朝皇家园林代表中国古典园林的高峰，涵盖大内御苑、行宫御苑、离宫御苑，成就辉煌。道光、咸丰后，皇家园林由盛转衰，反映了中国近代历史的急剧转折。同时，民间私家造园活动遍布全国，形成江南、北方、岭南三大地方风格，各具特色，反映了民间造园艺术的主要成就。

交流讨论

清中叶、清末园林艺术的发展体现了当时社会文化、政治与经济的变化，谈谈你的想法。

7.2 皇家园林

乾隆时期，皇家园林建设进入鼎盛阶段，其规模和内容在中国历史上极为罕见。乾隆皇帝对园林艺术兴趣浓厚，既改造、扩建旧园林，又新建众多园林。皇家园林建设不仅是艺术表达，更有严谨的组织管理。画师、内务府官员和熟练的施工团队确保工程的高质量、高效率。“样式雷”家族绘制的工程图件详细记录园林营造全过程，为皇家园林艺术水准提供保障。在乾隆中期（1738—1774 年），皇家园林建设达到高潮，新建及扩建的园林遍布北京及周边地区，规模前所未有。

乾隆时期扩建了圆明园，圆明园成为主要离宫，还精心设计了“四十景”，并相继建成长春园和绮春园，与圆明园形成一体化的大型离宫御苑。同时，还建成了熙春园和春熙院等小型园林。至乾隆后期，圆明园成为集五园于一体的宏大离宫御苑。海淀以南也建有园林，如泉宗庙、五塔寺、万寿寺等。这一时期，北京西北郊形成了庞大的皇家园林集群，包括圆明园、畅春园、香山静宜园、玉泉山静明园和万寿山清漪园，统称“三山五园”。这些园林展现了中国风景式园林的多样形式，并代表了清朝宫廷造园艺术的巅峰。

7.2.1 大内御苑

1. 西苑

乾隆时期，西苑经历了最大一次改建，重点在北海，居民增多，西苑范围缩小至“三海”西岸，仅保留沿岸狭长地带，面积缩小，水面占三分之二，划分为“北海”“中海”“南海”。改建奠定了西苑的规模和格局。团城之上建石亭，内置玉瓮“渎山大御海”。团城与琼华岛间建桥，为弥补轴线偏离，乾隆八年将桥改建为折线形，加强了轴线关系。

琼华岛（图 7–1）新建工程主要集中在东坡、北坡和西坡。南坡有顺治年间的永安寺，布局对称，有中轴线从山门至白塔。寺院后有石洞和太湖石，再上有普安殿、善因殿和白塔。普安殿西有静憩轩、悦心殿、庆霄楼和撷秀亭。悦心殿前月台视野开阔，可俯瞰“三海”。

西坡地势陡峭，建筑依山就势，展现高低错落之美，主要建筑群由甘露殿、琳光殿和临水码头组成，虽有中轴线但不明显。琳光殿南有两座小厅和爬山廊通庆霄楼，厅内有叠石假山。琳光殿南有清池和小石拱桥，形成水景区；北有阅古楼，内藏法帖石刻。西坡建筑体量小，布局灵活，强调山地园林氛围，与南坡风格不同。

北坡景观独特，地势下缓上陡，建筑按地形分上、下两部分。上部坡地以人工叠石构成，赋予崖、岫等地貌形象，其与颐和园万寿山叠石齐名但艺术水平更高。石洞曲折，与建筑配合巧妙，充满趣味，独具匠心。建筑物体量小，分散布置，以山林景观为主，如酣古堂、写妙石室等。北坡下部临水建弧形廊延楼，长达 60 楹，后有厅堂建筑群。整体景观“南瞻窣堵，北俯沧波”，模拟镇江北固山景。

东坡景观独特，以植物为主、建筑为辅，自永安寺东起，有密林山道南北贯穿，松柏成荫，富有野趣。东坡的主要建筑智珠殿位于半月城高台，坐西朝东，与白塔、牌楼波若坊、三孔石桥构成隐约中轴线。半月城可远眺北海东岸、钟鼓楼及景山。南面有慧日亭，北面为见春亭小园林及“琼岛春荫”碑。

琼华岛四面因地制宜，各景独特，匠心独运，乾隆为此撰写《塔山四面记》。岛上建筑兼具点景与观景功能，于此可俯瞰“三海”，远眺京城。汉白玉石栏杆承托岛屿浮现水面，红黄亭台与白塔相映成趣。此岛将元、明“海上仙山”的意境升华至更高境界。虽有延楼体量偏大之瑕，但琼华岛仍是皇家园林中的杰作。

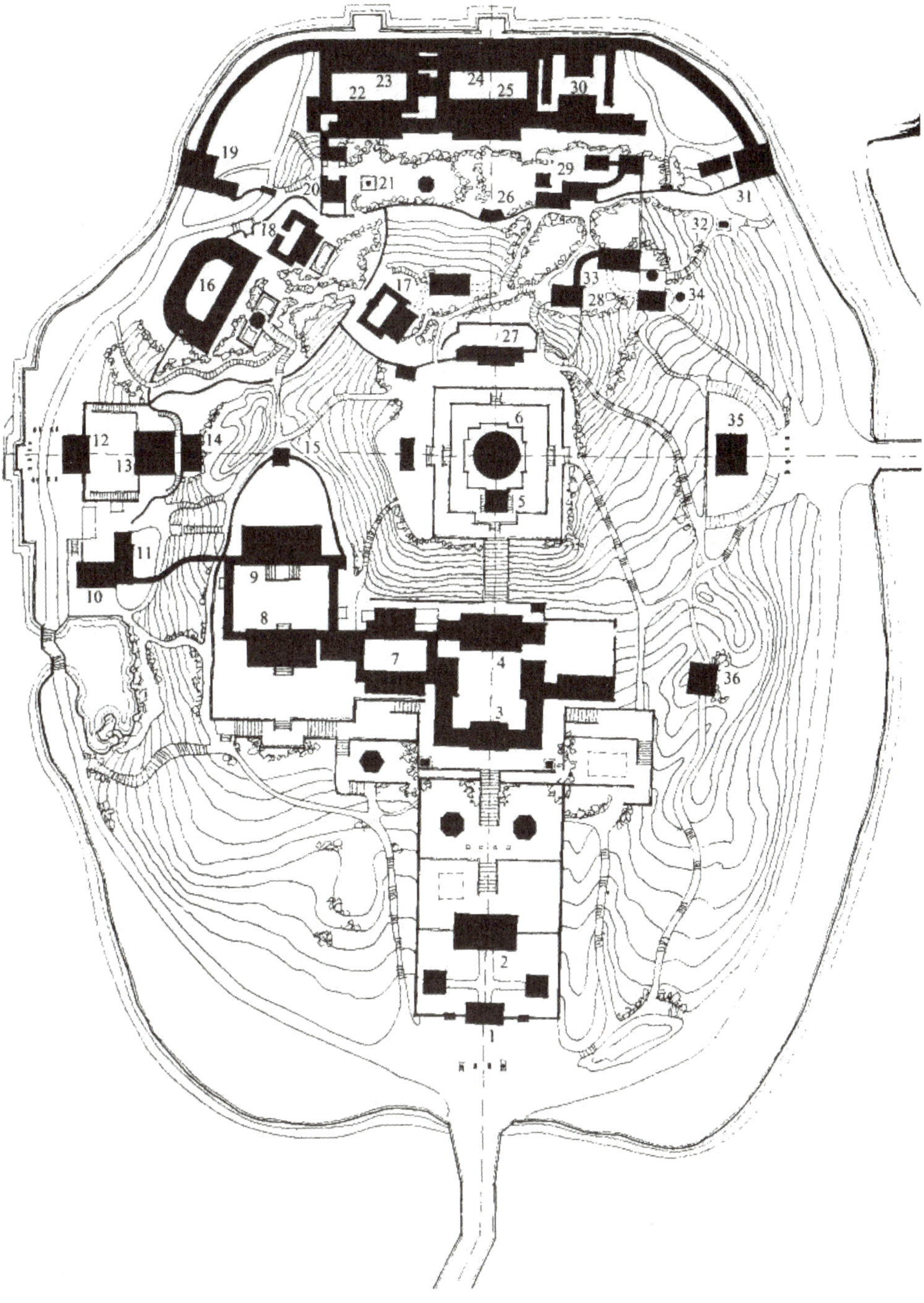

图 7-1　乾隆时期琼华岛平面图

（图片来源：周维权《中国古典园林史》）

1—永安寺山门；2—法轮殿；3—正觉殿；4—普安殿；5—善因殿；6—白塔；7—静憩轩；8—悦心殿；9—庆霄楼；10—蟠青室；11—房山；12—琳光殿；13—甘露殿；14—水精域；15—揖山亭；16—阅古楼；17—酣古堂；18—亩鉴室；19—分凉阁；20—得性楼；21—承露盘；22—道宁斋；23—远帆阁；24—碧照楼；25—漪澜堂；26—延南薰；27—揽翠轩；28—交翠亭；29—环碧楼；30—晴栏花韵；31—倚晴楼；32—琼岛春阴碑；33—看画廊；34—见春亭；35—智珠殿；36—迎旭亭

北海东岸，自南向北分别是濠濮间、画舫斋、先蚕坛。画舫斋是皇帝读书处。前殿为春雨林塘殿，正殿为画舫斋。东北隔水廊为古柯庭，有江南小庭园情调。画舫斋北为先蚕坛，建于乾隆七年，周长 160 丈，正门在南墙偏西。坛内有蚕坛、桑园及养蚕相关建筑。北海北岸有六组建筑群，自东向西展开，利用土山树木进行局部隐蔽并构成整体景观，虽多不显拥挤。

镜清斋建于乾隆二十三年（1758 年），是北海中的“园中之园”，独立且融入大园林，曾为皇帝读书、操琴、品茗之地，后改名为“静心斋”。北部是假山和水池为主的山池空间，南部有四个独立小庭院，通过建筑、小品分隔并串联。山池空间最大，建筑物集中在南部烘托山池。园中立意明确，山池为主，建筑为辅。从北海北岸入园，迎面是方整水院，空间处理巧妙，完成从大园到小园的过渡。水院主体建筑是静心斋。静心斋运用建筑庭院凸显山石景观，山池景色显著，空间层次丰富多变。园内树木繁茂，古树矗立，展现了小中见大的园林美学。此处是闹市中的一处静谧精致小园林，设计卓越。

2. 慈宁宫花园

慈宁宫花园位于慈宁宫东侧。自明代起，这里便成为太皇太后、皇太后及高位宫妃的居所，她们在此寻找心灵的慰藉，因此园内佛教建筑众多，展现出寺庙园林的特色。花园占地面积约为 0.69 公顷，以明代规划为基础，是一座典型的规整式庭园。园内建筑按照主次对称的格局排列，园路布局几何式，空间开阔。11 座建筑散布其中，占地不足五分之一，余下皆为绿地。古树参天，绿荫蔽日，营造出肃穆幽静的氛围。咸若馆是花园的核心，位于中轴线北端，供奉佛像，珍藏佛经。其后是慈荫楼，两侧为宝相楼和吉云楼，均用于佛教活动。南侧含清斋和延寿堂，曾为守制期间的居所。园内南半部园林气息浓厚。园内植物配置丰富，以松柏为主，辅以其他树种和花卉。咸若馆前及慈荫楼两侧遍植松柏，南半部植物种类更多。四季常绿，树木茂密，风铃声声，为园林增添了清寂幽深的意境。慈宁宫花园规整有序的设计、丰富的植物配置，共同营造出肃穆而雅致的环境，成为典型的宫廷式园林。

3. 建福宫花园

建福宫花园始建于乾隆五年（1740 年），参照江南私家园林设计，占地面积不足 4 000 平方米，园中有建筑 10 余座，且殿堂宫室、轩馆楼阁无所不有，不仅建筑形式各异，建筑布局也较灵活。这组建筑分为东、西两部分，东一组依南北轴线依次排列为抚辰殿、建福宫、惠风亭、静怡轩、慧曜楼，以三组院落连为一体，其布局前部紧凑，后部疏朗，三进院落风格各异，错落有序。西一组以延春阁为中心，阁北有敬胜斋相伴，南有叠石相依，西有碧琳馆、凝晖堂，东与静怡轩相邻，形成了以延春阁为中心的向心型布局，突破了宫廷花园对称布局的格式。

这座园林别具一格，无景，展现旱园的独特魅力。建筑巧妙地沿着宫墙布局，掩映高大宫墙，削弱园林的封闭感。空廊连接了各个殿宇，划分园林空间，增强空间层次感，拓展景深。园林的总体布局灵活多变，虽未遵循严格的对称原则，但主辅分明，中轴线突出，依然透露出宫廷的严谨氛围。乾隆后期造园风格逐渐形成，在此园林中已初见端倪。

4. 宁寿宫花园

宁寿宫建筑群位于故宫博物院内廷外东路，建于乾隆三十六年（1771 年）至四十一年（1776 年）间。建筑群北半部划分为中、东、西三路，其中西路是宁寿宫花园，也称为“乾隆花园”，是乾隆为自己做满 60 年皇帝，作为归政临朝受贺之所。花园用地窄长，面积约为 0.6 公顷，分为五进院落，每进布局各异（图 7-2）。

图 7-2　故宫乾隆花园鸟瞰示意图

第一进，迎面假山屏障，山洞中有一条小径引人入园。正厅古华轩面阔五间，西厢的禊赏亭面阔三间，亭内设流杯渠，寓意曲水流觞、修禊赏乐。庭院沿墙叠石为假山。第二进是典型的北京三合式住宅。抄手游廊和窝角游廊把正厅、厢房和垂花门连接起来。庭院中点缀着太湖石，花木葱茏，气氛宁静而祥和。第三进院落主体是一座叠石大假山，庭院中峰峦叠翠，洞堂相通。主峰上建有一座方亭称为“耸秀亭”，登高可南望禁中宫阙。环绕山体的是四幢建筑。此院落以山景为主，身临其境，多需仰视观赏。第四进院落有全园体量最大、外观最华丽的建筑——两层的符望阁，登楼远眺，将园外宫阙，以及景山、北海琼华岛、钟鼓楼等景观尽收眼底。第五进院落的主体建筑是倦勤斋，作为整座园林的后照房，其通脊九间的设计显得庄重而开阔。

宁寿宫花园的总体规划巧妙地采用横向分隔为院落的方式，有效地弥补了地段过于狭长的缺陷。五进院落各具特色，形成一条引人入胜、步移景异的观赏路线。园林总体布局根据院落的实际情况略错开，形成不拘一格的“错中”做法。这些都是造园艺术上的匠心独运之处，但内容过多、建筑过密，使花园幽闭有余而开朗不足。

7.2.2 行宫御苑

1. 静宜园

静宜园位于北京香山东坡，面积为 140 公顷，保持了大自然的深邃幽静和山林野趣，是一座大型山地园林，也是一处风景名胜区。全园分“内垣”“外垣”和“别垣”，有五十余处景点。内垣位于园东南，是主要景点和建筑聚集地，如宫廷区、古刹香山寺和洪光寺。

宫廷区位于全园东南部，紧接大宫门后，构成东西中轴线。大宫门有五间朝房，前有月河、石桥，通向圆明园御道。宫廷区正殿为勤政殿，面阔五间，前有月河环绕，北为处理政务的致远斋。斋西有韵琴斋和听雪轩。中轴线北端为横云馆，为宫廷内廷。南面的中宫区是皇帝短期驻园时的住所，四周有墙垣、宫门，内有广宇、回轩、曲廊、幽室及花木山池。中宫南门外的璎珞岩有泉水倾泻，旁有清音亭可赏水景。整个宫廷区集中了主要景点和建筑，体现了皇家的威严与雅致。

香山寺是金代永安寺和会景楼的旧址，是静宜园内最宏大的寺院，坐西朝东，有五进院落。山门前有听法松，院内有娑罗树，乾隆和康熙都曾作诗咏之。寺北邻为观音阁，阁后为海棠院。香山寺西南山坡上建有六方亭唳霜皋，山中鸟鸣与寺庙钟声交织，形成独特景观。

古刹洪光寺位于香山寺西北，毗卢圆殿保持明代风格。北侧是著名的九曲十八盘山道，山势陡峭但路径平缓。盘道旁有三间敞宇，名为“霞标磴”。

外垣是香山静宜园的高山区，景点虽少但多为自然景观和因景而建的小园林建筑。其中，香雾窟则是园内最高且视野最开阔的景点，周边有丽谯等景。其北有“西山晴雪”石碑，附近还有竹炉精舍、栖月崖等景点。玉华寺是外垣最大的建筑群，可俯瞰群山，寺西南有峰石刻“森玉笏”。此外，还有阆风亭、隔云钟亭等单体亭榭点缀在山间，为外垣增添了独特的小品点景。

别垣建造较晚，垣内有两座大型建筑群：昭庙和正凝堂。昭庙建于乾隆四十七年（1782 年），是汉藏混合风格的佛寺，为纪念西藏六世班禅额尔德尼进京祝寿的政治事件，仿照西藏扎什伦布寺而建。它与河北承德须弥福寿之庙属于同一类型，两者具有相似的政治意义，可视为姊妹作品。昭庙的北边有石桥通往正凝堂。正凝堂原为明代的私家别墅，后被乾隆扩建为一座精致小园林，是典型的园中之园，于嘉庆年间改名为“见心斋”。

2. 静明园

玉泉山在明代至清初是北京西北郊的一大景观，以其幽雅的山石林泉和精美的园亭寺宇而备受赞誉。乾隆十五年（1750 年），玉泉山及周边地区被纳入清漪园建设范围，进行了大规模扩建，形成了“静明园十六景”。静明园作为行宫园林，皇帝并未长期居住，因此居住建筑较少，体量适中，外观朴素，与自然环境和谐相融。

静明园，南北长约 1 350 米，东西长约 590 米，占地面积约为 65 公顷。这座园林以山景为主、水景为辅，巧妙地融合了天然风致与园林艺术。玉泉山是静明园中的主角，山形秀丽，主峰与侧峰相映成趣，宛如马鞍般起伏，而五个小湖——含漪湖、玉泉湖、裂帛湖、镜影湖、宝珠湖，则巧妙地镶嵌在山的东、南、西三面，通过水道相连，与山的坡势相呼应，形成不同形状的水体。每个小湖都与建筑布局和花木配置相得益彰，营造出五种各具特色的水景园。园中共有六座园门，其中正门南宫门最为壮观，五楹大门，西厢朝房各三楹，左右还有罩门。门前是三座牌楼形成的宫前广场，显得气势非凡。东宫门、西宫门的形制与南宫门相同，此外还有小南门、小东门和西北夹墙门。园内共有大小景点三十余处，其中约三分之一与佛、道宗教题材相关。山上还建有四座不同形式的佛塔，充分展示了园林浓厚的宗教色彩，这模拟了中国历史上名山藏古刹的传统。

静明园全园按山脊和湖泊分布，划分为南山、东山、西山三景区。南山景区的主要景点是香岩寺、普门观佛寺建筑群，依山而建，气势雄伟。居中的玉峰塔仿镇江金山寺塔，各层供铜制佛像，可登临远眺。东山景区以玉泉山东坡及山麓为主，其中影镜湖是核心，湖面狭长，建筑环湖而建，北岸楼阁错落有致，植物以竹为主题，西岸则水清可鉴，形成“镜影涵虚”的美景。西山景区涵盖山脊以西的全部区域，其中山西麓的开阔地段上建有园内最大的建筑群，包括东岳庙、圣缘寺和清凉禅窟。东岳庙是道教建筑，共有四进院落，规模宏大。乾隆皇帝认为玉泉山与泰山同样神圣，因此在此建庙以祭祀。圣缘寺则是佛教寺庙，规模稍小，也有四进院落，并建有琉璃砖塔。清凉禅窟是一座小园林，亭台楼榭间以曲廊相连，假山叠石，极富古刹气氛，乾隆曾将其比作江西庐山白莲社和山西五台山台怀镇。整个西山景区展现了浓郁的名山古刹氛围。

3. 南苑

南苑位于北京南郊平原。乾隆年间，南苑经历了大规模扩建，苑墙改为砖墙，新建了团河行宫，达到全盛时期。南苑占地面积约为 230 公顷，主要有旧衙门行宫、新衙门行宫、南红门行宫和团河行宫。团河行宫是南苑四座行宫中规模最大的一座，布局精美，集园林、宫殿、山水于一体，是乾隆南苑行宫中的杰作。

南苑地域辽阔，平坦而绿意盎然，处处松柏苍翠、绿草如茵，展现了大自然的粗犷。南苑曾是皇家猎场和演武场，明清时期常有行围和阅武活动，仪式隆重。

7.2.3　离宫御苑

圆明园、避暑山庄与清漪园，这三座清代皇家园林，可谓中国园林艺术的璀璨明珠。它们以宏伟的规模、丰富的内涵和卓越的造园技艺闻名于世。

圆明园，坐落于北京西北郊，是一座人工山水园林。它巧妙地将中西建筑艺术融为一体，既有中国传统园林的韵味，又融入了西洋建筑的元素，既有宫殿式的建筑，又有江南园林的别致。其以设计之精巧、规模之宏伟被誉为“万园之园”。

避暑山庄，又称“承德避暑山庄”，位于河北省承德市。避暑山庄利用山水环境，将江南园林的精致与北方山水的壮观完美融合，展现出天然山水园林的韵味。避暑山庄是中国历史上规模较大、保存较完整的皇家园林之一。

清漪园，现今的颐和园，位于北京西郊。清漪园以昆明湖为中心、万寿山为背景，尽显湖光山色的园林之美。清漪园内的建筑风格多样。清漪园既有皇家园林的庄重，又有江南园林的别致，是中国古代园林艺术的杰出代表。

这三座御苑不仅在中国园林史上占有重要地位，也是世界园林艺术宝库中的珍品。它们以其独特的魅力、高超的技艺和丰富的文化内涵，展现了中国古代皇家园林艺术的最高成就，也是世界园林艺术史上的杰作。

7.2.3.1　圆明园

1. 历史沿革

圆明园位于北京西北郊，毗邻颐和园，由圆明园、长春园和绮春园三部分组成皇家园林，因此也被称为“圆明三园”。这座园林建于清朝时期，占地面积为 5 200 余亩，拥有

150 余处景观，被誉为“万园之园”。在清朝盛夏时节，皇室常在此处理政，因此圆明园也被称为“夏宫”。

圆明园最初建于康熙四十八年（1709 年），是康熙帝赐予皇四子（后来的雍正帝）的园林。雍正帝即位后，扩建了原有的园林，并在南部建造了正大光明殿、勤政殿等建筑，以便在此处理政务，实现“避喧听政”的目的。乾隆年间对圆明园进行了局部的增建和改建，新建了长春园，并将万春园并入其中，形成了圆明三园的格局（图 7–3）。

然而，1860 年英法联军焚毁了圆明园，众多文物被掠夺，从先秦时期的青铜礼器到历代名人书画和珍宝。1900 年八国联军入侵北京时，圆明园再遭劫难。在抗战期间，园内也受到了不同程度的破坏。中华人民共和国成立后，圆明园遗址开始受到保护。1956 年北京市园林局开始进行植树保护。1976 年圆明园遗址成立了专门的管理机构。1988 年 6 月 29 日，圆明园遗址对社会开放。

2. 圆明园三园

早期，绮春园为清怡亲王允祥的御赐花园，名为“交辉园”。到乾隆中期，这个园林被改赐给大学士傅恒，并更名为“春和园”。乾隆三十四年（1769 年），春和园被纳入圆明园，并正式更名为“绮春园”。经过修缮、改建和增建，绮春园逐渐扩大至千亩规模，成为清朝皇家园林的主要组成部分之一。至此，圆明三园达到全盛时期。

在嘉庆年间，绮春园曾有“绮春园三十景”之称，后又陆续增加了 20 多处景观，园内悬挂匾额的建筑有百余座。绮春园的宫门比圆明园的大宫门和长春园的二宫门晚建半个多世纪，因而被称为“新宫门”，至今仍沿用这一名称。从道光初年开始，该园东路的敷春堂一带被改建为供皇太后居住之处，园内西路的景观则一直作为道光和咸丰皇帝的园居范围。1860 年圆明园被焚毁后，同治年间尝试修复，但改名为“万春园”。

长春园南部以大型水景为主，整体布局开阔明朗，密度适宜。园门为长春园宫门，五楹，门前、左、右各立铜麒麟一对，南边建有影壁。进门即是澹怀堂，九楹，卷棚歇山顶，前有月台（丹陛），东西有配殿五楹。正殿北为河岸，有方亭一座，与正殿相通的廊连接。亭西是长春桥，十孔。过桥向北，经过山口，便是园内核心建筑——含经堂建筑群。含经堂建筑群规模宏伟，布局仿紫禁城宁寿宫，是乾隆计划退位后的常居之所。

含经堂西侧是思永斋，建工字殿十七楹。前面建有小有天园。北面是海岳开襟，是湖面上的双层圆形石台，上建殿宇三层。海岳开襟之东隔水是仙人承露台，台南是茜园，以石景为主，建有茜园八景。园内还展示了乾隆帝从杭州运来的南宋德寿宫遗石“青莲朵”。含经堂东部有玉玲珑馆、鹤安斋、映清斋、如园、鉴园等景点，园的东北角是仿苏州狮子林的狮子林，园北则有法慧寺、多宝琉璃塔、宝相寺、泽兰堂等建筑，再往北就是西洋楼景区。

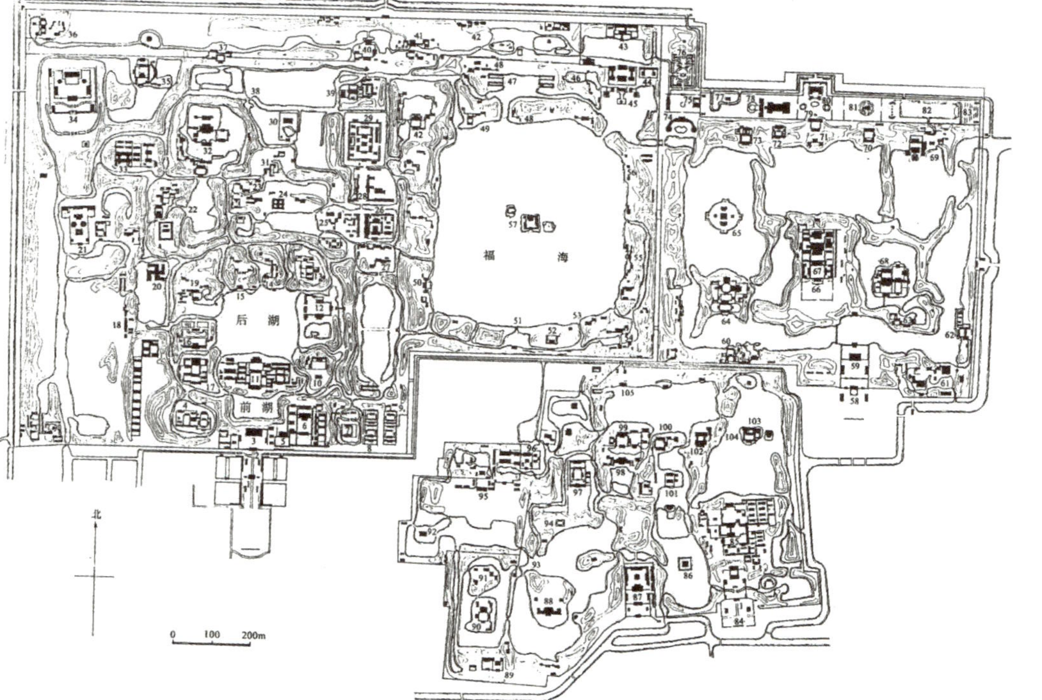

图 7-3　乾嘉时期圆明三园平面图（图片来源：周维权《中国古典园林史》）

1—大宫门；2—出入贤良门；3—正大光明；4—长春仙馆；5—勤政亲贤；6—保和太和；7—前垂天贶；8—洞天深处；9—如意馆；10—镂月开云；11—九州清晏；12—天然图画；13—碧桐书院；14—慈云普护；15—上下天光；16—坦坦荡荡；17—茹古涵今；18—山高水长；19—杏花春馆；20—万方安和；21—月地云居；22—武陵春色；23—映水兰香；24—澹泊宁静；25—坐石临；26—同乐园；27—曲院风荷；28—买卖街；29—舍卫城；30—文源阁；31—水木明瑟；32—濂溪乐处；33—日天琳宇；34—鸿慈永祜；35—汇芳书院；36—紫碧山房；37—多稼如云；38—柳浪闻莺；39—西峰秀色；40—鱼跃鸢飞；41—北远山村；42—廓然大公；43—天宇空明；44—蕊珠宫；45—方壶胜境；46—三潭印月；47—大船坞；48—双峰插云；49—平湖秋月；50—澡身浴德；51—夹镜鸣琴；52—广育宫；53—南屏晚钟；54—别有洞天；55—接秀山房 56—涵虚朗鉴；57—蓬岛瑶台（以上为圆明园）。58—长春园大宫门；59—澹怀堂；60—茜园；61—如园；62—鉴园；63—映清斋；64—思永斋；65—海岳开襟；66—含经堂 67—淳化轩；68—玉玲珑馆；69—狮子林 70—转香帆；71—泽兰堂；72—宝相寺；73—法慧寺；74—谐奇趣；75—养雀笼；76—万花阵；77—方外观；78—海晏堂；79—观水法；80—远瀛观；81—线法山；82—方河；83—线法墙（以上为长春园）。84—绮春园大宫门；85—敷春堂；86—鉴碧亭；87—正觉寺；88—澄心堂；89—河神庙；90—畅和堂；91—绿满轩；92—招凉榭 93—别有洞天；94—云绮馆；95—含晖楼；96—延寿寺；97—四宜书屋；98—生冬室；99—春泽斋；100- 展诗应律；101—庄严法界；102—涵秋馆；103—凤麟洲；104—承露台；105—松风梦月（以上为绮春园）

为追求多样化的乐趣，在长春园北部引进了欧式园林建筑区，俗称“西洋楼”。这一区域由谐奇趣、线法桥、万花阵、养雀笼、方外观、海晏堂、远瀛观、大水法、观水法、线法山、线法墙等十余个建筑和庭园组成。该项目于乾隆十二年（1747 年）至二十四年（1759 年）基本完成，由西方传教士郎世宁、蒋友仁、王致诚等设计指导，中国匠师施工。建筑风格为欧洲“巴洛克”风格，园林布局为“勒诺特”风格，但也吸收了中国传统手法。建筑材料多用汉白玉石精雕细刻，屋顶覆以琉璃瓦。西洋楼的主体是大型人工喷泉，数量众多，气势恢宏，构思奇特，被称为“水法”。虽然西洋楼占地面积不及圆明三园总面积的百分之二，但它是东西方园林交流史上的一次重要尝试，曾在欧洲引起强烈反响。一位西欧传教士曾称赞圆明园为中国的凡尔赛宫。

圆明园西部的中路是三园核心，包括宫廷区及其北延的前湖、后湖景区。后湖居园中轴线上，沿岸九岛环列，各具特色。例如，坦坦荡荡仿杭州玉泉观鱼；九岛布局象征禹贡九州，以九州清晏为中心，寓意普天之下莫非王土。后湖幽静，九组景点各具特色，彼此借景成景，布局规整严谨，在中国园林中实属罕见。

前山前湖小园林集群各具特色，如买卖街、文源阁、同乐园等。其中，同乐园是娱乐场所，有大戏楼清音阁。小园林以山水空间环抱烘托建筑群，如濂溪乐处赏荷花，香雪廊与汇万总春遥相呼应。圆明园东部以福海为中心，中央三岛建有蓬岛瑶台，岸线分十段，桥梁连接，富有变化。南屏晚钟、平湖秋月等仿杭州西湖十景，四宜书屋仿海宁安澜园。整体设计创新，利用沼泽地开辟小园林，烘托后湖中心地位。福海虽大，却偏于侧翼，保持宫廷区——后湖的中轴线重心，展现皇家宫廷气派，严谨中不失多样。

圆明三园——圆明园、长春园、绮春园，皆以水面为核心，展现水景之美。圆明园水面层次丰富，假山、冈阜散布，形成近百处自然空间；长春园则以大水面为主体，洲岛桥堤划分水域，呈现开朗与幽邃并存的氛围；绮春园则以小型水面和冈阜结合，展现集锦之美。圆明三园充分展示了中国古典园林平地造园、筑山理水的精湛技艺，是清代皇家园林“园中有园”的集大成者，以建筑为核心，各具特色又相互融合，展现独特的“集锦式”布局。其设计广泛，彰显帝王权威，同时融入儒、道、释思想，彰显皇家园林的独特魅力与深厚内涵。人文与自然的完美融合，使圆明三园成为中国园林艺术的璀璨瑰宝。

3. 建筑风格

圆明园内不乏仿建自中国各地，尤其是江南著名园林景观的众多景点。乾隆皇帝南巡后，在圆明园先后仿建了四处江南名园：仿江南海宁陈氏隅园而建的福海西北的安澜园、仿照杭州西湖汪氏园建造的小有天园、仿照江宁瞻园的如园、仿照苏州著名园林的狮子林。

圆明园西部山峰秀美，可远眺西山气势雄伟，仿佛置身庐山之巅，因此得名“小庐山”。坐石临流，仿自绍兴会稽山阴的兰亭，俗称“流杯亭”。乾隆四十四年（1779 年），收集到历代书法名家“兰亭序”帖六件，再加上大学士于敏中和乾隆皇帝自己的手迹，合为“兰亭八柱册”。乾隆皇帝让把此亭改建为八方，并换成石柱，每柱刻一帖，这就是著名的圆明园“兰亭八柱”。

圆明园内的主要建筑类型包括殿、堂、亭、台、楼、阁、榭、廊、轩、斋、房、舫、馆、厅、桥、闸、墙、塔，以及寺庙、道观、村居、街市等，应有尽有。其盛时的建筑样式，也几乎囊括了中国古代建筑可能出现的一切平面布局和造型式样，面积共约为 16 万平

方米，比故宫的全部建筑面积还多 1 万平方米。园中各景层层进深，形成了丰富多彩、自然和谐的整体美。

4. 宗教元素

圆明园内也有寺庙园林。安佑宫（又称“鸿慈永祜”）仿照景山寿皇殿的风格建造而成，是用来祭奉康熙、雍正皇帝的“神御”，也是园内的皇家祖祠，周围簇拥着高大的乔木。南端两对华表矗立，肃穆庄严。方壶胜境仿照仙山琼阁而建。据史料记载，此处有 2 200 多尊佛像、30 余座佛塔。建筑前部以汉白玉砌成“山”字形，延伸至水中，整体金碧辉煌。在清晨薄雾弥漫时，这座建筑若隐若现，仿佛琼阁瑶台的仙境。另一处佛教建筑是舍卫城，城内殿宇、房舍共 326 间，用于存放佛像，内有纯金、镀银、玉雕、铜塑等多种佛像，年年积累，数量可达数十万尊。圆明园遭受劫掠焚毁，舍卫城的损失无论在经济价值上还是在文化艺术价值上都难以估量。

5. 圆明园四十景

圆明园四十景，指的是圆明园中四十处景点，即正大光明、勤政亲贤、九州清晏、镂月开云、天然图画、碧桐书院、慈云普护、上下天光、杏花春馆、坦坦荡荡、茹古涵今、长春仙馆、万方安和、武陵春色、山高水长、月地云居、鸿慈永祜、汇芳书院、日天琳宇、澹泊宁静、映水兰香、水木明瑟、濂溪乐处、多稼如云、鱼跃鸢飞、北远山村、西峰秀色、四宜书屋、方壶胜境、澡身浴德、平湖秋月、蓬岛瑶台、接秀山房、别有洞天、夹镜鸣琴、涵虚朗鉴、廓然大公、坐石临流、曲院风荷、洞天深处。

“正大光明”，圆明园的正殿，是皇帝每年举行生日受贺、新正曲宴亲藩、小宴廷臣、中元筵宴、观庆龙舞、大考翰詹、散馆乡试及复试的地方。殿上悬雍正手书“正大光明”匾额。

“勤政亲贤”，即养心殿西暖阁前室，位于正大光明殿东面，为盛暑时皇帝办公之处，与养心殿明间相通，为皇帝召见大臣之所。

“九州清晏”位于前湖北岸，与正大光明殿隔湖相望，由三进南向大殿组成，第一进为圆明园殿，中间为奉三无私殿，最北为九州清晏殿；中轴东有“天地一家春”，为道光出生处；西有“乐安和”，是乾隆的寝宫；再西有清晖阁，北壁悬挂巨幅圆明园全景图（原图现存法国巴黎博物馆）。

“上下天光”位于后湖西北，为两层楼宇，登楼可尽览湖光水色。该景点仿《岳阳楼记》中对洞庭湖的描写“上下天光，一碧万顷”而建，为临湖楼房，上下三楹，左右有亭，楼后为平安院。

“杏花春馆”位于上下天光西面，馆舍东西两面临湖，西院有杏花村，馆前有菜圃。仿乡村景色而建，后进行大规模增建，景色更为精致。

“坦坦荡荡”，紧靠后湖西岸，仿杭州“花港观鱼”景，是圆明园中专设的养鱼区，四周建置馆舍，中间开凿大水池。此景位于后湖西岸，堆山低少，建筑小矮，以平坦见长，可将西山景色引入。

“万方安和”位于杏花春馆西面，是建于水上的字形大型殿堂楼宇，建于水中的建筑平面呈“卍”字形房屋，有 33 间，寓意天下太平。建筑基础筑在水底似孤悬水中，室内结构巧妙，冬暖夏凉，为雍正帝喜居之所。

“山高水长”是专门设宴招待外藩使者之处，也经常在此比武赛箭。隔河的土山平日是圆明园禁军练兵场所。此处有乾隆“土墙”诗碑。每年正月在此设宴招待外藩王公，欣赏烟火表演。东有皇子住所“十三所”。

“鸿慈永祜”又称“安佑宫”，位于圆明园西北隅，皇家祖祠。此景仿景山寿皇殿建造，建于乾隆七年，完全仿建故宫太庙，殿内曾陈列康熙、雍正、乾隆遗像。此为园内规格最高的建筑，采用黄色琉璃瓦和重檐歇山顶，九楹。殿门前为两道琉璃牌坊，各有华表一对。

“水木明瑟”位于后湖以北小园集聚区中央，仿扬州水竹居，室内用西洋式水力机构驱动风扇。此为中国皇家园林中用“泰西水法”水声造景的先例。

“廓然大公”，亦称“双鹤斋”，位于舍卫城东北面，是园中一组较大的建筑，主体建筑北濒大池，园内景色倒映水中犹然两景；另有诗咏堂、菱荷深处等景点。

“西峰秀色”，号称“园中小庐山”，仿照江西庐山改建；后垣的花港观鱼，仿照杭州西湖胜景而建。每年七夕，都在此摆设巧宴盛会。西面隔河为小匡庐，后有龙王庙。东为含韵轩、一堂和气、自得轩、岚镜舫，北部花港观鱼仿杭州西湖同名景色的意境。

“四宜书屋”，有殿堂五间，有别于绮春园四宜书屋。为乾隆南巡后，仿照杭州湾畔海宁一陈姓隅园改建。

“北远山村”，位于大北门内偏东，稻田遍布，各房舍名称都与农事有关，呈现浓郁田园景色，有兰野、绘雨精舍、水村图、稻凉楼、涉趣楼、湛虚书屋等建筑。

“方壶胜境”，位于福海水面东北隅，为一座巨大的“山字”形楼宇，是一组宗教建筑，它是圆明园内最壮丽的建筑群。

“蓬岛瑶台”，位于福海中央，共有三个岛，结构和布局根据唐代画家李思训的《仙山楼阁图》设计。

“澹泊宁静”，宫殿的外形是一个汉字的形状——“田”。“田”之意为耕地，农业是封建王朝的命脉，皇帝每年都要在此举行犁田仪式。

“平湖秋月”，仿杭州西湖平湖秋月景色，造型上融汇了杭州西湖平湖秋月和双峰插云的精华。

“曲院风荷”仿杭州西湖曲院风荷景色而建，主要建筑为九孔石桥。

“洞天深处”，位于勤政亲贤以东，有四座方形院落，为皇子读书居住之所。东北为皇家画馆如意馆。

“武陵春色”在万方安和东北，过石洞，池北为五楹敞轩壶中日月长，东为天然佳妙，南为洞天日月多佳景，再过山口为桃花坞、桃源深处、绾春轩、品诗堂。

“濂溪乐处”，圆明园中面积最大的园中之园，中心是被湖面环绕的岛，外围堆山环绕。正殿九楹，后为云香清胜，东为香雪廊、云霞舒卷，南为汇万总春之庙。

“汇芳书院”在紫碧山房之南，平面为眉月形，内有抒藻轩、涵远楼、随安室，隔溪的“断桥残雪”仿杭州西湖意境。

“夹镜鸣琴”，在福海南岸一座横跨水上的桥亭，取自李白“两水夹明镜，双桥落彩虹”之诗意。东为南屏晚钟、西山入画、山容水态，西有湖山在望、佳山水、洞里长春。

7.2.3.2　避暑山庄

避暑山庄始建于康熙四十二年（1703 年），历经清康熙、雍正、乾隆三朝，耗时 89 年建成，又名“承德离宫”或“热河行宫”，位于河北省承德市中心北部，是清代皇帝夏天避暑和处理政务的场所。避暑山庄以朴素淡雅的山野风情为主题，融合了自然山水的原始美，吸纳了江南和塞北的风光，是中国现存规模最大的皇家宫苑。避暑山庄分为宫殿区、湖泊区、平原区和山峦区四大部分。整个山庄东南多水，西北多山，展现了中国多样化的自然地貌，是中国园林史上的一座辉煌里程碑，也是中国古典园林艺术的杰作，堪称中国古典园林的最高典范。

1. 历史沿革

避暑山庄的营建，大致分为两个阶段。

第一阶段：从康熙四十二年（1703 年）至康熙五十二年（1713 年），开拓湖区，筑洲岛，修堤岸，营建宫殿、亭树和宫墙，使避暑山庄初具规模。康熙帝选园中佳景以四字为名题写了 36 景，史称“康熙三十六景”。

第二阶段：从乾隆六年（1741 年）至乾隆十九年（1754 年），乾隆帝对避暑山庄进行了大规模扩建，增建宫殿和多处精巧的大型园林建筑。乾隆仿其祖父康熙，以三字为名又题了 36 景，史称“乾隆三十六景”。两者合称“避暑山庄七十二景”。

2. 山庄布局

乾隆时期的避暑山庄是清代皇家园林中最大的一个，占地面积广阔，达到了 564 公顷。避暑山庄的建筑布局大体可分为宫殿区和苑景区两大部分，按“前宫后苑”形式规划。苑景区又可分成湖区、平原区和山区三部分（图 7–4）。

避暑山庄园墙设计巧妙地采用了城墙式的构造，并融入了雉堞的装饰元素。这种设计不仅体现了其作为“塞外宫城”的特殊地位，还赋予了园林一种独特的韵味。园墙的总长度超过了 10 千米，蜿蜒曲折的形态仿佛万里长城的缩影，展现了雄伟与壮观的景象。避暑山庄内设有五座城门式的园门，其中主入口位于南端，被命名为“丽正门”。宫廷区由三组平行排列的院落建筑群——正宫、松鹤斋和东宫组成。

正宫位于丽正门之后，由前后九进院落组成。南半部分为前朝区域，有五进院落，主建筑包括用楠木建造的澹泊敬诚殿。北半部分为内廷区域，主殿烟波致爽殿是皇帝的日常居所，其后殿为两层高的云山胜地楼，通过院中堆砌的假山作为外部通道。从楼上可以俯瞰整个苑林区，景色变幻莫测。内廷建筑通过连廊相连，空间既有隔离又通透，搭配花木和山石，营造出浓郁的园林氛围。

松鹤斋的建筑布局与正宫近似但略小，是皇后和嫔妃居住的地方。

避暑山庄里有一个院落，是曾经康熙皇帝读书的地方，称为“万壑松风”。其建筑布局灵活，以回廊连接，形成一种自由式的排列。从万壑松风望正宫和松鹤斋，苑林区的湖光山色尽收眼底，充分利用地形的特点，创造了引人入胜的观赏效果。

图 7-4　避暑山庄平面图

（图片来源：周维权《中国古典园林史》）

1—丽正门；2—正宫；3—松鹤斋；4—德汇门；5—东宫；6—万壑松风；7—芝径云堤；8—如意洲；9—烟雨楼；10—临芳墅；11—水流云在；12—濠濮间想；13—莺啭乔木；14—莆田丛樾；15—苹香沜；16—香远益清；17—金山亭；18—花神庙；19—月色江声；20—清舒山馆；21—戒得堂；22—文园狮子林；23—珠源寺；24—远近泉声；25—千尺雪；26—文津阁；27—蒙古包；28—永佑寺；29—澄观斋；30—北枕双峰；31—青枫绿屿；32—南山积雪；33—云容水态；34—清溪远流；35—水月庵；36—斗姥阁；37—山近轩；38—广元宫；39—敞晴斋；40—含青斋；41—碧静堂；42—玉岑精舍；43—宜照斋；44—创得斋；45—秀起堂；46—食蔗居；47—有真意轩；48—碧峰寺；49—锤峰落照；50—松鹤清樾；51—梨花伴月；52—观瀑亭；53—四面云山

东宫位于正宫和松鹤斋的东侧，地势较之稍低。其南侧紧邻德汇门。东宫由六进院落组成。其中包括一个设有先进舞台设备的三层楼高的大戏台——清音阁，适合进行大型演出。东宫的最北端是卷阿胜境殿，紧邻苑林区的湖泊景区。

避暑山庄的广阔苑林区包含了湖泊景区、平原景区和山岳景区三大主要部分，这三个景区的布局形成了一种平衡和谐的鼎立之势。这种布局不仅展现了避暑山庄的雄伟规模，也体现了清代园林设计的精妙和深邃。

避暑山庄的湖泊景区由人工开凿的湖泊及其岛堤和沿岸地带组成，总面积约为 43 公顷。整个湖泊由洲、岛、桥、堤划分为若干水域，这是清代皇家园林中常用的水体布局方式。湖中共有八个大小不等的岛屿，最大的如意洲占地面积为 4 公顷，而最小的仅有 0.4 公顷。西面的如意湖和北面的澄湖为最大的两个水域。如意湖的景观开阔，湖中的大岛——如意洲，通过名为“芝径云堤”的堤道与南岸相连。这条堤道设计独特，形状曲折多变，宽窄不一，模拟天然地形，美观且实用。其走向南北，与湖面的狭长形状相协调，也便于从宫廷区开始的游览路线。湖泊景区以江南水乡河湖为创作蓝本，达到“虽由人作，宛自天开”的境地，其尺度亲切近人，为北方皇家园林中理水的上品之作。

平原景区位于南临湖泊、东接园墙、西北依山的狭长地带，与湖泊景区南北连贯，面积相当。山岭自西而北绵延至平原尽头，与湖泊的柔美和平原的开阔形成鲜明对比。平原景区的建筑稀少，主要分布在山麓，凸显其开阔感。南缘的如意湖北岸，有四个风格各异的亭子，既是观水赏林的小景点，也是湖区与平原的过渡。平原北端与山岭交汇，建有园内最高的永佑寺舍利塔。此塔始建于乾隆十六年，仿照南京报恩寺塔，高耸挺拔，成为平原景区的点睛之笔。植物配置上，东半部的“万树园”种植了数千株榆树、柳树、柏树、槐树等，麋鹿在林间穿梭；西半部的“试马埭”则是一片如茵的草毡，展现了塞外草原的粗犷。这种江南水乡与塞外草原并存的特殊景观，在皇家园林中极为罕见，体现了“移天缩地在君怀”的政治意图。

山岳景区占全园三分之二，山势饱满，峰峦叠翠，形成连绵的轮廓线，主峰高耸，最高可达 150 米；土层丰厚，树木葱郁，赋予山岳浑厚的气势；沟壑纵横，但无悬崖峭壁，四条山峪为干道，便于登临游览。景区以优美的山形成为观赏焦点，兼具可游可居的特点。建筑布局隐而不显，疏朗有致，以凸显山庄的天然野趣。点景建筑仅四处，即南山积雪、北枕双峰、四面云山、锤峰落照，均为亭子，位于峰头，构成山区制高点网络。其余小园林和寺庙建筑群多建于幽谷深壑之中，有七座主要寺观建于山岳景区内。山地小园林依山就势，展现了中国传统山地建筑艺术的高水平，如碧静堂和秀起堂。山岳景区保留着大片原始松树林，松云峡尤为突出，松树密集。山庄内植物繁茂且品种多样，利用植物与地貌、禽鸟结合，营造了丰富多样的园林景观，在“七十二景”中，半数以上与植物相关。

避暑山庄三大景区各具特色：湖泊景区洋溢着江南风情，平原景区展现塞外风貌，山岳景区则象征北方名山。避暑山庄巧妙地将南北风光融为一体。

蜿蜒的山地宫墙如长城般壮观，“承德外八庙”如众星捧月，各具藏、蒙、维、汉民族特色。这一整体环境犹如清代统一多民族国家的缩影，与圆明园寓意相通。山庄不仅是避暑胜地，更是塞外政治中心，政治作用甚至超越其园林功能。这样的设计既增添了政治氛围，又体现了民族团结和国家统一的象征意义，因此避暑山庄成为清代皇家园林中的杰出代表。

3. 七十二景

避暑山庄是中国三大古建筑群之一，其最大特色是“山中有园，园中有山”，大小建筑有120多组，其中康熙以四字组成“三十六景”，乾隆以三字组成“三十六景”，这就是山庄著名的“七十二景”。其中非常出名的有松鹤斋、正宫、东宫、万壑松风殿、烟波致爽殿。

在康熙时期，皇太后在避暑山庄居住于西峪的松鹤清樾。到了乾隆十四年（1749年），乾隆帝在正宫东侧新建了一组八进院落的建筑，名为“松鹤斋”，供皇太后居住。当时，松鹤斋“常见青松蟠户外，更欣白鹤舞庭前”，庭院中还有驯鹿自由漫步。

正宫是宫殿区的核心建筑，占地1万平方米，由九进院落组成。正宫分为前朝和后寝两部分，前者是皇帝处理政务的地方，后者则是皇帝和后妃们日常生活的区域。澹泊敬诚殿是正宫的主殿，以珍贵的楠木建成，因此也称为“楠木殿”，是皇帝处理朝政事务的地方，也是举行各种盛大典礼的场所。

东宫位于松鹤斋东侧，地势较正宫和松鹤斋低。东宫中的大戏楼名为“清音阁”，外观高耸，三层，与故宫中的畅音阁、颐和园中的德和园大戏楼的形式相似，是处理政务和娱乐的场所。

万壑松风殿是万壑松风的主殿，康熙帝常在此接见官员、审阅奏章和读书写字。乾隆帝小时候被康熙帝带进宫培养时，就住在这里。后乾隆帝继位，将此殿改名为“纪恩堂”，以纪念康熙帝对他的培养。

烟波致爽殿位于万岁照房北面，经过门殿后，是正宫后寝部分的主殿，也是清代皇帝在避暑山庄的寝宫，被列为“康熙三十六景”之首。

4. 外八庙

在避暑山庄周围依照西藏、新疆藏传佛教寺庙的形式修建寺庙群，供西方、北方少数民族的上层朝觐皇帝时礼佛用。在避暑山庄的东面和北面，武烈河两岸和狮子沟北沿的山丘地带，共有十一座寺院。因分属八座寺庙管辖，其中的八座由清政府直接管理，故被称为“承德外八庙”。庙宇按照建筑风格分为藏式寺庙、汉式寺庙和汉藏结合式寺庙三种。这些寺庙融合了汉、藏等民族建筑艺术的精华，气势宏伟，极具皇家风范。这些寺庙也是当时清政府为了团结蒙古、新疆、西藏等地区的少数民族，利用宗教作为笼络手段而修建的。这些庙宇多利用向阳山坡层层修建，主要殿堂耸立突出，雄伟壮观。“外八庙”环绕避暑山庄而建，象征着中华民族大团结。

7.2.3.3 清漪园

1. 历史沿革

清漪园，亦即后来的“颐和园”，其历史可追溯到清代乾隆十五年（1750年），主体是万寿山和昆明湖。万寿山原名“瓮山”，昆明湖原名“西湖”。之前的西湖与现在的昆明湖大相径庭，与瓮山的关系也不同于今日。在乾隆时期，为给皇太后钮祜禄氏的六十寿辰庆寿，乾隆以整理西郊水系为由，大规模进行水系整理工程，选择西湖作为蓄水库做相应的开拓和疏浚，以便容纳更多的水量，西湖更名为“昆明湖”。经过疏浚，昆明湖湖面北扩至万寿山南麓，龙王庙成为湖中大岛南湖岛。湖东岸利用旧堤加固改造成东堤，北端设二

龙闸控制水量。东堤以东低洼地灌溉成水田。乾隆诗注中“其西更筑堤”指昆明湖纵贯南北的西堤。西堤以东水域宽广深邃，为昆明湖主体；西堤以西水域较小较浅，为附属水库，内设治镜阁和藻鉴堂两大岛，与南湖岛形成“一池三山”的皇家园林理水模式。干渠绕过万寿山西麓后分出支渠，连接小河泡形成“后溪河”，又称为“后湖”。这些改造使湖面与万寿山形成美景，万寿山如水中岛山，彻底改变了原西湖与瓮山的关系，为园林建设提供了优越基础。乾隆十六年正式命名为“清漪园”，整个园林占地面积约为 295 公顷。

2. 园林布局

园内万寿山东西绵延千米，山顶高出地面 60 米。昆明湖，其南北长度达到 1 930 米，东西最宽处为 1 600 米，是清代皇家园林中最大的水面。湖的西北端逐渐收窄为河道，环绕万寿山西麓，与后湖相连；南端则终止于绣漪桥，与长河相接。湖中，有一条长堤——西堤及其分支，以及三大岛屿——南湖岛、藻鉴堂和治镜阁，三座小岛——小西泠、知春岛和凤凰墩。

清漪园的设计灵感源自杭州西湖，昆明湖的水域布局、万寿山与昆明湖的相对位置、西堤在湖中的延伸及周围的环境均与杭州西湖相似。为了营造出更加宽广的视野和连续的自然景观，昆明湖的东、南、西三面并未设置宫墙，使园内与园外的景色融为一体。玉泉山、高水湖、养水湖、玉河与昆明湖、万寿山构成了一个和谐统一的风景体系，让人难以分辨园内与园外的界限。

宫廷区域位于园的东北角，东宫门作为园的主入口，前方设有影壁、金水河和牌楼，向东则有御道通往圆明园。外朝的正殿勤政殿坐东朝西，与二宫门、大宫门构成了一条东西向的中轴线。勤政殿以西则是广阔的苑林区，以万寿山脊为界，可分为前山前湖景区和后山后湖景区。

前山前湖景区占据清漪园 88% 的面积，展现了开阔的自然风光。前山即万寿山南坡，前湖则是昆明湖。此景区北依万寿山，南临昆明湖，西侧则是玉泉山与西山的连绵。前山面南，视野开阔，且靠近宫廷区和东宫门，成为建筑群的主要集中地。中央的大报恩延寿寺依山而建，建筑序列从山脚至山顶依次为天王殿、大雄宝殿、多宝殿、佛香阁等，构成明显的中轴线。东侧有转轮藏和慈福楼，西侧为宝云阁和罗汉堂，形成两条次轴线。转轮藏前立有乾隆帝御书的巨大石碑，宝云阁的正殿则是著名的“铜殿”。这组庞大的中央建筑群采用大式做法，形象华丽，色彩浓艳，为景区增添了浓厚的宗教氛围和艺术美感。其建筑布局与自然环境相得益彰，展现了人类智慧与自然美景的完美结合。

为了进一步提升前山的景观效果，长廊的建设至关重要。这条长达 750 米、拥有 200 余间的长廊，不仅提供了遮风挡雨的游览通道，还成为前山横向景观的重要组成部分。长廊与沿岸的汉白玉石栏杆相得益彰，共同勾勒出前山如碧玉般精致的轮廓。

中央建筑群的中部是一座气势磅礴的石砌高台，平面呈方形，边长 45 米，地面高 42 米。高台上曾有一座九层佛塔“延寿塔”，其设计灵感来源于杭州六和塔和南京大报恩延寿塔。然而，在乾隆二十三年（1758 年），这座塔在接近完工时被突然停建并拆除。乾隆二十五年（1760 年），在原址上改建为一座木构楼阁，被命名为“八方阁”，源于其八角形的独特设计，这是完工后未正式命名前的形象称呼，后来正式称“佛香阁”。

佛香阁，具有独特的八角形平面、四层外檐和三层内檐设计，高度超过 36 米，是园内体量最大的建筑。它矗立在半山腰，宝顶高耸，超越了山脊，展现出一种庄重而威严的气势，仿佛凌驾于万物之上，成为整个前山前湖景区的视觉焦点。佛香阁的存在，不仅提升了园林的艺术价值，也丰富了游客的观赏体验，成为整个景区不可或缺的一部分。

中央建筑群的规划布局充分利用观景和点景的优势，将佛香阁、五方阁等建筑置于高处。该处视野广阔，景色壮美，为游客提供观景的绝佳视角，游客漫步于塔台周围的游廊，可以尽享湖山美景。从游廊南望，建筑群南部的琉璃屋顶和院落尽收眼底。湖面上的南湖岛和一线西堤构成了一幅美丽的画卷。远眺则可见田野、平原延伸至天际，令人心旷神怡。东望，园外的田野、湖泊和村庄宛如一副精致的棋盘，衬托出皇家园林的壮丽景色。西望，玉泉山、西山与园内景色融为一体，形成了一幅气势磅礴的画卷。中央建筑群的规划设计不仅提升了清漪园的景观品质，更展现了中国古典园林建筑设计的卓越水平。

昆明湖被西堤及其支堤巧妙分为三区，东水域最大，中心是南湖岛，通过十七孔石拱桥与东岸相连。桥东南有大型八方重檐亭——廓如亭，与岛屿、桥梁相映成趣。南湖岛上龙王庙“广润灵雨祠”与四合房“澹会轩”分居东西方。岛北临水处建有仿武昌黄鹤楼的望蟾阁，与前山佛香阁形成对景，登阁可俯瞰四周。西堤以西两水域较小，也有中心岛屿。西堤贯穿昆明湖南北，上有六座桥梁，仿杭州西湖的“苏堤六桥”，其中五座为仿扬州亭桥，一座为著名的玉带桥。西堤南半段有景明楼，仿江南滨湖景致。忽略西堤，昆明湖水面布局展现皇家园林“一池三山”模式。颐和园是此模式的最后一座，也是硕果仅存的一座。

昆明湖东岸，十七孔桥以北矗立着象征镇水的铜牛，与湖西岸的耕织图建筑群隔湖相望，这种布局源于古老的“天人感应”思想和“牛郎织女”的神话，重现了西汉武帝在长安上林苑开凿昆明湖、雕刻牵牛织女像“以象天汉”的寓意。东岸北端，小岛上的知春亭与岸上的文昌阁、夕佳楼共同构成了一幅美丽的画面，是观赏湖景、山景以及园外玉泉山、西山美景的绝佳之地（图7-5）。

图 7-5　十七孔桥与铜牛

昆明湖西岸，南端停泊着乾隆训练水战船队的南船坞。中段临水的小台地上，畅观堂小园林建筑群静谧而雅致，从这里可以欣赏到湖景、山景及平畴的壮丽景色。北端的水网地带则是另一番景象，耕织图建筑群隐匿其中，包括延赏斋、蚕神庙、织染局和水村居等建筑，体现了封建王朝对农桑的重视。整个建筑群融入水网密布、河道纵横、树木繁茂的自然环境中，充满了江南水乡的风情。

清漪园后山后湖景区占全园12%，环境幽闭，景观幽深静谧。后山东西两端分别建置两座城关——赤城霞起和贝阙城关，中央有庄严肃穆的须弥灵境佛寺，与三孔石桥、北宫

门构成中轴线，连接各景点，使景区和谐统一。

后山的主体建筑群须弥灵境建筑群南北对称。北半部为汉式建筑，含寺前广场、配殿及大雄宝殿，分三层台地；南半部则融合藏汉风格，建于 10 米高的大红台上，包括香严宗印之阁、四大部洲殿、八小部洲殿等。此建筑群与承德普宁寺北半部相似，均仿西藏桑耶寺，约建于乾隆二十三年，被誉为姊妹作。

后山西半部有云会寺、赅春园等景点，多依山而建，小巧灵活，利用地形，呈小型园林格局。东半部含善现寺、花承阁等，亦近山脊，有城关、亭、榭等建筑，均与地形和谐相融，展现多样变化。后山东麓的惠山园和霁清轩为小园林。惠山园是仿照著名的寄畅园而建的，在园中自成一局，有“园中之园”之称，嘉靖十六年（1811 年）改名为“谐趣园”。

后湖河道长约 1 000 米，蜿蜒于后山北麓，水面随山势变化，收放自如，开合变化，富有趣味，形成“山重水复疑无路，柳暗花明又一村”的景象。后湖中段，两岸商铺紧密，是“后溪河买卖街”，又名“苏州街”（图 7-6），全长 270 米。这里行业齐全，店面设计独特，融合了北京牌楼、牌坊、牌子风格。

图 7-6 颐和园苏州街

清漪园绿化丰富，仿照杭州西湖的荷花和堤柳。前山以松柏为主，寓意长寿永固、高风亮节；后山则混合种植多种落叶树，展现季相变化，还少量种植名贵的白皮松。湖边和堤上多植柳树、桃树，形成江南水乡景色。平坦地段和庭院内则种植竹子和花卉，如惠山园以竹丛为景，乐寿堂有著名的“香雪海”玉兰花。殿堂庭院则以松柏为主，间以花卉和山石。

清漪园的造景模拟和汲取杭州西湖风景的精粹，并结合自身特点，是清代皇家园林中模拟最成功的一例，也足以说明中国的山水风景与山水园林之间的密切联系。清漪园反映了中国山水园林的独特魅力，以及在园林中融合自然景观和人工艺术的能力，表现了中国园林艺术的卓越水平和对自然美的深刻理解。

清漪园的总体规划不仅仅局限在园林本身，还着眼于西北郊全局，形成以“三山五园”为主体的大环境，即香山静宜园、玉泉山静明园、万寿山清漪园、圆明园、畅春园。

1860 年，清漪园遭英法联军焚毁，自此长期荒废。1888 年，西太后用海军经费将之修复，改名“颐和园”。颐和园重建时正值清王朝内忧外患，经济和政治方面都面临巨大的挑战，中国传统园林艺术逐渐衰落，由当年的高峰一落成为低潮。颐和园的重建从侧面反映了这样一个由盛而衰的历史过程（图 7-7）。

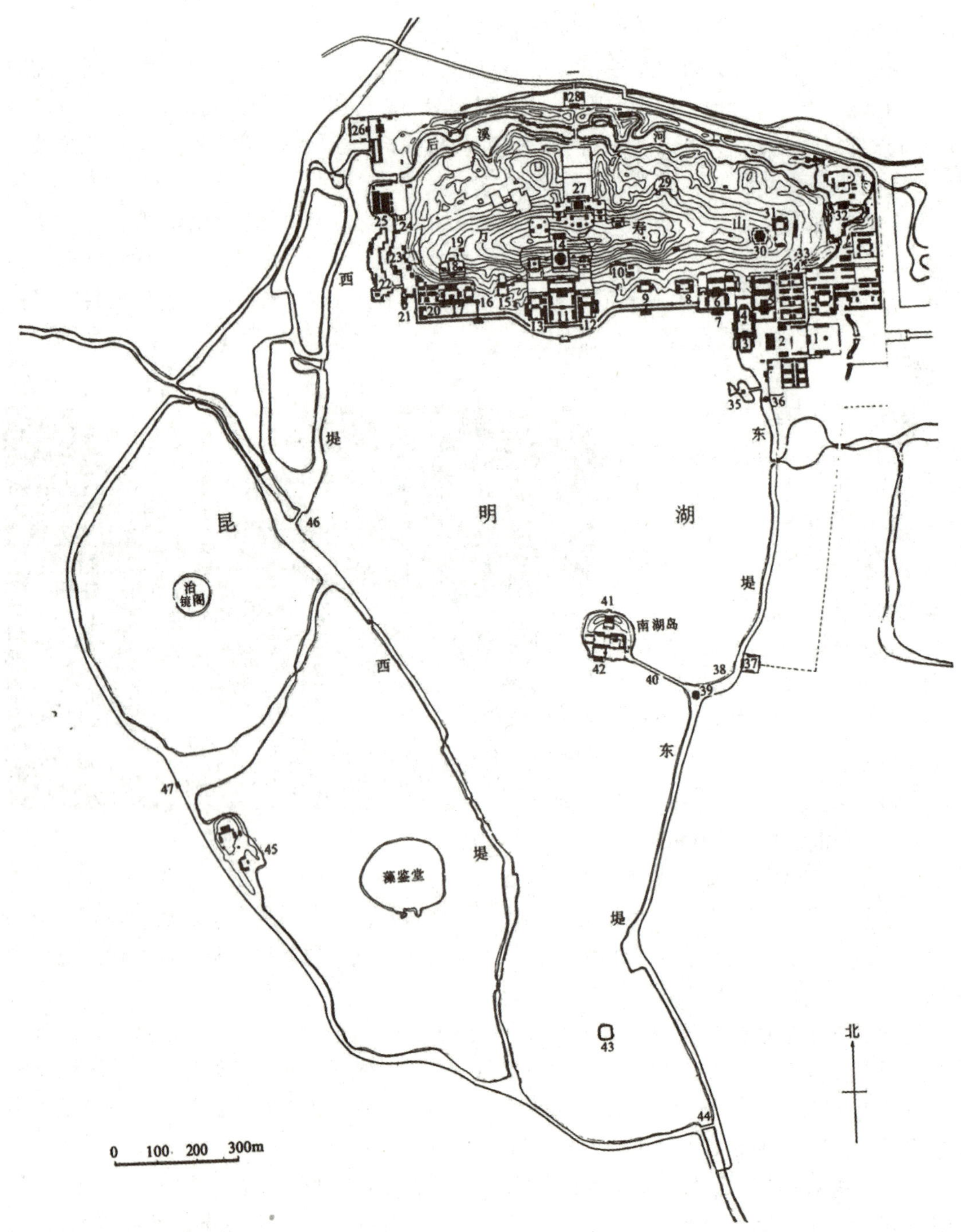

图 7-7 颐和园平面图

（图片来源：周维权《中国古典园林史》）

1—东宫门；2—仁寿殿；3—玉澜堂；4—宜芸馆；5—德和园；6—乐寿堂；7—水木自亲；8—养云轩；9—无尽意轩；10—写秋轩；11—排云殿；12—介寿堂；13—清华轩；14—佛香阁；15—云松巢；16—山色湖光共一楼；17—听鹂馆；18—画中游；19—湖山真意；20—石丈亭；21—石舫；22—小西泠；23—延清赏；24—贝阙；25—大船坞；26—西北门；27—须弥灵境；28—北宫门；29—花承阁；30—景福阁；31—益寿堂；32—谐趣园；33—赤城霞起；34—东八所；35—知春亭；36—文昌阁；37—新宫门；38—铜牛；39—廓如亭；40—十七孔长桥；41—涵虚堂；42—鉴远堂；43—凤凰墩；44—绣漪桥

7.2.4　皇家园林的主要成就

乾隆和嘉庆年间，皇家园林建设达到历史巅峰，技艺卓越，规模宏大，凸显皇家气派，其成就主要体现在以下五方面。

（1）人工山水园与天然山水园，各有千秋，各具特色。

（2）突出建筑的造景作用，成为园林局部乃至整体构图的焦点。在皇家园林中，建筑风格丰富多样，各具特色。

（3）全面引进江南园林的技艺：引进江南园林的造园手法；再现江南园林的主题；具体仿建江南名园。

（4）蕴含复杂多样的象征寓意。例如，圆明园九岛环列象征“禹贡九州”，传达“溥天之下，莫非王土”之意，避暑山庄及其环园建筑布局则象征多民族封建国家的权威与繁荣。

（5）皇家大型园林内有规模宏大的佛寺，反映了清王朝巩固统治及与蒙、藏民族的联系。佛寺建筑达到巅峰，与园林完美融合，体现儒、道、释对造园艺术的影响。

乾隆时期是我国皇家园林建设的高潮期，宫廷造园艺术达到巅峰。但随着封建社会的衰落和外国侵略的影响，宫廷造园艺术逐渐式微。皇家园林的兴衰反映了中国近代历史的剧变。

交流讨论

探讨这一时期皇家园林设计中古代匠人是如何表达对自然的尊重以及追求与自然和谐共生理念的。

知识拓展一：中国古建筑屋顶等级

中国古代建筑屋顶的四种基本形态是：硬山、悬山、歇山和庑殿。其中，歇山和庑殿可以进一步发展为重檐建筑，即重檐歇山与重檐庑殿。古建筑屋顶等级从高到低依次为：重檐庑殿顶→重檐歇山顶→庑殿顶→歇山顶→悬山顶→硬山顶。其中庑殿顶多用于宫殿、坛庙等高等级建筑，其他官府和民居都不得采用这种屋顶。北京故宫太和殿、山东泰安岱庙的天贶殿及山东曲阜孔庙的大成殿，都采用了重檐庑殿顶——最高等级的屋顶。

（资料来源：微信公众号“苏州园林研究所”《中国古建筑屋顶》，有删减）

知识拓展二：古建筑屋檐上的走兽

中国传统建筑屋顶脊饰统称“五脊六兽”。脊兽是指古建筑屋脊上安放的兽件。皇宫重要大殿的屋脊上都有一位仙人带领九个小兽的“仙人走兽”组合。次要一点的如中和殿、交泰殿则有七个小兽。厅堂、配殿只用前面五个小兽。御花园的小亭上只有三个小兽。紫禁城太和殿屋顶为了彰显至高无上的地位，则有绝无仅有的十只小跑。这儿的走兽多了一个“行什”。《钦定大清会典》记载，太和殿屋脊上的“骑凤仙人”后面跟着是个异兽依次为：龙、凤、狮子、天马、海马、狎（xiá）鱼、狻（suān）猊（ní）、獬（xiè）豸（zhì）、斗（dǒu）牛、行什（图 7–8）。民间有个口诀：“一龙二凤三狮子，天马海马六狎鱼，狻猊獬豸九斗牛，最后行什像个猴。”

（资料来源：微信公众号“文博考研工作室”《古建筑屋檐上的走兽——屋脊兽》，有删减）

图 7-8　太和殿屋顶的脊兽

知识拓展三：九龙壁

九龙壁（图 7–9）属于古建筑照壁的一种。照壁古时也称“隐壁”，是中国传统建筑中用于遮挡视线的墙壁。设在院门内的屏墙称为“隐”，防止院内景象被一览无余；设在院门外的屏墙称为“壁”，用来界定空间范围。目前仅存的三座九龙壁有山西大同代王府九龙壁（始建于 1392 年）、北京北海公园九龙壁（始建于 1756 年）、北京故宫博物院九龙壁（始建于 1772 年）。大同九龙壁年代最早、体积最大，壁前建有独特的倒影池景观；北海九龙壁双面饰龙，龙的数量最多；而故宫九龙壁材质最精致，规格最高。

（资料来源：钮利民 . 九龙壁　北京卷　故宫博物院 . 北京：北京出版社，2024.）

图 7-9　北京故宫博物院九龙壁

知识拓展四：藻井

在中国古代建筑内部，尤其是等级较高的建筑的天花板之上，经常能看到“穹然高起，如伞如盖”的突起型建筑空间，给观者以庄严、肃穆、空旷的感觉，这就是

"藻井"。藻井，即高级的天花，是中国古代建筑中的特色结构，一般用在殿堂明间的正中，如帝王御座、神像佛座之上，吸引眼球。目前，国内现存最早的藻井是天津市蓟州区独乐寺观音阁上的木质藻井（图 7-10）。

（资料来源：微信公众号"研学建筑"《什么是藻井》，有删减）

图 7-10　独乐寺观音阁上的木质藻井

知识拓展五：烫样

紫禁城古建筑在建造前，要经过皇帝批准，即需要审核它们的实物模型，这种实物模型，就是烫样。烫样即古建筑的立体模型，目的是给皇帝展示拟建造建筑的三维效果。一般用纸张、秫秸、油蜡、木头等材料加工而成。清代的皇家建筑样式的专门设计机构是样式房。烫样一般要将建筑原型按一定的比例缩小，常用的比例有 5 分样（1∶200）、寸样（1∶100）、2 寸样（1∶50）、4 寸样（1∶25）、5 寸样（1∶20）等。

［资料来源：周乾．紫禁城古建筑烫样．北京档案，2017（10），有删减］

知识拓展六：蒯祥——香山帮工匠的祖师爷

文献记载，天安门的设计者是明朝的建筑天才蒯祥。蒯祥（1398—1481），江苏苏州人。据明史资料中记载，蒯祥在建筑学上的创造非比寻常，达到炉火纯青的境界。他精于尺度计算，每项工程施工前，都会详细计算，以保证竣工之后位置、距离、大小、尺寸都与设计图分毫不差，有"蒯鲁班"之称。他曾参与或主持了多项重大工程，如北京天安门城楼、故宫等。蒯祥身历六朝，是苏州"香山帮"匠人的鼻祖。

［资料来源：蒯祥与天安门．中国地名，2000（2），有删减］

知识拓展七：中国古典四大园林

中国最有名的四大古典园林，分别是北京的颐和园、河北承德的避暑山庄、苏州的拙政园和留园。

知识拓展八：江南四大名石

江南四大名石：苏州留园的"冠云峰"、苏州十中的"瑞云峰"、上海豫园的"玉玲珑”、杭州西湖曲院风荷的“绉云峰”。其中，冠云峰、瑞云峰、玉玲珑是太湖石，欣赏标准以“瘦、漏、透、皱”为美；而绉云峰是出自广东英德的英石峰（图7-11～图7-14）。

图 7-11　留园“冠云峰”

图 7-12　苏州十中“瑞云峰”

图 7-13　豫园“玉玲珑”

图 7-14　杭州“绉云峰”

（资料来源：微信公众号“苏州园林”《江南名石录》，有删减）

7.3　江南的私家园林

自六朝时起，江南就是园林的兴盛之地。明清时期，商品经济日益发达，享乐奢靡之风盛行，江南私人园林的营建也达到了顶峰。

7.3.1　扬州园林

扬州园林具有“南秀北雄”的风格。扬州园林在明末清初相当繁荣，到了清代乾隆年间更是达到了鼎盛状态，赢得了“扬州园林甲天下”的美誉。扬州园林的建筑风格独特，内外装修精美，花木品种繁多，叠石筑山技艺高超，在中国古典园林中占据重要地位。

自清代康熙年间起，扬州园林逐步从城内扩展至城外西北郊的保障湖一带，充分利用河湖景观。这一区域兴建了众多别墅园林，以狭长湖面为背景，巧妙地利用地形，使湖畔景色更加秀美。同时，园林内的建筑如堂、亭、阁等，既满足了功能需求，又增添了景致，

实现了与周边自然环境的和谐融合。乾隆时期，扬州园林迎来了鼎盛时期。例如，小盘谷、片石山房、瘦西湖和个园等园林都是扬州园林的代表。

1. 小盘谷

清代叠山大师戈裕良在扬州创作了“小盘谷”假山，用“大小石钩带联络之法”来叠造石洞，堪称园林工程的一项创新。该假山气势磅礴且精致入微。

小盘谷位于江苏扬州大树巷，现仅存西半部，占地面积约为 0.3 公顷。此园为小型宅园，邻邸宅东侧，入园经月洞门（门额书“小盘谷”），内为小庭院，有花厅和土石假山。绕过花厅，见假山水池，展现收放对比的园林设计手法（图 7-15）。

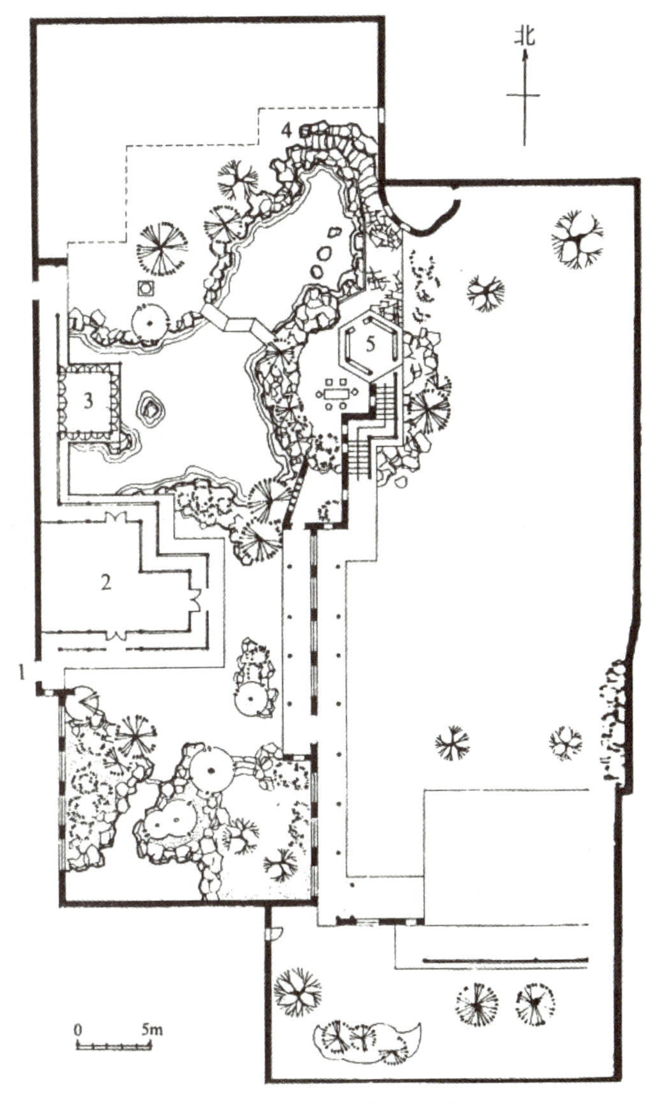

图 7-15　小盘谷平面图

1—园门；2—花厅；3—水榭；4—水流云在；5—风亭

花厅北半部设计成曲尺形，北侧有水榭枕流，与隔岸的太湖石大假山相互呼应，这是小型园林的经典布局。水池虽小却巧妙地分为两个区域，丰富了水面的层次和视觉效果。通过曲桥，可以抵达对岸的山洞口，洞内幽深，设有棋桌，是休闲纳凉的好去处。山洞出口临水，游客可循石阶下至水面，再经水上的步石和岩道，到达园北端的花厅。厅前大假山尽头有蹬道可登山，山顶为“水流云在”谷口。山顶建有“风亭”，可俯瞰园林全景，远眺园外风光。大假山全用太湖石堆叠，被称为“九狮图山”，是江南叠山的代表。水池岸线曲折，全部用太湖石驳岸，形成小孔穴，仿佛水流冲刷而成。这是扬州园林常用的手法，展现江湖万顷的壮观景象。整个园林设计巧妙，既有江南园林的精致，又不失壮阔气势。此园虽小但布局紧凑，空间变化丰富，主次分明，展现江南小型宅园的精致、幽深、含蓄风格。

2. 片石山房

片石山房，又名“双槐园”，位于风景秀丽的江苏扬州南城花园巷，是何园的组成部分。相传片石山房的假山石出自清代大画家石涛之手，可谓石涛叠石的“人间孤本”了。片石山房叠山之妙，在于独峰耸翠，秀映清池，当得起“奇峭”二字（图 7–16）。

园内假山别具一格，以湖石紧贴墙壁堆叠为假山，采用“下屋上峰”的处理手法。主峰堆叠在两间砖砌的“石屋”之上。山上有一株寒梅，东边山巅还有一株罗汉松，树龄均超百年。山腰有石磴道，山脚有石洞屋两间，整个山体均为小石头叠砌而成，故称“片石山房”。山体环抱水池。

图 7-16　片石山房

片石山房门厅处有一滴泉，形成“注雨观瀑”之景。水池前一厅为复建的水榭，厅中以石板进行空间分隔，一边为书屋，另一边为棋室，中间是涌泉，并配置琴台，琴棋书画合为一体。在水池的南面有三间水村，与假山主峰遥遥面对，高山流水，符合石涛的诗意：“白云迷古洞，流水心澹然。半壁好书屋，知是隐真仙。”

3. 瘦西湖

瘦西湖原名“保障湖”，位于江苏省扬州市邗江区，是京杭大运河扬州段的支流延伸至蜀岗的平山堂。其因河道曲折多变，景色清丽，而与杭州的西湖相提并论。清代诗人汪沆曾赋诗赞曰：“垂杨不断接残芜，雁齿虹桥俨画图。也是销金一锅子，故应唤作瘦西湖。”自此，“瘦西湖”之名逐渐取代了保障湖，成为广为人知的风景胜地。

瘦西湖不仅是私家园林的聚集地，还是一处具有公共园林性质的水上游览区。湖中笙歌画舫昼夜不断，游船款式繁多。瘦西湖是乾隆帝南巡时的必经之路。盐商们为了取悦皇帝，在两岸精心布置了园林。乾隆年间，瘦西湖的园林建设达到顶峰，“瘦西湖二十四”景美不胜收，大部分园林一园一景，景名即园名，也有一园多景的设计。园林沿湖两岸连续展开，形成一幅长卷式的画面，通过河道的转折、岛屿和桥梁的布置，营造出起承转合的韵律感。

4. 个园

个园位于江苏省扬州市盐阜东路 10 号，南临东关街，占地面积为 0.6 公顷，是清代扬州盐商黄应泰在原明代“寿芝园”的基础上拓建的私家园林。因园主别号及园内多竹，竹叶形状似一个简写的“个”字，故名“个园”。个园以叠石艺术而著名，笋石、湖石、黄石、宣石叠成的春夏秋冬四季假山，融造园法则与山水画理于一体，被园林专家陈从周先生誉为“国内孤例”。

全园分为中部花园、南部住宅、北部品种竹观赏区。从住宅进入园林，首先看到的是月洞形园门，门上石额书写“个园”二字（图 7–17）。园门后是春景，夏景位于园之西北，秋景在园林东北方向，冬景则在春景东边。

春山入口有竹配石笋花坛，有雨后春笋节节高的春天意境。入口处的假山群中，巧妙

布置了 12 块天然象形石，寓意“冬去春来，万物复苏”。绕过假山至正厅宜雨轩（桂花厅），南植桂，北有水池，北楼抱山楼可俯瞰全园。抱山楼西侧是夏山，是一座高约 6 米的太湖石假山。山上树木茂盛，山下池水流入洞屋，宽敞幽静，流水潺潺，带来夏日清凉之意。

图 7-17　个园入口

抱山楼东侧，是一座高约 7 米的黄石假山，即“秋山”。主峰居中，两侧峰峦拱列，形象丰富，有峰、岭、峦等，构图遵循画理，仿石涛画黄山技法。假山正面朝西，黄石纹理刚健，色泽微黄。山顶有四方小亭，可俯瞰群峰，松柏、玉兰点缀其间，构成自然画卷。黄石大假山中藏有小院、石桥、石室，石室依山而建，设有窗洞、门穴及石凳石桌，可容纳十余人。石室外为幽深洞天，四周环山，中央有石和桃树，增添生机。此假山秋意浓浓，是扬州叠山杰作，设计精妙，在园林中实属罕见。

个园东南角有座透风漏月厅，厅前是半封闭庭院，是园内冬山所在。假山置于背阴处，白色晶粒似积雪，似冬日白雪皑皑。南墙有小圆孔，微风穿过似北风呼啸，用声响增强冬日氛围。西墙有大圆洞，隐约可见春山，预示春天将至。

个园因精湛的假山堆叠技艺而远近闻名。园内假山独具匠心，通过分峰用石的手法，营造出四季特色的“四季假山”，这在古典园林中独树一帜。春景假山以石笋和竹子相配，展现生机盎然；夏景则以太湖石山与松树相映，呈现苍翠欲滴的景象；秋景假山用黄石山与柏树构成，明净如妆；而冬景假山则采用雪石，不植任何植物，凸显寒冷孤寂之感。四季景色因此更加鲜明。假山以三维形象生动诠释了画论中的“春山淡冶而如笑，夏山苍翠而如滴，秋山明净而如妆，冬山惨淡而如睡”，以及“春山宜游，夏山宜看，秋山宜登，冬山宜居”的画理。这些假山环绕园林四周，透过冬山的墙垣圆孔可窥见春日景色，寓意四季轮回、周而复始的哲理（图 7–18）。

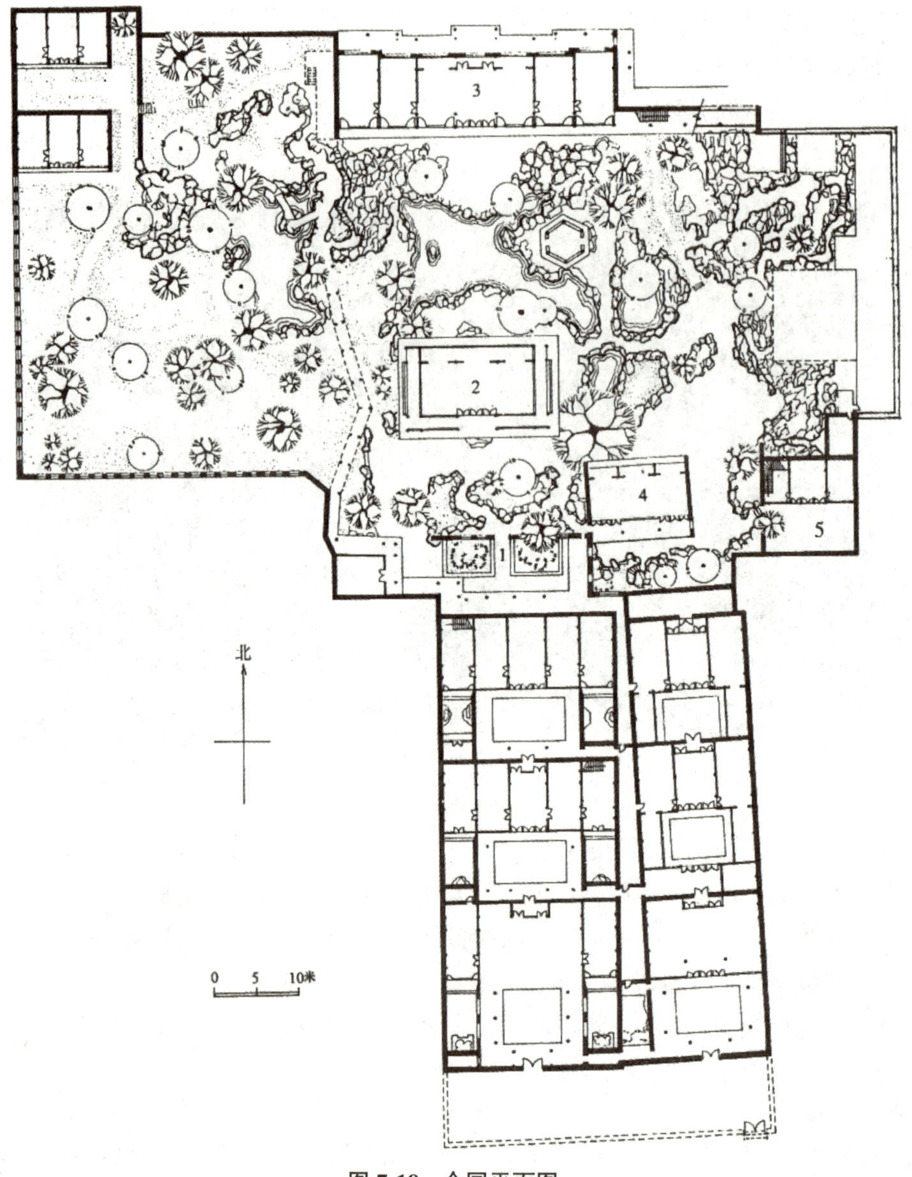

图 7-18 个园平面图

（图片来源：陈丛周《扬州园林》）

1—园门；2—桂花厅；3—抱山楼；4—透风漏月；5—丛书楼

7.3.2 苏州园林

清代同治以后，江南地区的私家造园活动的中心逐渐转移到太湖附近的苏州。同治、光绪年间，苏州经济复苏，与上海之间交通便利，吸引官僚、军阀定居，亦涌入地主、资本家。宋代的沧浪亭、元代的狮子林、明代的拙政园等园林得以修复但原貌多失。同时，他们新建了大量住宅园林，占苏州园林九成以上，多集中在苏州城内。20 世纪 50 年代，苏州城内尚有 188 处完整住宅园林，这足以凸显苏州园林在江南的卓越地位。

1. 拙政园

拙政园位于苏州市姑苏区东北街，由明初御史王献臣所建，后经历多次易主与改建。拙政园的园门需经过一条长长的夹道才能进入腰门。踏入腰门之前，迎面有一座小型的黄石假山，它如屏障一般，挡住了整个园景，使游客不能一览无余。这是一种巧妙的手法，通过这种方式在空间上制造了大小的转换、开合和对比。

拙政园总面积达到了 4.1 公顷，是一座大型的宅园。园内分西、中、东三部分：西部的补园、中部的拙政园和东部的新园。中部是整个园林的核心和精华所在，其主要景区以一个大水池为中心，水池蜿蜒曲折，有聚有分，宛如一幅自然的水墨画卷。水池中间有两座土山，分别位于东、西两侧，将水池分为南、北两个区域。西山较大，山顶上建有一个长方形的亭子，名为“雪香云蔚亭”；东山较小，山后建有一个六角形的亭子，名为“待霜亭”。这两座亭子相辅相成，形成了一种对比的景致。土山的阳面用黄石砌筑，错落有致，背阴的一面则是土坡和苇丛，呈现出野趣十足的景色（图 7-19）。

西山的西南角，有一座六边形的亭子，名为“荷风四面亭”，位于水池中央。亭子的西、南两侧各有一座曲桥，将水池分为三个相互连接的水域。西桥通向“柳荫曲路”，南桥通向“南轩”，成为整个园林的交通枢纽。穿过水池往北，进入拙政园中部的主体建筑物，其名为“远香堂”，取自宋代周敦颐的《爱莲说》中的“香远益清，亭亭净植”之意。这座堂面宽阔，设有落地长窗，在堂内可以欣赏到四周的景色，就像一幅长幅画卷展现在眼前。夏天，池塘中的荷叶盛开，清香四溢。它与西山上的“雪香云蔚亭”隔水相望，构成园林中部的南北中轴线。

“远香堂”的西侧沿着曲廊向南折，水体分出的一个支流，一直延伸到园墙边。水上有一座廊桥叫作“小飞虹”（图 7-20），穿过桥往南是“得真亭”，然后是一座水上水阁，其名为“小沧浪”。它与小飞虹相对，周围有亭子和廊子，构成一个独立幽静的水院。从小沧浪向北眺望，在这个约七八十米长的水尾上，透过亭子、廊子和桥梁三个层次，可以看到最北端的见山楼，这增添了景观的深远感和层次感。得真亭面向北，前面种植了四棵圆柏，成为亭前的主要景观。圆柏在霜雪中不凋零，象征着坚强的品质，因此取西晋左思的《招隐》中的诗句“峭蒨青葱间，竹柏得其真”的意思，命名为“得真亭”。

从得真亭向北拐，是一座黄石假山，其西侧是一个清静的小庭院，名为“玉兰堂”。庭院内主要种植了玉兰花，周围有修竹和湖石。假山的北面临水，形状仿照了舟船，被称为“香洲”，它的后舱有两层称为“澄观楼”。从玉兰堂向北，来到水池的最西端，有一个半亭名为“别有洞天”，它与水池最东端的小亭“梧竹幽居”形成了东西向的次轴线。梧竹幽居亭的四周都是月洞门，通过这些洞门可欣赏到不同的“框景”。

见山楼位于水池的西北岸，三面临水。西侧的爬山廊直接通向楼上，可以遥望对岸的雪香云蔚亭、南轩、香洲等地。爬山廊的另一端连接到曲折的游廊，通往略有起伏的平地，形成了两个相互通透且不规则的廊院空间，这些地方都种满了垂柳，被称为“柳荫路曲”。往西穿过半亭，就来到了西部的“补园”。

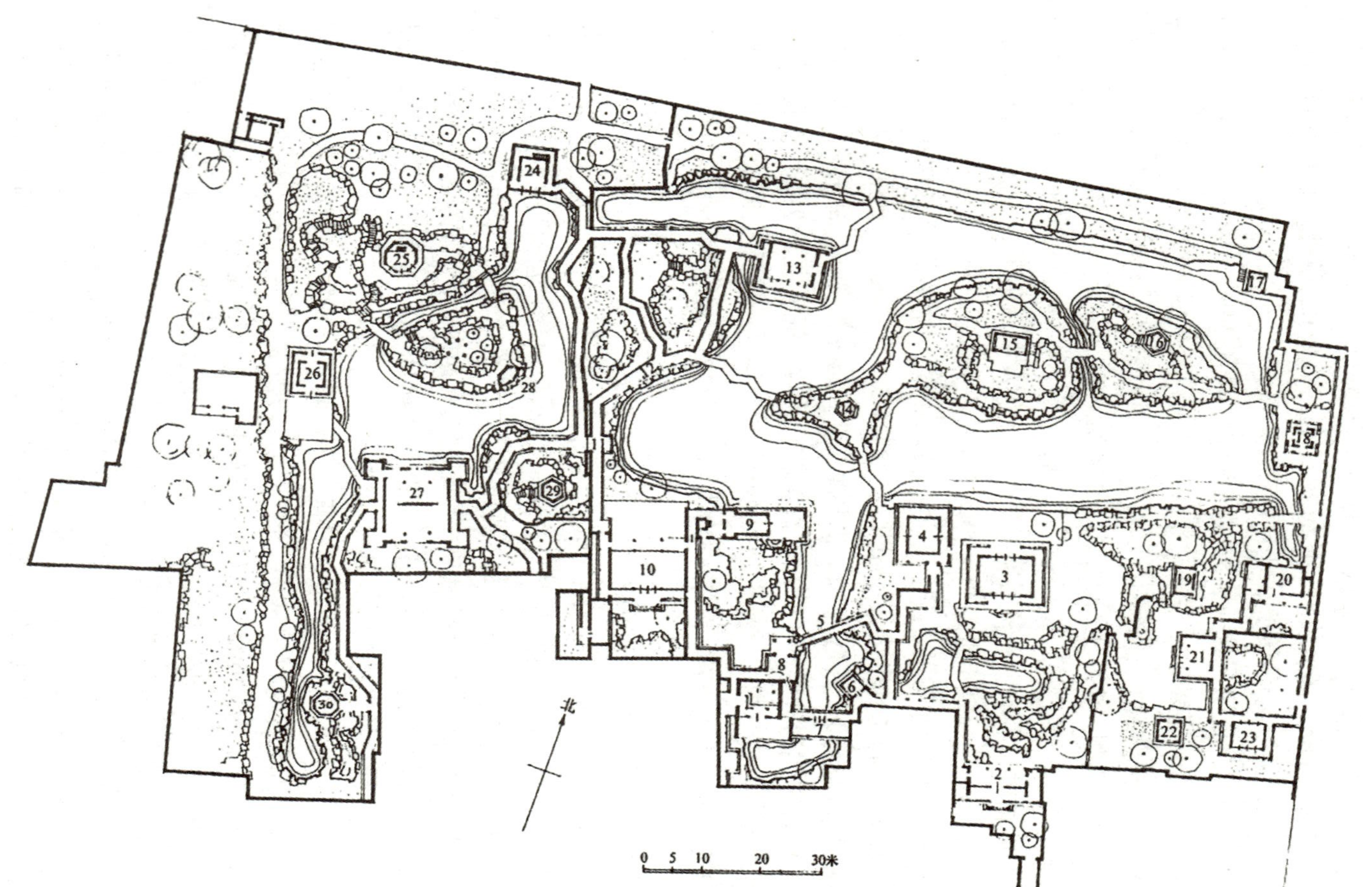

图 7-19　拙政园中部及西部平面图

（图片来源：周维权《中国古典园林史》）

1—园门；2—腰门；3—远香堂；4—倚玉轩；5—小飞虹；6—松风亭；7—小沧浪；8—得真亭；9—香洲；10—玉兰堂；11—别有洞天；12—柳荫路曲；13—见山楼；14—荷风四面亭；15—雪香云蔚亭；16—北山亭；17—绿漪亭；18—梧竹幽居；19—绣绮亭；20—海棠春坞；21—玲珑馆；22—嘉实亭；23—听雨轩；24—倒影楼；25—浮翠阁；26—留听阁；27—三十六鸳鸯馆；28—与谁同坐轩；29—宜两亭；30—塔影亭

图 7-20　小飞虹

远香堂东南面，有一个叫作“枇杷园”的小园，被云墙和假山分隔出来，相对独立。这个园内有茶室、亭榭等建筑物，布置了一大片草地，具有明快开阔的特色。

拙政园的中部园林空间丰富多变，或开敞，或半开敞，或封闭，形成一定的序列组合，就像前奏、承转、高潮、过渡、收束等环节，表现以“动观”为主、“定观”为辅的诗一般的组景韵律感，最大限度地发挥其空间组织上的开合变幻的趣味和小中见大的特色。

西部的补园以大水池为中心，水面有聚有散，聚处以辽阔见长，散处以曲折取胜。池中小岛东南角的“与谁同坐轩”小亭（图 7-21），取自北宋苏轼《点绛唇 · 闲倚胡床》里的词句“闲倚胡床，庾公楼外峰千朵。与谁同坐，明月清风我。”其形象别致，是观景佳地，于此可环眺三面景色。小亭与西北的“浮翠阁”形成对景。池东北为狭长水面，西岸山石林木自然，东岸水廊随势起伏，轻盈飘然。水廊北端连接“倒影楼”，作为水面的收束，左侧是水廊，右侧是自然景色，倒影映于水面，生动活泼。南端的小亭“宜两亭”建于假山之巅，与倒影楼隔池相望，于此既可俯瞰西部园景，又能借中部之景，因此得名“宜两”。

图 7-21　与谁同坐轩

宜两亭西侧是主体建筑“鸳鸯厅”，其平面呈方形，四角有耳室供仆人侍候。厅中间用隔扇分为南、北两半。南半厅名为“十八曼陀罗花馆”，种有山茶花，南侧为邸宅；北半厅名为“三十六鸳鸯馆”，挑出于水池之上。主体建筑“鸳鸯厅”虽体形庞大，但整个空间尺度略显失调，池面显得逼仄。

馆西有曲桥通达的“留听阁”，因唐代诗人李商隐“留得残荷听雨声”之句而得名，昔日荷花满池。由此向北，蹬道蜿蜒至山顶的“浮翠阁”，此处虽为全园制高点，但体量偏大，影响了园林的和谐。留听阁以南水面狭长，匠师们于南端建了“塔影楼”，与留听阁相互呼应，巧妙化解了水体的呆板。东部原址已改，1959 年重建为休憩游览之地，这里有大片草地、茶室、亭榭等建筑物，呈现明快开朗的风格，但已非旧观。

2. 留园

留园坐落在江苏省苏州市阊门外，其前身是明代废弃的“东园”。东园经多次易主，清代乾隆年间为刘恕所得，扩建后易名“寒碧山庄”（或称“刘园”），以石景著称。同治十二年（1873 年），江苏常州人盛康购得此园，扩建重建，将刘园更名为“留园”，其占地面积约为 2 公顷（图 7-22）。

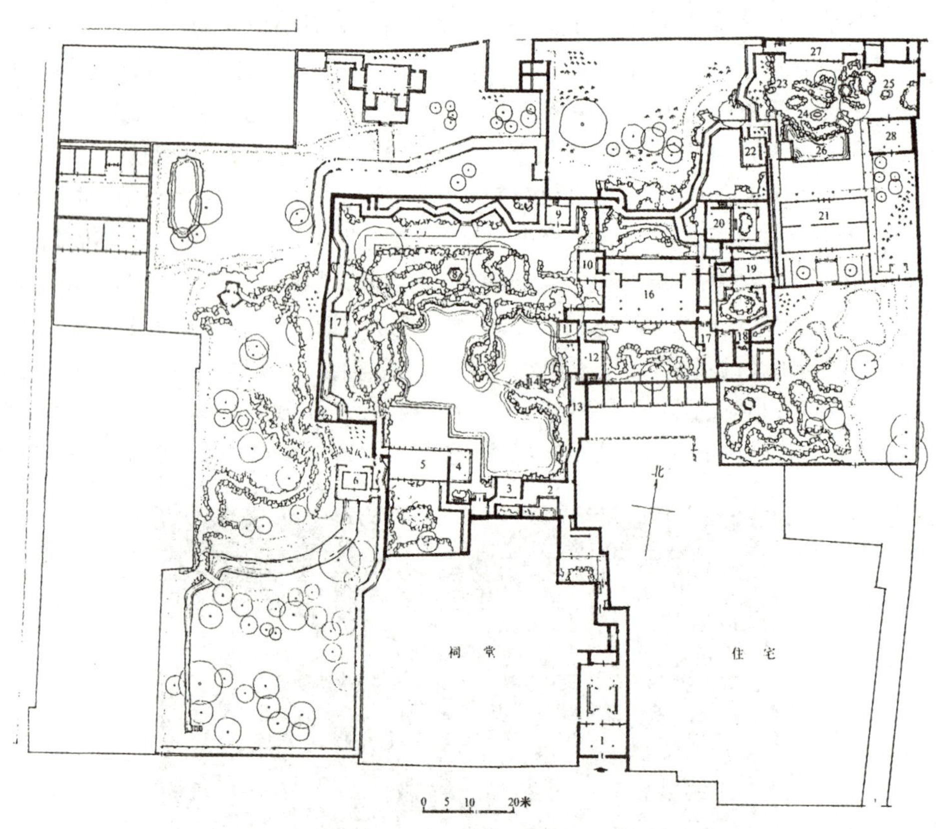

图 7-22　留园平面图

（图片来源：刘敦桢《苏州古典园林》）

1—大门；2—古木交柯；3—绿荫；4—明瑟楼；5—涵碧山房；6—活泼泼地；7—闻木樨香轩；8—可亭；9—远翠阁；10—汲古得修绠；11—清风池馆；12—西楼；13—曲溪楼；14—濠濮亭；15—小蓬莱；16—五峰仙馆；17—鹤所；18—石林小院；19—揖峰轩；20—还我读书处；21—林泉耆硕之馆；22—佳晴喜雨快雪之亭；23—岫云峰；24—冠云峰；25—瑞云峰；26—浣云沼；27—冠云楼；28—贮云庵

园林与邸宅紧密相连，分为西区、中区、东区，各具特色。西区以山景为主，中区山水相融，东区建筑精美。中区与东区是园林的精华所在。游客入留园需走 50 米长的备弄，这个狭长的空间被匠师们巧妙地设计出一系列收放相间的空间。

留园的中区，以水池为中心，周围被山体和建筑环绕，展现一种宁静而雅致的氛围。水池旁的假山用太湖石和黄石巧妙结合，一条溪涧在山间流淌，溪涧上横跨着石板桥，连接山径。假山上，桂树丛生，古木参天，山径蜿蜒起伏，游人行走其中，仿佛置身于山野之中。在北山上，还建有一座六方形的小亭——“可亭”，在此可俯瞰全景。池南岸的主体建筑是“明瑟楼”和“涵碧山房”，呈现出船厅的形象。它们与北岸的可亭隔水相望，形成了江南宅园中常见的“南厅北山、隔水相望”的模式。池东岸的建筑群设计巧妙，以优雅的曲线向南转折，立面构图展现出一种独特的韵味。南侧有廊屋连接古木交柯，廊墙上开有连续的漏窗。

东区西部是园内最密集的建筑群，这些建筑巧妙地利用院落空间，营造出一种静谧且深邃的园林氛围，满足了园主人多样化的生活需求。这一区域共有五幢主体建筑：正厅“五峰仙馆”是待客之地，彰显尊贵；“还我读书处”与“揖峰轩”则带有书斋的静雅气息；“鹤所”与“石林小院”为游赏佳处。这些建筑以各式游廊连接，并与庭院、天井巧妙结合，创造了复杂的游览路线和引人入胜的景观。

五峰仙馆（图 7-23），设计匠心独具，采用楠木建造，亦享有“楠木厅”之美称。其室内仿照庐山五老峰的风貌打造，空间辽阔，装潢细腻，让人仿佛身临其境。门前石阶，宛如天然山脉堆叠，石块错落有致，为这里增添了几分自然的野趣。馆内的小天井与侧窗巧妙搭配，构成了一幅幅精美的“框景”，让人叹为观止。五峰仙馆东侧是“揖峰轩”。此轩西面和后方巧妙地留有小天井，种植着各种花木，摆放着石峰，这样既利于通风采光，又为室内增添了一抹自然之美。轩前的庭院，曲廊蜿蜒，庭院中摆放的小型品石造就了别具一格的人工石林景观。院南的小轩，更是观赏的绝佳之地，因而得名“石林小院”。小院南侧，天井、曲廊、粉墙、洞门交相辉映，营造了一种室内外和谐交融的空间感。

图 7-23　五峰仙馆

东区庭院中心特置有高达 5 米的太湖石“冠云峰”（图 7-24），左右辅以“瑞云”“岫云”二峰，它们均为明代遗物。三峰并立，构成庭院主景，因而水池被命名为“浣云沼”，楼房被命名为“冠云楼”。从冠云楼东侧假山登楼，可远眺虎丘风光，这是留园借景的绝佳之处。

留园中既有丰富的石景，又有多样变化的空间之景。石景除常见的叠石假山，屏障之外，还有大量的石峰特置和石峰丛置的石林。峰石丛置，不仅丰富了园林景观，更提升了园林的文化品位。留园既有以山池花木为主的自然山水空间，又有各式各样的以建筑围合的人工技艺空间，是不可多得的园林经典。

3. 网师园

网师园位于江苏省苏州市城区东南，南宋时，初名“渔隐”，清乾隆年间改名为“网师园”，取“渔翁”之意，延续“隐逸”主题。乾隆末年由瞿远村接手，增建亭宇，俗称“瞿园”。现今网师园基本保持瞿园格局。网师园占地面积为 0.4 公顷，紧邻邸宅，有四进院落，外宅为轿厅和大客厅，内宅含“撷秀楼”和“五峰书屋”。园门位于轿厅后，门上的砖额刻“网师小筑”，另一门供园主人及家眷出入。

图 7-24　冠云峰

园林的整体布局巧妙地形成了“丁”字形的结构，园中心为主景区，环绕中心水池，四周是园林建筑。沿着园门后的游廊可达“小山丛桂轩”。

轩的南侧，是一片狭长的小院，院内以太湖石和桂树点缀，营造了一种幽静清新的氛围，独特的漏窗设计更是巧妙地增添了空间感。轩的北部与水池紧密相连，其间耸立着以黄石精心堆砌的“云岗”假山。这座假山以其雄浑险峻的态势引人入胜，其中的登山步道和洞穴更是匠心独运，展现了自然与人工的巧妙结合。它们不仅增添了轩的层次感和深度，更为其增添了一抹神秘的色彩。

轩的西侧，是园主人宴饮休息的“蹈和馆”和“琴室”，再往西北方向，则是临水的“濯缨水阁”，其名字取自屈原《渔父》中的“沧浪之水清兮，可以濯吾缨”，寓意着高洁与纯净，这里无疑是主景区水池南岸的风景构图中心。游客从水阁出发，向西北方向行进，经过一条曲折的随墙游廊，最终抵达位于池水之上的八方亭——“月到风来亭”。这个亭子不仅是游客休息的理想之地，还可以凭栏隔水欣赏环池三面的美景，成为池西的风景构图中心。亭的北面，可以选择跨过池西北角水口上的三折平桥到达池的北岸，或者向西穿过洞门，进入另一个别致的庭院——“殿春簃”。

水池北岸有“看松读画轩”“集虚斋”“五峰书屋”等建筑群与南岸相映，成对景。其中“竹外一枝轩”的东南有水榭“射鸭廊”，既是水池东岸的点景，也是观赏全园的场所，更是通往内宅的园门。

网师园规划布局独具匠心，采取主、辅对比的手法，用若干小空间衬托主景区。园内建筑群高低参差，错落有致，不仅造型轻快，增加层次，还丰富了空间。网师园是苏州古典园林中的佳作，堪称上品（图 7-25）。

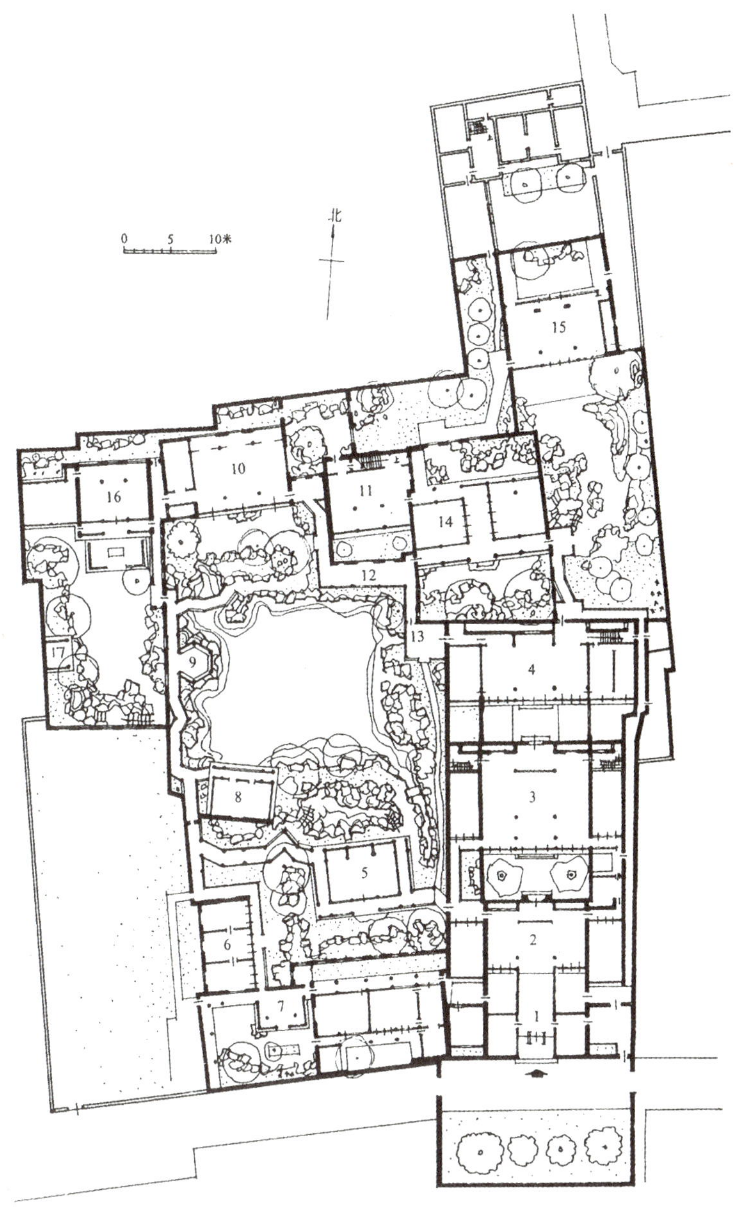

图 7-25　网师园平面图

（图片来源：刘敦桢《苏州古典园林》）

1—宅门；2—轿厅；3—大厅；4—撷秀楼；5—小山丛桂轩；6—蹈和馆；7—琴室；8—濯缨水阁；9—月到风来；10—看松读画轩；11—集虚斋；12—竹外一枝轩；13—射鸭廊；14—五峰书屋；15—梯云室；16—殿春簃；17—冷泉亭

7.3.3　杭州园林

浙江杭州也是江南私家园林集中之地，尽管旧园多已荒废，但西湖西岸仍存刘庄（水竹居）、高庄（红栎山庄）和郭庄（汾阳别墅）等修复或重建的别墅园林。它们与西湖相连，利用池水，巧妙地融入了西湖的美景，展示了精湛的借景手法。另外，位于孤山上的西泠印社则是一座独特的山地小园林。

西泠印社最初是清代孤山行宫的一部分，后来成为篆刻家的聚会地，坐落于孤山西端。建筑沿山而建，环绕着清澈的泉水布局。整个园林呈现开阔的庭园风格，利用基岩构建水池、道路和山石，景观独特。建筑与自然山岭融为一体，以山岩、竹丛和树木分隔空间，主要植被包括松树、竹子和梅花，展现了文人园林的高雅意境。园内南半部没有围墙和游廊，空间开阔，提供了优越的观景条件。

7.3.4 上海园林

与苏州园林都集中在老城不同，上海园林分散在上海的各个区域。上海五大古典园林有嘉定秋霞圃、南翔古猗园、青浦曲水园、松江醉白池、黄埔豫园等。除了豫园，其他园林离市区很远。豫园也是上海五大古典园林之首。

豫园原是明代的一座私人园林，始建于明代。园主人潘允端从 1559 年起，在潘家住宅“世春堂”西面的几畦菜田上建造园林，经过二十余年的苦心经营，建成了豫园。“豫”有“平安”“安泰”之意，取名“豫园”，有“豫悦老亲”的意思，所以豫园中处处都有关于“长寿”的设计。豫园初建占地七十余亩，由明代造园名家张南阳设计，并参与施工。潘允端晚年家道中落。明朝末年，豫园为张肇林所得。其后至清乾隆二十五年（1760 年），为不使这一名胜湮没，当地的一些富商士绅聚款购下豫园，并花了二十多年时间，重建楼台，增筑山石。清末，豫园范围缩小，现今仅为原东北角部分。古人称赞豫园“奇秀甲于东南”“东南名园冠”。

上海豫园，关注度最高的景点有明代叠石名家张南阳的力作大假石，小刀会起义指挥部“点春堂”，“万花楼”前 400 多年的银杏树，宋代花石纲遗物透、漏、瘦、皱的“玉玲珑”（图 7-26），神态各异的龙墙（图 7-27）。豫园集江南园林之精华，处处是景，是一部博大精深的书，汇集中国古建筑、园艺和历史文化，底蕴丰厚。

图 7-26 玉玲珑

图 7-27 豫园特色龙墙

园内核心为明代黄石假山，出自张南阳之手，其规模江南一流。这座假山也体现了晚明造园的最高水平。山顶平台可俯瞰全园，旁有“望江亭”。假山南麓为水池，与“仰山堂”“三穗堂”构成主要序列。水分为两股，一股入假山，一股成小溪，穿过水榭、万花楼，两岸古树秀石，绿意盎然。小溪东流入东跨院，至点春堂前扩为池。点春堂曾为小刀

会指挥所，堂南有“凤舞莺鸣”。东院墙有壁山、快阁，可西望假山。山下花墙环绕，有“静宜轩”，可观园外景色。豫园布局巧妙，山水环绕，主次分明。建筑依地形而建，恰到好处。豫园造园艺术堪称江南一流。

7.3.5　南京园林

江苏南京现存的私园稀少。其中瞻园有“金陵第一园”之称。瞻园位于江苏省南京市秦淮区，是南京现存历史最久的明代古典园林，是江南四大名园之一，素以假山著称，以欧阳修诗“瞻望玉堂，如在天上”而命名，在明代被称为“南都第一园”。瞻园共有大小景点二十余处，布局典雅精致，有宏伟壮观的明清古建筑群、陡峭峻拔的假山、闻名遐迩的北宋太湖石、清幽素雅的楼榭亭台，奇峰叠嶂。瞻园中辟有太平天国历史博物馆，是中国唯一的太平天国专史博物馆。瞻园坐北朝南，纵深 127 米，东西宽 123 米，全园面积为 25 100 平方米。瞻园以其山水之美而著称，水景独具魅力。北池为园中水景核心，宽阔水面与山林建筑交相辉映。瞻园以自然式的山水地形作为骨架，山水与园路、建筑、植物之间相互交融，浑然一体，化劣势为优势，掩城市于山林，体现了江南园林独特的艺术魅力。

江南地区私家园林堪称全国之最，与北方皇家园林是中国古典园林发展史的两大高峰。江南各地区园林风格各领风骚。

扬州园林布局豪华，园主多为盐商，追求豪奢。园林建筑宏伟，装饰奢华，吸收北方园林特色。植物配置多样，以竹、柳等常见。艺术上融合南北文化，展现南秀北雄的风采。

苏州园林布局善用玲珑石块，理水精巧，虚实结合，移步异景，追求自然之美。园林风格灵活典雅，建筑轻盈空灵。植物配置多选传统品种，背景搭配考究，呈现如画美感。艺术上小巧，自由精致，充满文人雅韵和隐逸之美。

杭州园林凭借“三面云山一面城”的天然优势，巧妙融合西湖胜景，形成独特韵味。古建筑园林学家陈从周赞其“园外有湖，湖外有堤，堤外有山，山上有塔，西湖之胜得之”。艺术上，杭州园林虽不及苏州精巧，但拥有西湖山水的大气与流动感。

交流讨论

江南私家园林在生态和自然融合方面有哪些创新与实践？这些创新与实践对于现代城市绿化和生态景观建设有何启示？

7.4　北方的私家园林

北京是北方园林艺术的中心，汇聚了众多私家园林的精华，数量与质量均堪称北方私园之典范。北京私家园林继承并发扬了江南造园技艺，结合了北方独特的自然与人文环境，形成了成熟且独特的园林风格。

7.4.1 北京私家园林

7.4.1.1 北京王府花园

北京拥有众多的王府，因此王府花园成为北京私家园林中一个独特的类别。这些王府包括满族和蒙古族的亲王府、郡王府、贝勒府和贝子府，每个品级都配备有相应的附属园林。这些王府花园的规模通常超过一般的住宅园林，且其规制也有所不同。

萃锦园即恭王府后花园，位于北京内城的什刹海区域，因其江南水乡般的风景，成为城内的一大游览胜地。恭王府原为道光帝第六子恭忠亲王奕䜣的居所，前身为乾隆时期大学士和珅的邸宅。萃锦园占地面积大约为 2.7 公顷，分为中、东、西三路。中路呈对称严谨的布局；东、西两路的布局较自由灵活，前者以建筑为主体，后者以水池为中心。

中路景区：自西洋式拱券门进入，展现晚清“圆明园”风格。入园即见“垂青樾”与“翠云岭”两座青石假山，环绕成“曲径通幽”景致，其间飞来石尤为引人注目。北侧第一进院落为三合式建筑“安善堂”，堂前“蝠池”静卧；西南角小径通“榆关”；东南角沁秋亭内，石刻流杯渠尽显古韵。步入第二进四合式院落，太湖石大假山“滴翠岩”腹藏“秘云”石洞，内有康熙御笔“福”字；山顶“绿天小隐”与“邀月台”交相辉映。最后第三进院落狭窄而精致，蝙蝠形“蝠厅”彰显独特韵味，尽显园林之精巧。

东路：建筑密集，由三个不同院落构成，主要建筑师“大戏楼”。大戏楼为纯木结构，采用三卷勾连搭式屋顶，因此楼内非常宽敞。

西路：主要景观是“方塘水榭”，由面积约 200 平方米的长方形池塘和湖心亭组成。

萃锦园作为王府附园，兼具皇家气派与山林野趣。中路严整，水石之景在南，软化其严整性。西路以水池为中心，营造园中之园。总体格局自然山水与建筑庭院对比鲜明，凸显风景式园林主旨与王府严谨。建筑色彩浓艳，装饰华丽，叠山技法刚健，装修融合江南元素。植物以松树为主。水体面积广阔，形成完整水系。萃锦园在规整布局中展现自然之美，独特魅力令人赞叹。

王府花园中，还有两处值得一提。一是醇亲王府园，位于北京市西城区什刹海后海北岸，占地广大，包括东府和西府。花园位于两府西邻，后改建为宋庆龄故居，现为对外开放的历史遗址。另一处是郑亲王府园，位于北京西单大木仓胡同。郑亲王是清初“八大铁帽子王”之一，其府邸建筑雄伟，分中、东、西三路。花园位于府邸西侧，乾隆年间扩建后成为北京王府园林之冠。然而，如今郑王府已成为教育部所在地，花园经过多次改建已不复存在。此外，还有礼王府和涛贝勒府的花园曾保存至 20 世纪 60 年代，其亭台、轩榭、游廊及花木、山池均令人赞叹。

7.4.1.2 北京普通宅园

北京城内私家园林多为宅园，主要分布在内城。外城北部较繁华，南部较荒凉。汉族在京官员多选宣武门外建宅，商贾多在崇文门外，故有“东富西贵”之说。

北京城内宅园因缺水多采用“旱园”设计，如可园，供水依赖运水或雨水。西北郊湖

泊众多，则成为皇家园林特区。自康熙时期起，利用水系为园林供水。乾隆时期赐园众多，集中在海淀，借助水系和泉眼，形成独特水景园。这些园林以大型水面为主体，通过洲、岛、桥等元素划分，景观丰富，与城内缺水的宅园形成鲜明对比。

1. 北大、清华校园内的古典园林

万泉庄水系串联的淑春园、蔚秀园、鸣鹤园、朗润园、镜春园、集贤院等赐园，于 20 世纪 20 年代被前燕京大学购得并发展为校园主体。中华人民共和国成立后，燕京大学与北京大学合并，这些园林成为北京大学校园的一部分。熙春园与近春园则是早期清华大学的校园核心，至今仍保留。北京大学、清华大学两所名校的校园，都是在古典园林基础上发展而成的，展现了独特的风格和海淀一带赐园的密集程度（图 7-28）。

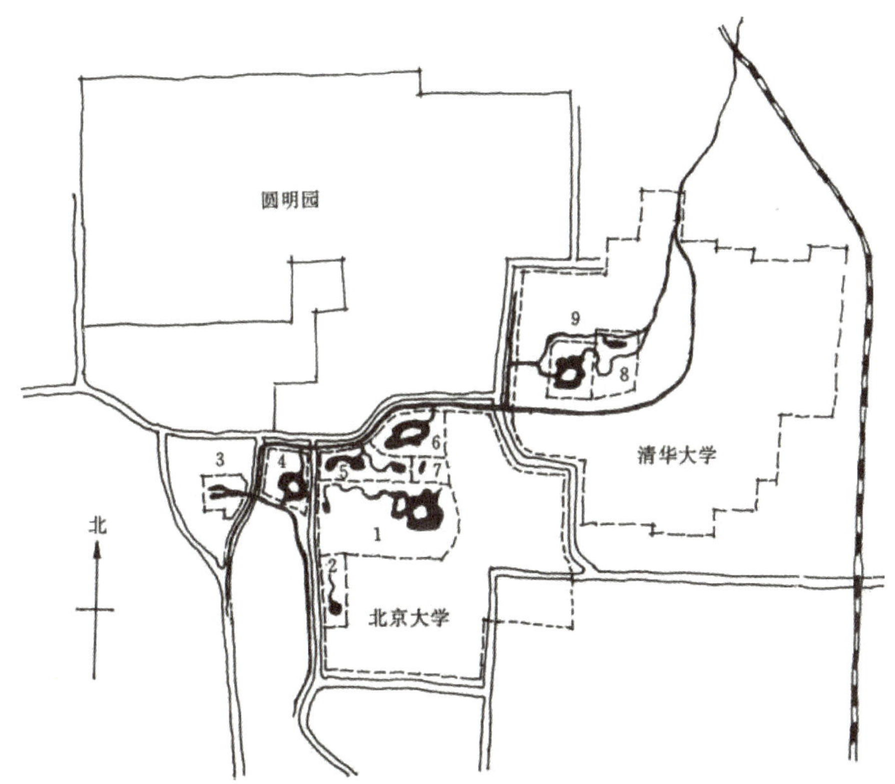

图 7-28　北京大学、清华大学校园内的古典园林

（图片来源：周维权《中国古典园林史》）

1—淑春园；2—集贤院；3—承泽园；4—蔚秀园；5—鸣鹤园；
6—朗润园；7—镜春园；8—熙春园（清华园）；9—近春园

2. 半亩园

半亩园位于北京东城黄米胡同。尽管名为“半亩”，但按照当前电子地图的测量，其实际面积约有十三四亩，远超过半亩的界限。这个名字更多的是对园林审美和心境的一种表达，而非实际面积的描述。

半亩园最初是清初陕西巡抚贾汉复的宅园，后由著名戏剧家和造园家李渔参与设计。李渔的设计理念强调“因地制宜，不拘成见”，注重园林与环境的和谐统一。园内垒石成山，引水为沼，平台曲室，结构曲折，陈设古雅，既体现了北方园林的沉稳大气，又融入了南方园林的精致细腻。园内布局曲折回合，山石嶙峋，朴素大方而不乏妙趣，体现了天人合一的传统文化内涵。园内建筑丰富，包括正堂“云荫堂”“拜石轩”“退思斋”、藏书斋“琅寰妙境”“近光阁”等。半亩园以其独特的魅力，吸引了众多文人墨客游览。

半亩园在历史的变迁中几经易手。中华人民共和国成立后半亩园收归国有。作为一处历史文化遗址，它不仅是研究中国古代园林艺术的珍贵资料，更是传承和弘扬中华优秀传统文化的重要载体。

7.4.2 北方其他城市私家园林

除了北京，华北地区如山西、山东、陕西、河北、河南等地，虽历史上经济文化发达，但私家园林保存下来的并不多。其中，山西省中部地区是晋商的聚集地，晋商在商贸、金融领域颇为成功，文化繁荣，许多士人通过科举成为官员。这些人在外经商、为官后，回乡修建了规模庞大的豪宅，建筑群质量高，装修考究，形成了山西古民居的代表作品。这些住宅常附带园林，如庭院、宅园和别墅园等。

清朝时期的北方私家园林以北京为中心，多数为王府花园。为了彰显其尊贵的身份，这些园林往往规模宏大，在规划布局上，深受轴线结构和对称手法的影响，大量使用中轴线和对景线，呈现出强烈的整体感。在建筑布局上，北方私家园林多采用对称式设计，这体现了北派建筑稳重而平实的特色。由于北方冬季寒冷，风沙较多，因此建筑在设计上更注重封闭性，多采用硬山房顶的形式，且变化较少。翼角的起翘较为平缓，给人一种沉稳而端庄的感觉。在色彩运用上，北方私家园林的建筑色彩更为丰富和艳丽。园墙常用虎皮石装饰，屋宇的墙面则多为灰砖色。柱子通常涂以红色油漆（廊柱为绿色），楣子则采用红绿相间的设计，使整个园林的色彩丰富多样。

此外，北方私家园林的整体布局深受四合院传统建筑形式的影响，使园林的空间组织显得严谨。例如，十笏园采用四合式的庭院设计，整体建筑坐北朝南，以青砖灰瓦为主，呈现一种中规中矩的风格。

交流讨论

北方私家园林作为中国传统文化的重要组成部分，如何在园林中传承和弘扬中华优秀传统文化？

7.5 岭南的私家园林

岭南是我国南方五岭以南地区的概称，古称“南越”。秦末，赵佗建立南越国，在番禺（今广州）修建宏伟宫苑。汉代，岭南出现私家园林，西汉陶屋见证其风貌。唐末五代，刘陟建南汉国，发展经济，扩建宫苑，其中的“药洲”水石景遗迹仍存于今广州药洲遗址（九曜园）。岭南园林后续发展文献稀少，实物难考。清初，岭南的广州府（今珠江三角洲地

区）经济繁荣，文化兴盛，私家园林开始流行，影响至潮汕、福建和台湾等地区。清中叶后，岭南园林形成独特风格，与江南、北方园林齐名。如今，顺德的清晖园、东莞的可园、番禺的余荫山房、佛山的梁园被誉为“粤中四大名园”，它们被完好保存，展现了岭南园林的独特魅力。

7.5.1　梁园

梁园矗立在广东省佛山市先锋古道上。这座园林由岭南著名书画家梁蔼如及其侄子梁九华、梁九章、梁九图精心营建，包括“十二石斋”“寒香馆”“群星草堂”和“汾江草庐”四大部分。在咸丰初年，梁园达到了极盛时期，园内有五十余所祠宇、室庐、池亭、圃囿，人数众多，蔚为壮观。梁园不仅是历史悠久的园林，更是岭南文化的瑰宝。梁园的总体规划特色在于住宅、祠堂和园林三者的组合巧妙合理，不落俗套。园林设计以置石石景和水景见长，收罗了广东英德、江苏太湖等地的奇石，其中“苏武牧羊”“如意吉祥”“雄狮昂首”等更是石中珍品。群星草堂作为梁氏家族庆会的场所，其南的庭园分为石庭、水庭、山庭，展现了岭南园林的神韵。

7.5.2　可园

可园位于广东省东莞市城郊博厦村，始建于清道光年间。该园平面呈不规则的三角形状，东临可湖。园内布局为建筑物围合而成的庭园格式，包含三个互相联系的大小庭院。院内凿池筑山，种植花木，充满自然之美。可园的建筑占比较大，布局呈不规则的连房广厦的庭院格式。前庭包括门厅、轿厅、客厅等，庭院内堆叠着珊瑚石假山。后庭以花廊为过渡，过花廊，渡曲池小桥，即园林的主体建筑“亚字楼”及“可楼”。可楼高约 15.6 米，四层，为全园的构图中心。楼内外均设阶梯，凭栏俯瞰全园，远眺城郭，景色俱佳。东院以临水的船厅为主，其余园林建筑亦多因水得景。可园的规划展现了中国古典园林的独特魅力，其建筑和园林的巧妙结合在中国古典园林中尚属少见。

7.5.3　余荫山房

余荫山房，位于广东省广州市番禺区南村，是清代举人邬彬的私家花园，自同治年间至今，仍保持着原有的风貌，被誉为“粤中四大名园”之一。

余荫山房的总体布局很有特色，某些园林小品，如栏杆、雕饰及建筑装修运用西洋设计方法。广州地处亚热带，植物资源丰富，因而园林景色四季常绿，花开如锦。园林建筑内外敞透，雕饰丰富，其中木雕、砖雕、灰塑最为精致，主要厅堂的露明梁架上均饰以通花木雕。总体看起来，建筑体量稍显庞大。

愉园位于园林南部，是园主人居住与读书之地。愉园为一系列小庭院的复合体，以一座船厅为中心，形成小巧精致的水局。船厅两旁的小天井内设有花木和水池，形成了别致的水景。从船厅二楼眺望，可欣赏余荫山房全景及园外风光，减少了建筑密集带来的压抑感。

岭南园林小巧精致，以庭院与庭园组合为特色，建筑占比大，既适应炎热气候，又体现岭南人对生活环境的独特追求。庭院布局紧凑，减少外墙以降低热辐射，便于雨季内部联系，并防御台风。建筑通透开敞，局部和细部设计精致，结合西方元素，形成独特风格。重视叠山技术，常用英石塑造山体，沿海地区还采用石蛋和珊瑚礁石，形成不同风格的石景。理水手法多样，水池形态多变，植物品种丰富，外来与乡土树种相映成趣。

然而，岭南园林建筑体量偏大，楼房较多，有时略显壅塞，深邃有余而开朗不足。尽管如此，其独特的设计理念和丰富的景观元素，仍使岭南园林成为园林艺术的瑰宝。

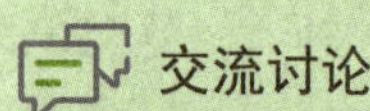
交流讨论

岭南园林如何在保持传统艺术风格和地域特色的同时实现创新发展？

7.6 寺观园林

7.6.1 概述

清代寺观园林继承宋以来的世俗化、文人化传统，与私家园林相似，但更朴实、简练。在园林兴盛的地区，许多寺观都建有附属园林，其中一些成为当地名园。以扬州为例，天宁寺的西园、静慧寺的静慧园、大明寺的西园都是知名园林，而高旻寺的附园早在康熙年间便作为皇帝南巡的行宫，并赐名“邗江胜地”。

寺观园林独具魅力，不仅美化了环境，还连接宗教与民众生活。这些园林是宗教圣地，也是市民休闲游赏的佳地。与私家园林相比，寺观园林更具群众性和开放性。其特色在于：作为独立小园林，注重山水花木的营造，保持文人园林的疏朗、天然特色；与庭院绿化结合，增添世俗色彩和生活气息，具备公共园林职能。郊野和风景地带的寺观园林则融合外围环境，让人们在领略宗教意趣的同时感受大自然与人文的交融。

7.6.2 园林实例

在清代，南北各地有许多寺观园林。例如，北京大觉寺、北京白云观和河北承德普宁寺以独立建置的附园为特色；北京法源寺则突出其庭院绿化；四川乐山乌尤寺、四川峨眉山清音阁和安徽齐云山太素宫以园林化环境处理为主；四川青城山古常道观、北京潭柘寺、浙江杭州黄龙洞和浙江天台山国清寺则兼具园林、庭院绿化和园林化环境。从地方风格看，大觉寺、白云观、普宁寺和潭柘寺展现北方风格，黄龙洞和太素宫则体现江南风格，而古常道观、乌尤寺和清音阁则展示西南的地方特色。

1. 大觉寺

北京大觉寺，位于北京西郊阳台山，背山面田，景色壮丽。其始建于辽代，原名“清水院”，历经明、清两代修缮，尤其是雍正、乾隆时期的扩建，规模更为宏大。寺庙建筑群坐西朝东，分中、北、南三路。中路主轴由“天王殿”至“大悲坛”，庄严宏伟；北路为僧

侣生活区；南路有戒坛和清代行宫，环境清幽。寺后小园林，山坡高处，有“领要亭”可俯瞰全寺。园林内，“龙王堂”、“龙潭”水池等古迹与浓荫古树相映成趣。水景和古树是园林的最大特色。大觉寺自古以水景闻名，两股泉水引入寺内，不仅供水，更增添水景之美。园内古树近百株，以松柏、银杏为主，四季常青；花卉繁多，修竹成丛，为古木参天的大觉寺增添万紫千红的色彩。

2. 白云观

白云观位于北京西便门外，是道教全真派的重要道观。白云观始建于唐代开元年间，历史悠久，原名“天长观”。由于战乱多次遭到破坏，金章宗重建后更名为“太极宫”。元代时，著名道士丘处机居住于此，更名为“长春宫”。至明洪武年间，定名为“白云观”，经过晚清的重修，形成了如今的规模。其建筑群坐北朝南，包括中、东、西三路多进院落。观后的园林为光绪年间增建，布局对称均齐，分为中、东、西三个景区，通过游廊和墙垣相互分隔。中区庭院的焦点为“云集山房”，矗立于高台之上，面对“戒台”，背靠巍峨假山。假山上古木参天，可眺望天宁寺塔及西山群峰。东、西两侧游廊相连。西区有“退居楼”与太湖石假山相映，山下有“小有洞天”，山顶设“妙香亭”。东区的叠石假山上有“有鹤亭”，亭旁特置巨石上刻“岳云文秀”，假山之南有“云华仙馆”。这些共同营造了道家仙境氛围。

3. 普宁寺

普宁寺坐落于河北省承德市，位于避暑山庄东北方大约 2.5 千米处的山脚下。该寺建于乾隆二十三年（1758 年），为著名的“外八庙”之一（图 7-29）。

图 7-29　普宁寺

普宁寺的修建不仅体现了乾隆对蒙、藏民族宗教信仰的尊重和利用，也展示了他在建筑艺术方面的洞见。普宁寺的设计融合了汉传佛寺的“伽蓝七堂”与藏传佛教古刹桑耶寺的元素，既体现了汉族建筑的传统风格，又融入了藏族文化的特色。

普宁寺建筑群全长 230 米，沿南北中轴线分布，分为汉式和藏式两部分。南半部遵循汉传佛寺传统，由山门、钟楼、鼓楼、天王殿、大雄宝殿及其配殿构成三进院落。北半部则建在高 9 米的金刚墙上，沿山坡布置，采用藏汉混合风格。它模仿桑耶寺，通过建筑布局和造型展现密宗和显宗佛经中的“须弥山”“曼荼罗”“世界”等佛国天堂理想境界，将其具象化为建筑形象。

“大乘之阁”是佛寺藏式建筑群的构图核心，也寓意着“世界”的中心——须弥山。据显宗经典的描绘，日月围绕须弥山运转，三界诸天也以此山为基建立。须弥山位于大海中央，以主峰为中心，外有七重金山，形成同心圆状，高度逐层递减。主峰四角各有一个小峰，中央平坦处建有金城，是天帝释的居所，内有殊胜殿，装饰精美。城外还有四苑，供诸天共游。大乘之阁顶部的五个屋顶，正是须弥山金城及四峰或四苑的象征（图 7–30）。

大乘之阁的四角的白、黑、绿、红四色的喇嘛塔，即“四色塔”，其布局暗含密宗的“五智”寓意：大乘之阁代表“法界体性智”，白色塔象征“大圆镜智”，黑色塔代表“平等性智”，绿色塔寓意“妙观察智”，而红色塔则意味着“成所作智”。这所佛寺的藏式建筑群依山而建，台地层层叠起，挡土墙上镶嵌着成排的藏式盲窗，形成“大红台”的独特风貌。最下层的金刚墙高达 10 米，承托起整个建筑群，展现出西藏风格山地寺院的雄伟气势。

图 7-30　普宁寺大乘之阁

大乘之阁以北，半圆形围墙内，利用自然山坡堆叠假山形成小园林的格局，它是普宁寺的附属园林。园林巧妙结合真山与假山，蹬道蜿蜒，树木繁茂，殿宇塔台点缀其间，色彩斑斓的琉璃与苍松翠柏相映成趣，营造出独特的山地小园林风光。这种将宗教内涵与园林形式完美融合的设计，在中国寺观园林中极为罕见，而其完全对称的布局在中国古典园林中也属罕见。普宁寺与北京颐和园的“须弥灵境”都是为特定政治目的而兴建，形制和规模相同，堪称中国建筑艺术遗产中的双璧。

4. 法源寺

法源寺，位于北京西城区，历史底蕴深厚，源于唐代“悯忠寺”。悯忠寺经过多次毁坏与重建，最终在明正统二年（1437 年）以“崇福寺”之名再现辉煌。经过明、清两代的修整和增建，该寺于雍正十二年（1734 年）更名为“法源寺”。现今的法源寺风貌，主要是在清中叶以后形成的。

法源寺的花卉极为出名，从乾隆年间开始，花卉逐渐繁盛。特别是海棠，作为名花之一，主要种植在藏经楼前。每年春天，海棠盛开，吸引无数游人前来观赏。直到清末，法源寺的海棠仍然繁茂，成为京城一大胜景。此外，牡丹、丁香花、菊花也是法源寺的著名花卉。法源寺还设有花圃，出售花卉供应市场，雇有专业花匠。为弥补寺内井水灌溉不足，甚至远道从阜成门外取水，足见花圃规模之大。

5. 古常道观

古常道观，位于四川青城山，是青城山主要道观之一。青城山因其风景秀美、林木葱茏而著称，享有“青城天下幽”的美誉。观内建筑群庞大，包含 15 幢主要殿堂，配殿及附属用房。整个建筑群顺应台地西高东低的地势，采用中、南、北三路多进院落的布局方式，而非严格遵循中轴线。古常道观虽然位置隐蔽，但设计者巧妙地将其入口向前延伸了 200 余米，与通往“上清宫”和“建福宫”的主干道相连。这样的布局使道观的入口不再是一个简单的点，而是一条充满韵律的线性空间。沿着这条山道，结合地形，巧妙地布置了亭、廊、桥等小品建筑，形成了一个渐进的空间序列。这样的设计不仅提升了道观的整体美感，也使其成为寺观园林中的典范之作。

6. 乌尤寺

乌尤寺位于四川乐山市东岸，岷江与青衣江交汇处，始建于唐天宝年间，现存规模为

清末所建。寺院布局巧妙利用地形，主体部分坐北朝南，包括“弥勒殿”“大雄宝殿”“藏经楼”等院落，两侧为小跨院。东侧为从天王殿至江岸山门码头的迂回山道，西侧为“罗汉堂”。罗汉堂以西有台阶通往山顶台地的小园林，为乌尤寺的附属园林。这样的布局既充分摄取江景，又能充分发挥建筑群的点景作用，同时，能够充分结合岛屿地形做园林化处理，且码头与山门合一，满足交通需求，达到观景、点景、园林化、交通组织四得。

7. 清音阁

清音阁矗立在四川峨眉山，始建于唐朝，朝南而建。这里的环境静谧而深邃，被群山环绕，林木茂密。清音阁的选址极为巧妙，位于一片略有起伏的斜坡台地上，东有白龙江，西有黑龙江，两江如双龙奔腾，在此交汇于台地的南端。正殿“清音阁”矗立在台地的北端，其前随斜坡下降，依次建有“接御亭”和“洗心亭”。这种从大到小、从高到低的建筑序列，与台地和两江巧妙地融合，形成了一处开阔的小园林。这不仅点缀了这片幽静的大环境，还展现了局部的明朗景色。清音阁以其精妙的选址和园林化环境，成为峨眉山的一处独特园林寺院和游览景点，吸引了无数游客。

8. 黄龙洞

黄龙洞位于浙江省杭州市栖霞岭景区，又名“无门洞”，初为佛寺后转道观，以园林设计闻名。其园林内三殿布局，却穿插众多庭院，形成“园林寺观”特色。黄龙洞位于三面环山、一面近平缓坡地的优越位置，宁静而远离喧嚣。园内庭园别致，北侧竹林翠绿，南侧水池曲折，泉水瀑布增添生气。前殿东侧缓坡地，竹林、乔木交织，形成独特林景。道路设计巧妙，随地形起伏、树木掩映，营造多变景色。整体而言，黄龙洞以其独特的园林设计、优越的地理位置和精美的建筑布局，成为一处宗教与园林完美融合的胜地。

9. 太素宫

太素宫，位于安徽省黄山市休宁县齐云山，是江南道教名山，拥有丹霞地貌的壮丽景色。建筑群依风水学“交椅背”之势而建，三面环山，前低后高，背倚高耸的“椅背”山。正殿宏伟壮丽，绿色琉璃瓦顶熠熠生辉。门前广场开阔，与香炉峰遥相呼应，游客可在此休憩观景，感受壮丽山水画卷。清晨黄昏，白云缭绕，香炉峰若隐若现，恍若仙境。太素宫不仅建筑宏伟，更因园林化环境而独具魅力，是宗教与风景完美结合的典范。

10. 潭柘寺

潭柘寺坐落于北京市门头沟区东南部潭柘山，四周群山环绕，因山上有潭和柘树而得名。寺院建筑群分为中、东、西三路，中路殿堂巍峨，西路古松幽静，东路则是园林风光，名花异卉、流水假山相映成趣。外围环境有养老堂和小庵点缀，山门前小品建筑增添趣味。寺院选址隐蔽，环境规划出色，园林化处理别具一格。潭柘寺历来为游览胜地，文人墨客常写诗赞颂。清代有“潭柘十景”，包括“九龙戏珠”“锦屏雪浪”“雄峰捧日”“层峦架月”“千峰拱翠”“万壑堆云”“飞泉夜雨”“殿阁南薰”“平原红叶”“御亭流杯”。每一景都美不胜收。潭柘寺不仅是宗教圣地，更是自然风光与人文景观的完美结合。

11. 国清寺

浙江天台山国清寺，位于浙江省台州市，是一座充满历史底蕴的佛教圣地。其始建于隋开皇十八年（598 年），原名“天台寺”，后更名为“国清寺”，寓意“寺若成，国即清”。其占地面积达 7.3 万平方米，是中国佛教宗派天台宗的发源地。寺内建筑布局精巧，大雄宝殿、钟楼、鼓楼等错落有致，掩映在绿树翠竹之间。更为特别的是，国清寺的园林设计独具匠心，巧妙地融合了佛教文化与自然景观。寺内绿树成荫，花香四溢，清泉流淌，小溪潺潺，营造出一种宁静、清幽的氛围。除了精美的园林设计，国清寺还注重文化的传承与弘扬。作为天台宗的发源地，国清寺积极挖掘和传承佛教文化，为游客提供了一个了解佛教文化、感受心灵宁静的好去处。

交流讨论

谈谈这一时期的寺观园林在宗教文化、社会历史与园林艺术之间的交织与融合中展现了的独特的价值和影响。

7.7 其他园林

7.7.1 公共园林

自明代起，市民文化随着市民阶层的壮大而逐渐繁荣，形成了与皇家、士流雅文化相抗衡的俗文化。至清中叶及清末，这种俗文化已成熟，涉及小说、戏剧、演唱、绘画等多个艺术领域，并在消闲娱乐中尤为突出。园林方面，城镇公共园林除为文人墨客和居民提供交往、游憩的场所外，还融入了消闲娱乐元素，成为俗文化的重要载体。这些公共园林的形成，主要可归结为以下三种情形。

第一种情况，依托水系而建，如河流、湖沼等，形成独特的水景。什刹海便是其中的典范，其由“积水潭”“后海”和“前海”组成，既有都市的繁华，又兼具山林野趣。作为北京城内城最大的公共园林，什刹海吸引人们消闲、聚会，并以其环境效益著称。类似的城市园林还包括安徽黄山太平湖、北京陶然亭等，以及山东济南大明湖、云南昆明翠湖等，它们均巧妙利用水面，为城市增添绿色与宁静。

第二种情况，利用现有的寺观、祠堂、纪念性建筑旧址或名胜古迹进行园林化的改造和美化，将其打造成为公共园林，如四川成都的杜甫草堂、四川省新都县城的桂湖等。

第三种情况，是农村聚落的公共园林。在经济繁荣的江南地区，农村公共园林很普遍。在徽州，较为富裕的村庄几乎都建有村内公共园林，还有村落入口处的水口园林。风水术中的术语。徽州村落多聚族而居，选择基址时遵循风水“阳基”模式，要求枕山、环水、面屏的堂局。水口是堂局通往外界的隘口，通常在两山夹峙、河流环绕之处，也是村落的主要出入口。为了扼制水口，通常种植水口林，文风昌盛的村落还会建置文昌阁、魁星楼等建筑。安徽省黄山市的唐模村的檀干园便是现存较完整的水口园林之一。

7.7.2 衙署园林

早在唐代，政府衙署的园林绿化已有文献记载。清代时，各级地方政府如府、道、县的衙署内，常设邸宅供官员及眷属居住，因此衙署园林兼具宅园功能，即使偏远地区也不

例外。如今衙署建筑和园林的实例都极为稀少。例如，河南省南阳市的内乡县衙，经过修缮后对外开放，被誉为“天下第一县衙”，是现存最完整的县衙建筑群。

7.7.3　书院园林

书院是中国古代特有的教育和学术机构，起源于唐代。不同于官学和私学，书院多由知名学者创建并管理，经费来自政府和私人捐赠。其教学制度受佛教禅宗丛林清规影响，书院常选址于远离城市的优美之地，便于学生专心学习。至清代，书院名称已广泛使用，具有规模的民间私学也可称为书院。现今，许多清代书院建筑及其园林得以保存，如安徽歙县雄村的竹山书院、云南大理城内的西云书院。

知识拓展九：藏书楼

我国古代图书馆被称为“藏书楼”，是主要供藏书和阅览图书用的建筑。中国最早的藏书建筑见于宫廷。宋朝以后，民间也开始建造藏书楼，部分保留至今。最出名的藏书楼是清代珍藏《四库全书》的七大藏书阁。乾隆命人手抄的七部《四库全书》，分别藏于全国各地。先抄好的四部于北京紫禁城文渊阁、辽宁沈阳文溯阁、北京圆明园文源阁、河北承德文津阁珍藏，这就是所谓的“北四阁”。后抄好的三部在江苏扬州文汇阁、江苏镇江文宗阁和浙江杭州文澜阁珍藏，这就是所谓的“南三阁”。建于明嘉靖年间的浙江宁波天一阁，已有400多年的历史，是我国目前最古老的私家藏书楼。

（资料来源：微信公众号“研学建筑”《古代的图书馆是怎样的？盘点中国最美藏书楼》，有删减）

7.7.4　少数民族园林

中国有 56 个民族，除了汉族，其他少数民族也有各自独具特色的园林。在与汉族的交往中，一些少数民族在经营住宅和园林方面会受到汉族文化的影响，因而他们的园林局部会表现出本民族的特色。例如，云南大理的白族民居，就大体上采用了汉族的合院建筑群形制，常见的有“四合五天井”和“三坊一照壁”两种主要类型。白族人喜欢莳花，他们在影壁前砌筑花坛，栽植花木或放置盆花，缤纷的花卉在白色影壁的衬托下，益发显得妍丽动人。

一些居住在边疆的少数民族，他们受到外来文化的影响较多。例如，云南的傣族较多地受到泰缅文化的影响，其中的园林可能会包含泰缅园林的因素。再如，新疆的维吾尔族受到伊斯兰文化的影响较深，他们的民居亦表现出明显的伊斯兰建筑风格。

藏族居民居住在西藏等地区，其独特的园林风格在清中叶已初步形成，部分代表性园林至今仍保存完好。丰富的藏族文化孕育了独特的园林艺术。到了清代中期，西藏地区已经诞生了三种类型的园林：庄园园林、寺庙园林、行宫园林。

庄园园林常见于开阔地，供贵族避暑休闲。其类似汉族宅园，以花木果树为景，建筑小巧，融入自然，设有流水、水池及户外活动场所。西藏南部作为西藏农业区，庄园园林繁盛，种植了丰富的乡土树种和果树，还有引进的名贵花卉。

寺庙园林是藏传佛教建筑的重要组成部分，既供游憩，又作喇嘛辩经之用。寺庙园林设计体现宗教深意。植物配置以柏树、榆树为主，辅以桃树、山丁子，色彩斑斓。园林一端建有“辩经台”，这是喇嘛辩经的主席台，也是园林唯一的建筑点缀。

行宫园林是西藏的达赖和班禅为了避暑而修建的宫殿，分别坐落在拉萨和日喀则的郊外。在所有的园林中，行宫园林规模最大，内容最丰富，展现了西藏园林的独特魅力。在日喀则，有两处著名的行宫园林：位于东南郊的“功德林园林”和南郊的“德谦园林”。每年夏天，班禅会从扎什伦布寺迁移到这两处园林中居住。功德林园林坐落在年楚河畔，占地超过 30 公顷，拥有宫墙和宫门，园内古树葱郁，特别是大片的左旋柳为西藏特有植物。拉萨的行宫园林只有一座，名为“罗布林卡”，坐落在拉萨西郊，距离布达拉宫仅 1 千米。

交流讨论

少数民族园林在设计中融入了各民族的文化元素和特色，展现其多元文化的魅力。请谈谈其独特的园林设计风格和元素。

本章小结

从乾隆时期至清末的近二百年中，中国历史经历了由古代向近代的急剧转变，这标志着中国古典园林发展史的终结。此时期的园林在继承传统的基础上取得了辉煌成就，但也显露了封建文化的衰落。人们普遍认为的“中国古典园林”实际上是后成熟期的园林。这一时期的园林具有以下特点：

（1）园林规划与设计具有创新性，吸收了江南民间造园技艺，成功实现了南北园林艺术的融合，为宫廷园林注入了新的活力。

（2）私家园林逐渐形成了江南、北方、岭南三大鲜明的地方风格。

（3）公共园林显著发展。

（4）西方园林文化开始传入中国，但并未改变园林的整体风格，也未形成中西方园林体系的融合。

以史明鉴 启智润化

“样式雷”家族

“国家宝藏第二季·样式雷建筑烫样”

制作烫样的专门机构为样式房。在清代，有个雷姓家族，其先后七代人在样式房主持皇家建筑设计，都是皇家御用建筑师，被世人誉为“样式雷”。“样式雷”留传下来的烫样，涵盖承德避暑山庄、圆明园、万春园、颐和园、

北海、中南海、紫禁城、景山、天坛、东陵等处。“样式雷”是一个极其庞杂的建筑体系。大到皇帝的宫殿、京城的城门，小到房间里的一扇屏风、堂前的一块石碑，都符合“样式雷”的种种规矩，体现了中国传统建筑技艺的高超与严谨。“样式雷”的建筑设计非常注重细节，力求精准，同时注重材料的选择和加工，保证建筑的质量和耐久性。他们还发明了一些建筑工具和设备，如“压尺”“线作”等，以提高建筑效率和质量。

“样式雷图样”是中国古建筑有设计、有规划、有方法的证明，见证中国半部建筑史。“样式雷”的作品不仅代表了中国古代建筑的最高水平，也反映了当时的社会、文化和艺术氛围，为我们今天了解和研究中国古代建筑提供了重要的实物资料。“样式雷”家族因其精益求精的工匠精神成为我们学习的榜样。

（资料来源：学习强国《一家样式雷半部古建史》，有修改）

文化传承 行业风向

走进“香山帮”，在传承发展中焕发时代光彩

“江南木工巧匠，皆出于香山”。“香山帮”发源于苏州香山，自古多出的建筑工匠，擅长复杂精细的传统手艺，被称为“香山帮匠人”。“香山帮”在两千多年历史中逐步发展成为一个以水作（瓦工）、木作为中心，同时包含石作、油漆、掇山、彩画作、搭材作、裱糊作等古建筑和园林营造全部工种的工匠群体，是中国唯一一支从民间走向官方，然后走向世界的园林建筑施工团队。2006 年，“香山帮”传统建筑营造技艺被列入《第一批国家级非物质文化遗产名录》。

从东吴时期的阖闾城、馆娃宫，再到明代的北京紫禁城，飞檐翘角，亭台楼阁，无不凝结着香山帮匠人的心血。这些建筑作品不用钉子和胶水，全靠榫卯结构相互连接。精密的设计，巧妙的结构，体现了中国古老的文化和群众的智慧。苏州园林是历代“香山帮”造园技艺传承发展的缩影，蕴含了“香山帮”代代相传、接续奋斗的故事。

1978 年，经国务院批准，我国为美国纽约大都会博物馆仿苏州网师园“殿春簃”建造了一座中国庭院，名为“明轩”，它是中国园林走向世界的开山之作，出自“香山帮”技艺。近年来，“香山帮”文化更是加大了包容和开放的步伐，充分彰显了文化的包容性、和平性和创新性的有机统一。“香山帮”跨出国门，漂洋过海，在美国、新加坡、加拿大等 20 多个国家和地区建造了一座座中国风情的仿古园林，充分浓缩了苏州古典园林的精华，他们也成为了传播中华传统文化的使者。

（资料来源：学习强国《走近“香山帮”，在传承发展中焕发时代光彩》，有修改）

温故知新 学思结合

一、选择题

拙政园中跟荷花有关的景点是（　）。

A. 与谁同坐轩　　B. 荷风四面亭

C. 见山楼　　D. 雪香云蔚亭

二、填空题

1. 留园东区又分为东西两部分，其主体建筑分别是 ________ 和 ________。

2. “粤中四大名园”是指 ________、________、________ 和 ________。

三、实践题

探索并举例说明你身边城市公园的发展历史。

课后延展 自主学习

1. 书籍：《园冶》(手绘彩图修订版)，计成著，倪泰译，重庆出版社。
2. 书籍：《中国古典园林史》，周维权，清华大学出版社。
3. 书籍：《中国古典园林分析》，彭一刚，中国建筑工业出版社。
4. 扫描二维码学习：学习通平台，厦门工学院谢鑫泉《中外园林史》。
5. 扫描二维码观看：《园林》第七集《遥远的归处》。
6. 扫描二维码观看：《中国古建筑》第七集《湖山品园》。

谢鑫泉
《中外园林史》

《遥远的归处》

《湖山品园》

思维导图 脉络贯通

中国古典园林成熟后期——清中叶、清末

- 历史背景
- 皇家园林
  - 大内御苑
    - 西苑
    - 慈宁宫花园
    - 建福宫花园
    - 宁寿宫花园
  - 行宫御苑
    - 静宜园
    - 静明园
    - 南苑
  - 离宫御苑
    - 圆明园
    - 避暑山庄
    - 清漪园
  - 皇家园林的主要成就
    - 人工园林与天然园林各有千秋
    - 突出建筑形象的造景作用
    - 全面引进江南园林的技艺
    - 复杂多样的象征寓意
    - 园内有规模宏大的佛寺
- 江南的私家园林
  - 扬州园林——小盘谷、片石山房、瘦西湖、个园
  - 苏州园林——拙政园、留园、网师园
  - 杭州园林——西泠印社
  - 上海园林——豫园
  - 南京园林——瞻园
- 北方的私家园林
  - 北京私家园林
    - 北京王府花园——萃锦园
    - 北京普通宅园
      - 北大、清华校园内的古典园林
      - 半亩园
  - 北方其他城市私家园林
- 岭南的私家园林
  - 梁园
  - 可园
  - 余荫山房
- 寺观园林——大觉寺、白云观、普宁寺、法源寺、古常道观、乌尤寺、清音阁、黄龙洞、太素宫、潭柘寺、国清寺
- 其他园林
  - 公共园林
    - 依托水系而建
    - 利用现有建筑而建
    - 农村聚落的公共园林
  - 衙署园林——内乡县衙
  - 书院园林——竹山书院、西云书院
  - 少数民族园林——藏族园林

第8章 近现代中国园林

学习目标

知识目标

1. 了解近代历史时代背景和园林发展。
2. 了解近代中国园林家及作品。
3. 掌握各类园林形式的特点。
4. 掌握历史变革对近现代中国园林发展的影响。

能力目标

1. 具备结合近代思潮欣赏园林设计的能力。
2. 具备吸取古典园林精髓并巧妙融入当代园林设计的能力。

素质目标

1. 培养爱国情，提高文化自信、民族自信。
2. 坚定文化自信，古为今用、推陈出新。

启智引思 导学入门

中国近现代园林在发展过程中，经历了从模仿西方到逐渐探索自己独特风格的历程。近年来，随着国家对生态环境保护的不断加强，园林行业也开始更加注重生态、环保和可持续发展。各地纷纷开展公园城市、海绵城市建设等，旨在打造宜居宜游的城市环境。现代科技手段如互联网、大数据等也逐渐应用于园林领域，推动了行业的创新发展。但生态环境仍面临诸多挑战，未来中国园林的发展方向要强调人与自然和谐共生，注重生态优先、绿色发展，倡导节约资源和保护环境相结合。

学习内容

8.1 发展概述

近现代时期的中国社会经历了前所未有的变革，这个时期也是中国近现代园林形成和发展的关键时期。随着西方文化的涌入和科学技术的不断创新，中国社会发生了翻天覆地的变化，园林艺术也在这个过程中不断发展和演变。

清末时期，随着国门逐渐被打开，西方文化涌入中国，中国园林也发生了变化。传统的皇家园林逐渐衰落，公共园林不再是皇家贵族的专属领地，而是向公众开放，成为大众休闲娱乐的场所。园林建设注重实用性，以满足人们的生活需求为主，同时也吸收了一些西方的园林元素，如草坪、花坛等，使园林丰富多彩。民国时期，皇家园林逐渐对外开放，成为公共场所，私家园林则逐渐衰落。公共园林不断增多，成为城市中重要的公共空间。中华人民共和国成立后，中国社会进入了一个全新的时期。随着经济的快速发展和城市化进程的加速，园林建设也迎来了新的机遇和挑战。这个时期的园林建设更加注重生态环保和可持续发展，强调人与自然和谐共生。在园林设计中，更多地运用了乡土植物和自然材料，营造一种自然、生态的氛围。同时，也更加注重对历史文化遗产的保护和传承，将传统文化元素与现代设计手法相结合，创造出具有时代特色的园林作品。

除在设计和建设方面不断创新外，中国近现代园林的发展还体现在理论方面。随着现代风景园林学科的形成和发展，越来越多的学者开始关注和研究园林设计理论和方法，他们结合中国传统文化和现代科技手段，不断探索适合中国国情的园林设计理念和模式。这些理论研究不仅为园林设计者提供了重要的理论支持和实践指导，也为中国现代园林的发展提供了重要的思想基础和发展动力。

总体来说，近现代时期的中国园林经历了清末、民国和中华人民共和国三个阶段的发展历程。在这个过程中，园林艺术不断地创新和完善，逐渐形成了具有中国特色和时代特征的园林风格和模式。未来随着科技的进步和社会的发展，中国园林要继续秉承人与自然和谐共生的理念，注重生态环保和可持续发展，并运用科技手段和创新思维推动设计和建设的进步，创造更加美好的生活环境，满足人民日益增长的美好生活需要。

交流讨论

观察你所在城市的城市园林，谈谈你所知道的当代园林发展的新方向。

8.2 皇家园林的衰落与对外开放

在清代康乾时期，皇家园林的建设规模和艺术造诣达到了历史高峰，是中国古典园林的辉煌时期。然而，随着清政府的没落，宫廷造园艺术逐渐衰落，皇家园林的辉煌时代走向终结。

在民国时期，皇城之内的皇家禁苑和庙坛逐渐对公众开放。曾经是皇帝、贵族和官员专属的禁区，成为市民自由通行的公共大道。那些昔日仅供皇帝和贵族欣赏的园林风景，成为市民休闲的公园。1924 年，“北京政变”后，紫禁城更名为“故宫博物院”，并于 1925 年 10 月 10 日对外开放。此外，民国政府积极地将部分皇城和宫城的皇家禁苑与庙坛改造为公园，包括中央公园（原社稷坛）、天坛公园（原天坛）、北海公园等共 13 处。这些公园为市民提供了丰富的休闲与娱乐场所，让皇家园林焕发出新的生机与活力。

8.2.1 天坛公园

北京天坛建成于明代永乐十八年（1420 年），又经明代嘉靖、清代乾隆等朝增建、改建，建筑宏伟壮丽，环境庄严肃穆。天坛是世界上现存最大的古代祭天建筑群，是明、清两代皇帝“祭天”“祈谷”的场所，位于北京市东城区永定门大街东侧。坛域北呈圆形，南为方形，寓意“天圆地方”。天坛四周环筑两道坛墙，分为内坛、外坛两部分，总面积为 273 公顷，主要建筑集中于内坛。

内坛分为南、北两部。北为祈谷坛，用于孟春（农历正月）祈祷丰年，中心建筑是祈年殿。南为圜丘坛，专门用于冬至祭天，中心建筑是一个巨大的圆形石台，名“圜丘”。两坛之间以一条长 360 米，高出地面的甬道—— 丹陛桥相连，共同形成一条南北长 1 200 米的天坛建筑轴线，两侧为大面积古柏林。

西天门内南侧建有斋宫，是祀前皇帝斋戒的居所。西部外坛设有神乐署，掌管祭祀乐舞的教习和演奏。坛内主要建筑有祈年殿、皇乾殿、圜丘、皇穹宇、无梁殿、长廊、双环亭等（图 8-1、图 8-2）。

图 8-1　天坛公园祈年殿

图 8-2　天坛公园圜丘

祈年殿建于明代永乐十八年（1420 年），初名“大祀殿”，为一矩形大殿，用于合祀天、地。明代嘉靖二十四年（1545 年）改为三重檐圆殿，殿顶覆盖上青、中黄、下绿三色琉璃，寓意天、地、万物，并更名为“大享殿”。清代乾隆十六年（1751 年），改三色瓦为统一的蓝瓦金顶，定名“祈年殿”，是孟春（正月）祈谷的专用建筑。祈年殿殿高 38.2 米，直径 24.2 米，内部开间还分别寓意四季、十二月、十二时辰以及周天星宿。

皇穹宇建于明代嘉靖九年（1530 年），初为重檐圆形建筑，名“泰神殿”，是圜丘坛天库的正殿，用于平日供奉祀天大典所供神位，嘉靖十七年（1538 年）改名为“皇穹宇”。

清代乾隆十七年（1752 年）改建为今式。皇穹宇殿高 19.5 米，直径 15.6 米，木拱结构，严谨、精致，上覆蓝瓦金顶，精巧而庄重。殿内天花藻井为青绿基调的金龙藻井，中心为大金团龙图案，是古代建筑杰作。

圜丘建于明代嘉靖九年（1530 年），每年冬至在台上举行“祀天大典”，俗称“祭天台”。初为一蓝琉璃圆台，清代乾隆十四年（1749 年）扩建，同时变蓝琉璃为汉白玉石栏板，艾叶青石台面。圜丘的石阶、各层台面石和石栏板的数量，均采用“九”和“九”的倍数，以应“九重天”。通过对“九”的反复运用，以强调天的至高无上地位。

天坛集明、清两代建筑技艺之大成，是中国古建筑珍品。1925 年开放为公园。1961 年，中华人民共和国国务院公布天坛为“全国重点文物保护单位”。1998 年被联合国教育、科学及文化组织（简称“联合国教科文组织”）确认为“世界文化遗产”。

8.2.2　北海公园

北海位于北京城的中心，是中国现存历史上建园最早、保存最完整、文化沉积最深厚的古典皇家园林。北海的形成和发展，历经金、元、明、清数个朝代，承载着中国近千年的历史和文化，形成了以皇家园林为代表的造园艺术风格，是凝聚着历代园林文化艺术之大成的杰作。

东岸的濠濮间、画舫斋、蚕坛等几组庭院式的园中之园，掩映在苍松翠柏之中，既充满天然之趣，又有江南私家园林的神韵。北岸自东向西有静心斋、西天梵境、澄观堂、九龙壁、阐福寺和极乐世界等景点，五龙亭沿湖点缀，与自然山水巧妙地融为一体，形成一幅不露人工痕迹、宛若天成的山水画卷。西岸广植花木草坪，巧妙地运用中国造园技艺中的“障眼”手法，形成一种林中有景、花下藏幽的园林氛围。

琼华岛，金代名“琼华岛”，元代为“万寿山”（或称“万岁山”）。清代顺治八年（1651 年）于山顶建白塔，始称“白塔山”。琼华岛简称“琼岛”，因岛上建有白塔，故又俗称“白塔山”。岛高 32.3 米，周长 913 米。琼华意指华丽的美玉，以此命名，表示该岛宛如美玉建成的仙境宝岛（图 8-3）。

图 8-3　北海公园琼华岛

濠濮间位于北海公园内东岸小土山北端，是北海的园中园之一，幽静别致，园内小桥几近水面，以供游客观鱼。

画舫斋建于清代乾隆二十二年（1757年），原据北宋文学家欧阳修的《画舫斋记》而造其形、得其名。画舫斋位于北海东岸，形似停泊在水边的一条大船，实是掩映在山林中的一处独立院落。前殿为春雨淋塘，中有小池，北为正殿画舫斋，东、西各有一处精巧别致的院落，东为古柯亭，西为小玲珑。

九龙壁是原大圆镜智宝殿前的影壁，建于清代乾隆二十一年（1756年），壁高5.96米，厚1.60米，长25.52米。壁的两面用七色琉璃砖瓦镶砌而成，两面各有九条彩色大蟠龙，飞腾戏珠于波涛云际。中国现存三座古代九龙壁，唯独这座是双面壁，它是中国琉璃建筑艺术的精华（图8-4）。

图8-4 北海公园九龙壁

交流讨论

近现代皇家园林的衰落与对外开放，是一个历史与现实交织的历程。它告诉我们，无论是园林艺术还是其他文化形式，都需要与时俱进，不断适应社会的发展和变化。请谈谈当代人应如何珍惜和保护这些历史文化遗产，让它们在新的时代焕发出新的光彩。

8.3 租界公园的兴起与发展

鸦片战争之后，中国被迫签订了一系列不平等条约，西方列强逼迫清政府开放一些沿海城市为通商口岸。各国租界内的殖民者为了满足他们物质、精神生活的需求，营造与其本土生活习惯相符合的殖民地环境，建造了一批带有各殖民国家风格的租界公园。我国土地上的第一片租界和第一批租界公园，出现在上海。天津的九国租界中有六国租界建有公园，使之成为中国近代租界公园艺术风格最多变的城市。此外，中国近代设有租界的城市当中，建造租界公园的还有厦门（中山公园）、广州（沙面公园）、青岛、大连等地。

8.3.1 租界公园的建设

旧上海公共租界内的公园主要有外滩公园（现黄浦公园）、虹口公园（现鲁迅公园）、兆丰公园（现中山公园）、霍山公园等10座。旧上海法租界内公园主要有法国公园（现复兴公园）、贝当公园（现衡山公园）和杜美花园（现襄阳公园）等5座。

旧天津租界林立，在英、法、日、德、意、俄等六个租界兴建了 10 座公园，租界公园由各国主持修建，园林的设计者多为本国人，因此这些公园都带有浓厚的原殖民国家的造园特色，又融合了中国传统园林的一些元素，对天津近代园林发展产生了相当大的影响。

8.3.2　上海租界公园典型实例

1. 外滩公园

中国首次出现的近代公园是建于 1868 年的上海外滩公园。中华人民共和国成立后，改名为“黄浦公园”，沿用至今。建园初期，该园只有一片草坪、草坪中的茅亭、林荫路，一排座椅，以及简单的花坛及园西界的树丛。后不断扩建，草坪周边增加了高大的树木，用于遮阴。19 世纪 80 年代又将大草坪中央的茅亭改为金碧辉煌的维多利亚式铁亭，亭柱采用铸铁，亭顶采用六角形圆形白铁屋盖。该亭从英国订制，作全园构图中心，兼作音乐台。亭旁围着煤气庭院灯，供游客夏夜乘凉照明用（图 8-5）。

图 8-5　1892 年外滩公园音乐亭

2. 华人公园

1890 年 12 月 18 日，华人公园建成开放。这是第一个中国人能进入的租界公园。公园面积仅 6.2 亩，景致单调，中央只有一片草地，上有花池和日晷台，左、右各一茅草亭，种有几株悬铃木，放了几把园椅，游憩设施也相当简陋。

华人公园后改称“河滨公园”。20 世纪后，由于公园的南侧相继建造了高楼大厦，公园的光照受到严重的影响，再加上环境不好，游客渐少。

8.3.3　天津租界公园典型实例

1. 维多利亚公园

维多利亚公园位于原天津英租界，是在原臭水坑填平后建成的公园，于 1887 年 6 月 21 日英国维多利亚女王即位 50 周年之日正式开放，故称“维多利亚公园”，又称“英国公园”。该公园占地 18.5 亩，呈方形。在造园的设计上，以英国传统风格为基础，吸收了中国园林自然式布局的手法，形成了半规则半自然式的中西合璧园林。

中华人民共和国成立后，定名为“解放北园”，人们惯称“市府公园”。如今治公园，基本上保留了原维多利亚公园的总体格局，虽原有建筑不存，但公园里的设施更加齐备，环境更加清新。

2. 法国公园

法国公园位于天津法租界，始建于 1917 年，1922 年竣工。该园占地面积为 1.27 公顷，为半径 65 米的正圆形，园区由同心圆及辐射状道路分割，是典型法国规则式人工园林。园中心筑西式八角双柱石亭一座，周围为花木草坪。该园临近繁华商业区，闹中取静，景观优雅，气氛淳朴，是天津租界公园中最漂亮的。园内筑有法国民族英雄诺尔达克塑像和一座和平女神铜像。1941 年后改名为“中心公园”，1946 年改名为“罗斯福花园”，并将铜像等拆除。

1995 年爱国将领吉鸿昌诞辰 100 周年时，有关部门为纪念这位烈士，特意在中心公园修建了吉鸿昌跃马横刀的塑像。吉鸿昌像设在和平女神像旧址上，塑像后面的三层西式楼房就是吉鸿昌故居（图 8–6）。

图 8-6　吉鸿昌故居

8.3.4　租界公园解析

1. 租界公园选址

租界公园选址一般是城市郊区、荒地或市内地形条件较差的地段。租界公园中面积最大、设施功能最完善、影响力最大的几处或是在城郊荒地，或是在滩涂上建造的，如外滩公园及其延伸的外滩绿地。

2. 规划布局

（1）欧美城市公园的设计风格影响租界公园的布局。面积较大的租界园林通常以自然风景式布局为主，如上海的虹口公园、兆丰公园，天津的俄国公园等，都把大草坪设在公园中部，遵循着美国纽约中央公园设计者奥姆斯特德的“开阔的草坪区应放在公园的中心地带”设计原则。

（2）建筑式庭园运动对租界公园布局有影响。原天津各租界公园设计者通常采用规则式布局（如维多利亚花园、法国公园、大和公园），与周边的街道、建筑保持一致。

（3）中国近代租界公园中的植物应用，受到西方 18 世纪末开始的大规模引种驯化、收集植物种类和品种的影响。一些植物新品种的采集、驯化工作开始在租界公园中展开。此时，一些专类园都只建造在风景式公园中，如上海的兆丰公园，园中陆续建造了岩石园、水生植物园、月季园等专类园。

租界公园既有一般西方园林的功能，又具有殖民地的特色，用以满足当时殖民者的生活所需。在公园可进行体育活动，可宁静休息赏景，也可开展音乐欣赏、儿童游戏、动植物学的普及教育等活动。同时，租界公园还是帝国主义者庆祝节日和举行盛大政治集会的场所。

交流讨论

谈谈租界公园如何吸收并融合不同文化元素，形成独特而富有创新性的设计风格。

8.4　近代园林的发展

8.4.1　概况

在风景园林领域，大多近现代的史学研究以社会性质来划分中国近代史和现代（当代）史（图 8-7），将 1840 年鸦片战争开始至 1949 年中华人民共和国成立为止的 109 年作为近代，将 1949 年中华人民共和国成立后视为现代（或称当代）。

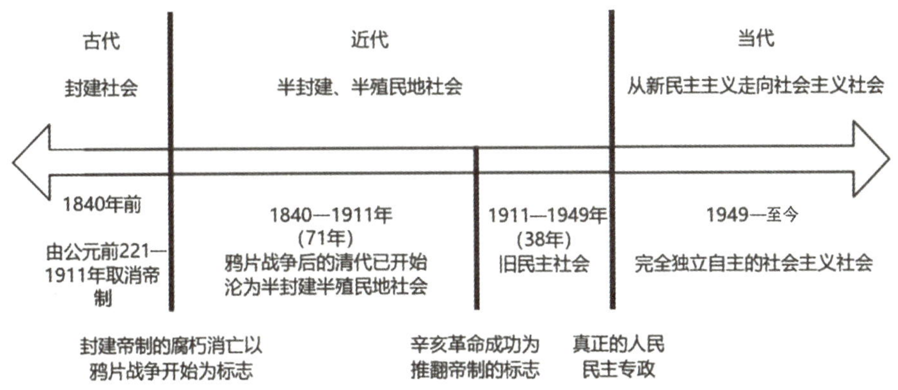

图 8-7　时代划分简图

（图片来源：朱均珍《中国近代园林史》有修改）

一般认为，“公园”这个名字是 20 世纪初的清末时期，从国外的“Public Park”这一名称直译而来，最初译称“公共花园”或称“公家花园”，上海称“工部花园”，苏州称“大花园”，无锡称“公花园”等。从公园的定义来界定，近代公园是供民众游乐、休息及进行文娱体育活动，并具有社会教化功能、综合性较强的公共园林。清末及民国初期，创建公园是一项新兴的市政运动，成为城市社会近代化的象征之一。城市公园的出现是近代园林史上最重要的标志特征，结束了园林私有的历史，使中国园林产生了重大转型，园林也进入了普通大众的生活。

20 世纪初，中国有了齐齐哈尔龙沙公园（1904 年）、天津劝业会场（1905 年）、昆山马鞍山公园（1906 年）、锡金公花园（1906 年）等一批对国人开放的近代城市公园。辛亥革命以后，孙中山先生下令将广州的越秀山辟为公园，当时的一批民主人士也极力宣传西方刚诞生不久的“田园城市”的思想，倡导筹建公园。于是在一些城市相继出现了一批公园，包括广州“越秀公园”、汉口“市府公园”（现为中山公园）、北平“中央公园”（现为中山公园）、南京“玄武湖公园”、杭州“中山公园”、汕头“中山公园”等。这些公园大多是在原有的风景名胜基础上改建而成，有的原本就是古典园林，有的是参照欧美的公园进行扩建、新建。到1949年之前，我国的公园数量很少，容量也很有限，但已经初步具备了动植物展示、儿童活动、运动、展览等设施和功能。

8.4.2 园林实例

1. 无锡公花园

无锡公花园（今无锡城中公园），位于江苏省无锡市区的核心地段、古城的中心位置，占地面积为3.6万平方米（54亩），1905年由一些名流士绅倡议并集资建立。该公园被园林界公认为我国第一个公园，也是第一个真正意义上的公众之园。无锡市公花园地处市中心，是城市“绿肺”。

这里也是无锡革命的圣地：1911年，辛亥革命期间，无锡第一次武装起义的烽火在园中燃起；1923年，无锡第一个青年团在园内西社成立；1925年，中共无锡第一个党支部在这里秘密诞生；1949年，无锡第一面五星红旗在这里冉冉升起。它堪称活生生的无锡近代史的“教科书”。

2. 南京玄武湖公园

玄武湖公园，位于江苏省南京市玄武区，东依紫金山，西临明城墙，是中国最大的皇家园林湖泊。作为江南皇家园林和城内公园的代表，它被誉为“金陵明珠”。

玄武湖已有两千三百年的人文历史，最早可追溯至先秦时期，六朝时期被辟为皇家园林，明朝时为黄册库，属于皇家禁地。直到1909年，清政府筹办南洋劝业会时，它才被开放为公园。玄武湖方圆近五里，分为五洲，各洲之间堤桥相通，浑然一体，山水相依。宋代文人欧阳修曾赞誉“金陵莫美于后湖，钱塘莫美于西湖”，足见玄武湖的文化地位之高。这里不仅是风景园林，更是文化圣地，历代文人骚客、政要名流都曾在此留下足迹，传为美谈。

3. 广州中山公园

广州中山公园位于广东省广州市黄埔区长洲岛。长洲岛是孙中山先生创建的黄埔军校所在地，岛上革命遗迹众多，文化底蕴深厚，旅游资源丰富。广州中山公园是一个集自然风光、历史文化、革命遗迹和旅游资源于一体的综合性公园。

同时，在中国近代，全国出现了许多中山公园，都是为纪念孙中山先生。1925年孙中山先生逝世后，全国为了纪念他，把原有的公园改名为中山公园，几乎每个大城市都有。此外，也有一些公园是纯粹为了纪念孙中山先生而新建的。据南京大学陈蕴茜教授统计，从1925年至1949年，全国共建有267座中山公园，除内蒙古、西藏、黑龙江外，所有省份都有中山公园，成为世界上数量最多、分布最广的同名公园。其中，广东的中山公园数量最多，有57座。

据不完全统计，截至 2010 年 12 月底，全世界还保存有中山公园近百座，其中中国内地 67 座，中国港澳台地区共 20 座，美国、日本等地区也建有中山公园。

交流讨论

通过分析无锡公花园、南京玄武湖公园、广州中山公园等园林的设计理念、造园手法以及文化内涵，谈谈园林艺术如何与地域文化相结合，形成丰富多彩的风格。

8.5　近现代中国造园家

孙筱祥（1921—2018），2014 获国际风景园林师联合会（International Federation of Landscape Architects，IFLA）杰弗里 · 杰里科爵士金质奖，是中国首位获此殊荣的风景园林师，是“中国风景园林之父”。他提出“三境论”——“生境”“画境”“意境”。“生境”，即自然美和生活美的境界。“画境”，即游人在园林中看到和听到的视觉和听觉形象美及其布局美的境界。“意境”，即理想美和心灵美的境界。他的突出设计作品有：美国爱达荷州“诸葛亮草庐”园，杭州花港观鱼公园，杭州植物园，北京植物园（南园、北园），华南植物园，厦门万石植物园，中国科学院西双版纳热带植物园等。其中，杭州西湖花港观鱼公园设计充分利用中国古典园林的造园手法，空间开合有致，层层递进，植物种植设计尤为经典。

冯纪忠（1915—2009），中国现代建筑奠基人，中国城市规划专业及风景园林专业的创始人，创办同济大学建筑系。他的设计思想是：时空转换、意动空间；因地制宜、因势利导；修旧如故、与古为新。他强调“与古为新”，前提就是尊古，尊重古人的东西，要存真保存原来的东西。他的代表作上海方塔园，与古为新，写仿宋代园林的意趣，堑道充分利用了风景旷奥的空间对比，何陋轩则是经典的经现代建筑力学计算的利用毛竹支撑的茅草大屋顶。

孟兆祯（1932—2022），中国工程院院士，风景园林教育家。孟兆祯强调，风景园林是供民众休闲游览的。风景园林师的使命要明确价值观，要为人民的长远、根本利益服务。要敢于提反对意见，不符合客观规律和人民利益的事坚决不做，以免给人民造成重大的损失。他主要研究中国传统园林艺术的系统理论，以现代的科学知识和方法来认识和发展中国传统园林艺术。他出版了多本著作，有《园林工程》《园衍》《中国古代建筑技术史 · 掇山》《避暑山庄园林艺术》等。他主持设计了许多成功项目，如甘肃敦煌鸣沙山月牙泉的总体设计。

汪菊渊（1913—1996），花卉园艺学家、园林学家，中国园林（造园）专业创始人，风景园林学界第一位中国工程院院士。在汪菊渊先生与吴良镛先生的共同努力下，1951 年北京农业大学园艺系与清华大学营建系联合试办造园专业，填补了我国高等教育体系中的一项空白。他在 1962 年参加并主持了城市园林绿化 10 年科研规划。他对中国当代园林史作了深入的史料研究工作，进行了系统的分析，从形式到内容上为划分中国古代园林历史进展，写下了近百万字的作品，出版的著作有《中国大百科全书建筑园林城市规划》（园林部分）、《中国古代园林史》《外国园林史纲要》《怎样配置和种植观赏树木》等。

陈植（1899—1989），我国杰出林学家，现代造园学的奠基人，南京林业大学教授，与陈俊愉院士、陈从周教授并称为“中国园林三陈”。他致力于林业教育和学术研究，致力于研究中国造园艺术，挖掘、整理我国古代造园遗产。1928年在陈植的倡议下成立了“中华造园学会”（我国历史上第一个造园学术组织），并编纂《造园丛书》。他出版的著作有《造园学概论》（这是中国近代最早的一部造园学专著，奠定了中国造园学的基础）、《园冶注释》《长物志校注》《中国历代名园记》《中国造园史》。

吴良镛，1922年生于南京，清华大学教授，中国科学院院士、中国工程院院士，中国建筑与城乡规划学家、教育家，人居环境科学的创建者。他曾主持天安门广场扩建规划设计、广西桂林中心区规划、中央美术学院校园规划设计、孔子研究院规划设计等。他创立了人居环境科学及其理论框架。该理论以有序空间和宜居环境为目标，提出了以人为核心的人居环境建设原则、层次和系统，突破了原有专业分割和局限，建立了一套以人居环境建设为核心的空间规划设计方法和实践模式。他出版的著作有《京津冀地区城乡空间发展规划研究》《人居环境科学导论》《世纪之交的凝思：建筑学的未来》《北京旧城与菊儿胡同》《广义建筑学》《城乡规划》等。

陈俊愉（1917—2012），园林及花卉专家，中国园林植物与观赏园艺学科的开创者和带头人，中国工程院院士。陈俊愉创立了花卉品种二元分类法，对中国野生花卉种质资源有深入的分析研究，创导花卉抗性育种新方向并选育了梅花、地被菊、月季、金花茶等新品种，系统研究了中国梅花，在探讨菊花起源上有新突破。他的代表作有《中国梅花品种图志》《菊花起源（汉英双语）》《中国花卉品种分类学》《中国花经》等。

陈从周（1918—2000），中国著名古建筑园林艺术学家。中华人民共和国成立以来，他积极从事保护、发掘古建筑工作。他融中国文史哲艺与古建园林于一体，出版了第一本研究苏州园林的专著《苏州园林》。20世纪60年代初，他参与指导上海豫园、嘉定孔庙、松江佘山秀道者塔的修复、设计工作，在浙江古建筑考察中发现了安澜园遗址，在江苏扬州园林考察中发现了石涛叠石遗作——片石山房。他协助、参与梁思成设计扬州大明寺鉴真和尚纪念堂。他出版的专著有《说园》《苏州园林》（在这本书里陈从周提出了“江南园林甲天下，苏州园林甲江南”的论断）、《中国建筑史图集》《漏窗》《扬州园林》《中国名园》《上海近代建筑史稿》等。

周维权（1927—2007），为我国城市规划、建筑设计和风景园林事业作出了重大贡献，在业内享有极高声望。他的著作有《中国古典园林史》《清漪园史略》《中国名山风景区》《园林·风景·建筑》《山东潍坊十笏园》等。

交流讨论

中国近现代造园家如何以敬业、严谨的治学精神推动园林艺术的创新与发展？他们的这种精神对当代园林设计有何借鉴意义？

知识拓展一：闽南红砖古厝

“厝”在闽南语里是“房子”的意思，红砖厝就是用红砖盖的房子。它主要分布在厦门、漳州、泉州等地，通常以四合院为中心，讲究中轴对称，建筑装饰普遍运用陶塑、彩绘泥塑、漆金木雕等装饰形式，还在结构和装饰中融会了西方及南洋文化（南洋是现在东南亚地区），独特燕尾脊的屋脊形式，同时利用形状各异的石材、红砖和瓦砾的交错堆叠，呈现方正、古朴、拙实之美。红砖厝是中华民族建筑中别具一格的古民居类型。其就地取材、废物利用，并融合外来文化，体现了习近平生态文明思想的可持续利用与对不同文化的包容与借鉴。

（资料来源：微信公众号“研学建筑”，《最具地域特色——闽南红砖古厝》，有删减）

知识拓展二：中国古建中的“肥水不流外人田”

徽派民居以高深的天井为中心形成的内向合院，四周高墙围护，雨天落下的雨水从四面屋顶流入天井，俗称“四水归堂”，反映了徽商“肥水不流外人田”的心态。

知识拓展三：中国四大古桥

中国古代桥梁建筑艺术是世界桥梁史上的创举，充分显示中国古代劳动人民的非凡智慧。中国四大古桥有北京卢沟桥、广东潮州广济桥、河北赵州桥、福建泉州洛阳桥。

（1）北京卢沟桥，是北京市现存最古老的石造联拱桥。“卢沟晓月”为古代“燕京八景”之一。

（2）广东潮州广济桥，曾被桥梁专家茅以升誉为“世界上最早的启闭式桥梁”。

（3）河北石家庄赵州桥，是当今世界上现存最早、保存最完善的古代敞肩石拱桥。

（4）福建泉州洛阳桥，也称“万安桥”，举世闻名的梁式海港巨型石桥，连接泉州与惠安，桥长 730 米，规模宏伟，工艺卓越。

知识拓展四：“门当”“户对”

“门当户对”与中国古建有关。“门当”是置于门口的一对石墩或石鼓；“户对”则是大门顶部装饰门框的门簪。有“门当”的宅院，必有“户对”，这是建筑学上的和谐美。后来，“门当”和“户对”，常常被人们同呼并称，成为衡量男女婚嫁的条件。古时在给人提亲时，会专门看这家门框上的门簪，如果男女双方的大门上门簪数目相同，门枕石大小相仿，则会被认为是“门当户对”（图 8-8）。

图 8-8　门当与户对

（资料来源：微信公众号“建筑史学”，《“门当”“户对”》，有删减）

8.6 中国现代园林发展

8.6.1 发展阶段

中国现代园林是适合我国现代化进程的当代园林，主要经历了五个发展阶段。

（1）1949—1952 年，国民经济处于恢复时期，全国各城市以恢复、整理旧有公园和改造、开放私园为主，很少新建新的园林景观。

（2）1953—1957 年，第一个五年计划期间，全国各城市结合旧城改造、新城开发和市政工程建设，大量建造新公园。

（3）1958—1965 年，园林建设速度减慢，强调普遍绿化和园林结合生产，出现了公园农场化和林场化的倾向。

（4）1966—1976 年，全国各城市的园林建设陷于停顿。

（5）从 1977 年特别是 1979 年开始，全国各城市的园林建设在原有基础上重新起步，建设速度普遍加快。

8.6.2 大园林理论

现代园林的新兴理论——大园林理论的萌芽。城市现代化建设的迅猛发展，导致生态环境日益恶化。人们渴望保护环境、改善环境、亲近和回归自然的愿望，促使园林事业迅速发展。我国现代园林在继承借鉴古典园林的基础上，融合了园林与城市建筑、城市设施，孕育了大园林理论。

大园林思想，其核心是建设园林式区域、城市甚至国家。实现大地景观规划，其实质应当是园林与建筑及城市设施的融合，也就是说，将园林的规划建设放到城市的范围内考虑，园林即城市，城市即园林。它强调城市人居环境中人与自然的和谐，以满足人们改善城市生态环境，回归自然、亲近自然的需求；满足人们对建筑室内外空间相互交融，以提供休闲、交流、运动、活动等工作和生活环境的需求；满足人们对建筑等硬质景观与山石、水体和植物共同构筑的环境美、自然美的需求，创造集生态功能、艺术功能和使用功能于一体的城市大园林。

我国现代园林的发展经历了曲折的历程，从绿化、美化、系统绿化到现代城市大园林，已初步形成了以生态园林、城市系统绿化、景观设计等为基础的，有中国特色的、符合现代园林发展的大园林理论。

8.6.3 生态文明美丽中国背景下的园林发展

1. 湿地公园

2004 年，国务院办公厅下发《关于加强湿地保护管理的通知》，提出要因地制宜，采取建立各种类型湿地公园等多种形式加强保护管理。2005 年，正式启动国家湿地公园试点

建设，浙江杭州西溪湿地成为我国首个国家湿地公园。十余年来，我国国家湿地公园在制度设计、保护修复、合理利用、科研监测、科普宣教及社会参与等方面已积累了丰富经验。中国目前有国家湿地公园 900 多处，遍布 31 个省（自治区、市），总面积达 360 多万公顷。2015 年，中国湿地保护协会成立。中国比较美的湿地公园有扎龙湿地、青海湖鸟岛、巴音布鲁克湿地、三江平原湿地、盘锦湿地、西溪湿地、若尔盖湿地、向海湿地、鄱阳湖湿地、东寨港红树林湿地等。其中，扎龙湿地是我国著名的丹顶鹤之乡，是世界重要湿地。

2. 口袋公园

2021 年住房和城乡建设部提出禁止“大拆大建”式城市开发，鼓励“微更新”。鼓励对城市空间进行碎片式更新、小而美的改造，可以让老社区旧貌换新颜，让老街区焕发新活力，让城市内涵品质得到提升。在微更新背景下，口袋公园蓬勃发展。

口袋公园也称“袖珍公园”，是面积在 400 平方米至 1 万平方米的城市开放空间，常呈斑块状散落或隐藏在城市结构中，为当地居民服务。口袋公园是对较小地块进行绿化种植，再配置座椅等便民服务设施。城市中的各种小型绿地、小公园、街心花园、社区小型运动场所等都是人们身边常见的口袋公园。口袋公园的建设正是契合了城市微更新的需求。

据住房和城乡建设部统计数据显示，按照居民出行“300 米见绿，500 米见园”的目标要求，各地统筹利用城市中的边角地、废弃地、闲置地、绿地等，因地制宜规划建设或改造“口袋公园”，到 2023 年已近 3 万个。

3. 中国国家公园

为了更好地保护生态，保护自然资源，我国于 2021 年 10 月 12 日公布了第一批国家公园，分别是三江源国家公园、大熊猫国家公园、东北虎豹国家公园、海南热带雨林国家公园、武夷山国家公园。

三江源国家公园是高原野生动物王国。公园位于中国的西部，地处青藏高原腹地，素有“中华水塔”“高寒生物种质资源库”之称。公园包括长江源（可可西里）、黄河源、澜沧江源三个园区在内的“一园三区”，是青藏高原生态系统的典型代表。

大熊猫国家公园，位于中国西部地区，处秦岭、岷山、邛崃山和大小相岭山系。这里保存了大熊猫栖息地面积 1.5 万平方千米，占全国大熊猫栖息面积的 58.48%，园内分布着 8 000 多种野生动植物。

东北虎豹国家公园，地处亚洲温带针阔混交林生态系统的中心地带，是我国境内规模最大且唯一具有繁殖家族的野生东北虎、东北豹种群定居和繁育的地区。

海南热带雨林国家公园，位于海南岛中南部，总面积为 4 400 余平方千米，拥有中国分布最集中、保存最完好、连片面积最大的大陆性岛屿型热带雨林，是极度濒危物种海南长臂猿在全球的唯一分布地，也是热带生物多样性的宝库。

武夷山国家公园，是世界文化与自然双遗产地，拥有同纬度保存最完整、最典型、面积最大的中亚热带森林生态系统，以及特色丹霞地貌最壮观和丰富的历史文化遗产，是世界著名的生物模式标本产地。这里是“鸟的天堂”“蛇的王国”“昆虫的世界”。

8.6.4 中国传统文化复兴背景下的新中式园林

新中式风格诞生于中国传统文化复兴的新时期。伴随着国力增强，民族意识逐渐复苏，东方文化、中国元素在世界范围内具有越来越高的艺术价值。中国古典园林讲究天人合一，人与自然和谐共处，是山水写意园林。新中式园林就是吸收中国古典园林中的精髓与内涵，传承并发扬，将现代元素和传统元素有机地结合起来，打造富有传统韵味的当代园林。

新中式景观为营造丰富的景观空间，将古典园林造景手法融入现代景墙、廊架、景观亭等的设计中，以达到步移景异的景观效果。新中式园林共有六大表现要素：山水景墙、拴马桩、月洞门、亭台长廊、一池三山、曲水流觞。山水景墙是运用不同材料模拟自然山水，将其纳入园中，咫尺之间造乾坤。拴马桩石雕和门前的石狮一样，既有装点建筑的作用，又被赋予了象征意义（图 8-9）。新中式园林连廊提取中国传统园林经典元素月洞门，融入当代美学装饰创作。一池三山是中国传统的园林模式，被继承和发展。曲水流觞源于传统文化，对中国园林产生深远影响。

图 8-9　新中式园林的山水景墙与拴马桩

交流讨论

讨论习近平生态文明思想在当代园林发展中的实践与探索。

本 章 小 结

中国近现代园林发展注重生态平衡，融合自然与人文。园林建设致力于生态修复与保护，提升环境品质。标准化与专业化发展推动园林行业进步，应对挑战，实现可持续发展，展现生态园林新风貌。

以史明鉴 启智润化

“并蒂莲开映日辉，才情双璧耀乾坤”——梁思成和林徽因

梁思成和林徽因是一对杰出的夫妇，他们不仅在建筑领域有着卓越的成就，还共同致

力于中国古代建筑的研究。梁思成是20世纪著名的建筑大师，被誉为“中国现代建筑之父”。林徽因是一位才华横溢的建筑学家、诗人和作家，她参与了人民英雄纪念碑和中华人民共和国国徽深化方案的设计。

在战火纷飞的20世纪三四十年代，梁思成与林徽因排除万难，不畏艰险，带领中国营造学社走遍祖国大地，对超过2 500处古建筑进行了详细的考察和测绘，发现了一大批具有珍贵史料价值的古建筑遗物，如中国古老的木结构建筑——山西五台山唐代建筑佛光寺、天津蓟县辽代建筑独乐寺观音阁、天津宝坻辽代建筑广济寺、河北正定隋朝建筑隆兴寺、山西应县辽代木塔、山西大同辽代寺庙群华严寺和善化寺、河北赵县隋朝安济桥等。这些重大考察成果为中国古建筑史研究积累了珍贵资料，并建立起中国古建筑研究发展体系。他们绘制的建筑手稿精确而细腻、栩栩如生，为后人提供了宝贵的建筑文化遗产。逃难途中，他们丢失了很多财物，但调查古建筑的原始资料，却保存完好。他们在1944年完成了第一部由中国人自己编撰的《中国建筑史》，与之对应的英文版本亦于同年完稿，轰动全世界。

梁思成和林徽因夫妇崇高的爱国精神、坚定的学术追求，对事业的兢兢业业、一丝不苟，以及相互扶持的合作精神，非常值得后人敬仰学习。

（资料来源：学习强国《梁思成林徽因》，有修改）

文化传承 行业风向

越是民族的，越是世界的：建筑大师贝聿铭的“中国印记”

苏州狮子林原是贝家祖宅，建筑大师贝聿铭在狮子林度过了他的少年时光。他熟悉狮子林的假山、建筑、一草一木。贝聿铭曾说过，苏州园林的生活经历对他后来的建筑设计有相当深远的影响，让他意识到人与自然共存、创意是人类的巧手和自然的共同结晶。

回望贝聿铭一生的作品，永远无法忽略的是其中的“中国印记”。他坚信“越是民族的，越是世界的”，许多作品的灵感源泉都来自中国诗词、绘画、园林。从高耸的摩天大楼，到世界各地的博物馆、图书馆，他的作品坚持着现代主义风格，同时注入了东方的诗意。例如，日本美秀美术馆的设计就以《桃花源记》为原型；我国香港中银大厦，结构如竹，寓意“节节高升”。从北京香山饭店（图 8-10）到苏州博物馆（图 8-11），他都致力于探索一条中国建筑的现代化之路。他设计的苏州博物馆新馆以“中而新、苏而新”为设计宗旨，将中国古典的山水画融入其中，“以壁为纸，以石为绘”，用石片模仿宋代画家米芾的“米氏云山”，呈现出一幅立体水墨山水画。

贝聿铭用了一个世纪，让自己的建筑遍布全世界，用自己的作品证明了越是民族的，就越是世界的。

（资料来源：越是民族的，越是世界的：建筑大师贝聿铭的“中国印记”，中国新闻网.2020-01-12，有删减）

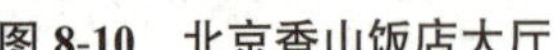

图 8-10　北京香山饭店大厅

图 8-11　苏州博物馆

温故知新　学思结合

一、简答题

1. 中国第一批国家公园在哪一年公布？是哪几个国家公园？
2. 新中式园林有哪些表现要素？
3. 中国近现代造园家中，被称为“中国园林三陈”的是谁？

二、实践题

探索并举例说明你身边城市“新中式园林”设计。

课后延展　自主学习

1. 书籍：《园冶》(手绘彩图修订版)，计成著、倪泰译，重庆出版社。
2. 书籍：《中国古典园林史》，周维权，清华大学出版社。
3. 书籍：《中国古典园林分析》，彭一刚，中国建筑工业出版社。
4. 扫描二维码学习：学习通平台，厦门工学院谢鑫泉，《中外园林史》。
5. 扫描二维码观看：《园林》第八集《墙里的花园》。
6. 扫描二维码观看：《中国古建筑》第八集《营造传承》。

思维导图 脉络贯通

- 近现代中国园林
  - 发展概述
    - 园林与社会背景
    - 发展情况
  - 皇家园林的衰落与对外开放 —— 天坛公园、北海公园
  - 租界公园的兴起与发展
    - 租界公园的建设
    - 上海租界公园典型实例 —— 外滩公园、华人公园
    - 天津租界公园典型实例 —— 维多利亚公园、法国公园
    - 租界公园解析
      - 租界公园选址
      - 规划布局
  - 近代园林的发展
    - 概况
    - 园林实例
      - 无锡公花园
      - 南京玄武湖公园
      - 广州中山公园
  - 近现代中国造园家 —— 孙筱祥、冯纪忠、孟兆祯、汪菊渊、陈植、吴良镛、陈俊愉、陈从周、周维权等
  - 中国现代园林发展
    - 发展阶段
    - 大园林理论
    - 生态文明美丽中国背景下的园林发展
      - 湿地公园
      - 口袋公园
      - 中国国家公园
    - 中国传统文化复兴背景下的新中式园林

第9章 古代西方园林

学习目标

➢ 知识目标

1. 了解古埃及的历史概况、地理位置，掌握古埃及的园林类型及代表作品。
2. 熟悉古巴比伦的概况，掌握古巴比伦的园林类型与特征。
3. 了解古希腊园林的发展背景，掌握古希腊的园林类型与风格特征。
4. 熟悉古罗马的历史，掌握古罗马的园林类型。

➢ 能力目标

1. 掌握古代西方园林功能分析，探究其影响与意义。
2. 培养批判性思维，提高审美观念与创新能力。

➢ 素质目标

1. 强化环保意识，积极倡导绿色发展理念。
2. 激发创新思维和想象力，培养创造力和实践能力。
3. 促进对其他国家和文化的理解和尊重，培养跨文化交流能力。

启智引思 导学入门

古代西方园林作为人类文明的一颗璀璨明珠，有着独特魅力和文化内涵，吸引着无数人的目光。古希腊历史学家希罗多德在其著作中提及了壮丽的园林，他尤其赞赏这些园林如何通过精心的设计和布局，将自然与人文完美结合，创造出一种既神秘又和谐的空间感。古罗马诗人奥维德，以细腻的笔触描绘了园林的美丽景色，他赞美园林中的喷泉、水池和绿树成荫的小径，称它们为“人间仙境”。

这些名人的言论和著作为人们了解古代西方园林提供了宝贵的资料，也为深入探索这一领域提供了重要的参考。通过学习和借鉴这些名人的观点和见解，可以更好地认识和理解古代西方园林。

学习内容

9.1　古埃及园林

9.1.1　古埃及历史

古埃及是四大文明古国之一。约在公元前 3100 年，美尼斯统一了埃及，建立了古埃及第一王朝。这个文明在历史的长河中持续发展，直到公元前 332 年被马其顿帝国的亚历山大大帝（公元前 356—公元前 323 年）征服。古埃及文明延续了近 3 000 年之久。

在这漫长的岁月里，古埃及人民取得了无数令人叹为观止的成就。他们建造了巍峨的金字塔，创立了独特的文字，发展了精湛的工艺技术，形成了丰富多彩的宗教信仰和神话传说。这些成就不仅彰显了古埃及人民的智慧和创造力，也对后世文明的发展产生了深远影响。

9.1.2　古埃及概况

埃及的气候特点鲜明，干旱少雨，冬季温和，夏季酷热，温差较大。这种气候条件对当地的生活和农业生产有着深远的影响。

尼罗河，由南向北贯穿整个埃及，每年定期泛滥，为古埃及带来了肥沃的土壤和大量的水，使得栽培农作物成为可能。因此，农业在古埃及文明中占了举足轻重的地位。

埃及的气候不适宜树木生长，因此树木在当地备受重视。古埃及人热衷于在园林中植树，这不仅是为了美化环境，更是为了满足宗教和文化的需求。

9.1.3　地理位置

埃及地跨亚、非两大洲，大部分领土位于非洲东北部，仅苏伊士运河（Suez Canal）以东的西奈半岛（Sinai Peninsula）位于亚洲（Asia）西南角。埃及地处欧、亚、非三大洲的交通要冲，其境内的苏伊士运河沟通了大西洋、地中海与印度洋，战略位置和经济意义都十分重要。

埃及代表性的景观有狮身人面像、金字塔等。

9.1.4 古代埃及园林类型

根据史料记载和考古发现，古代埃及园林的类型有宅园、宫苑、圣苑和墓园等四种。

1. 宅园

古埃及第十八王朝时期，兴建宅园成为一股热潮。这些宅园不仅是居住的场所，更是王公贵族财富和权力的象征。他们的宅邸旁，都建有游乐性水池，四周种植了各种各样的树木花草。这些植物和水的元素为庭园增添了生机和活力，使整个环境更加宜人。在这些封闭的庭园中，亭、台、廊架等建筑设施与周围的树木、水池相互映衬，形成了一幅美丽的画卷。这些建筑为人们提供了休息和娱乐的场所，使庭园不仅是一个居住的地方，更是一个享受生活的空间。水体和树木在宅园中发挥了重要的作用。水体带来了湿润的感觉，为庭园创造了一种舒适的环境。树木的叶子和枝条起到了遮阳的作用，使人们在炎热的夏季也能感受到凉爽，同时进一步改善了庭园的小气候环境。

在阿马尔奈（拉丁文名称 Tell el-Amarna）遗址发掘出一批大小不一的园林，都采用几何式构图，以灌溉水渠划分空间。园的中心是矩形水池，有的水面大如湖泊，可在池中垂钓、泛舟或狩猎水鸟。水池周围树木成列种植，有柏树、棕榈或果树，用葡萄棚架将园林围成几个方块。直线形花坛中混植着玫瑰、虞美人、牵牛花、黄雏菊和茉莉等花卉，边缘以桃金娘、夹竹桃等灌木为篱。

2. 宫苑

宫苑，是为埃及法老休憩娱乐而建筑的园林化王宫，四周高墙环绕，宫苑内部以墙体分隔空间，形成若干个小院落。这些院落以中轴线为中心，呈对称格局，给人以稳定和平衡的感觉。每个院落中都有不同的景观元素，如棚架、格栅和水池等，畜养水禽，装饰有草地、花木、凉亭，使每个空间都有其独特的氛围和功能。

底比斯法老宫苑呈正方形，中轴线顶端呈弧状突出。宫苑建筑用地紧凑，以栏杆和树木分隔空间。走进封闭厚重的宫苑大门，首先映入眼帘的是两旁排列着狮身人面像的林荫道。林荫道尽端接宫院，宫门处理成门楼式建筑，称为“塔门”，十分突出。塔门与住宅建筑之间是笔直的甬道，构成明显的中轴对称线。甬道两侧及围墙边行列式种植着椰枣、棕榈、无花果及洋槐等。宫殿住宅为全园中心，两边对称布置着长方形泳池。池水略低于地面，呈沉床式，宫殿后为石砌驳岸的大水池，池上可荡舟，并有水鸟、鱼类放养其中。大水池的中轴线上设置码头和瀑布。园内因有大面积的水面，庭荫树和行道树凉爽宜人，又有凉亭点缀，花台装饰（图 9-1）。

3. 圣苑

圣苑是指埃及法老为参拜天地神灵而建筑的园林化神庙，周围种植有茂密的树林营造神秘与神圣的色彩，树木为祭祀品，以大片树木表示对神灵的尊崇（图 9-2）。

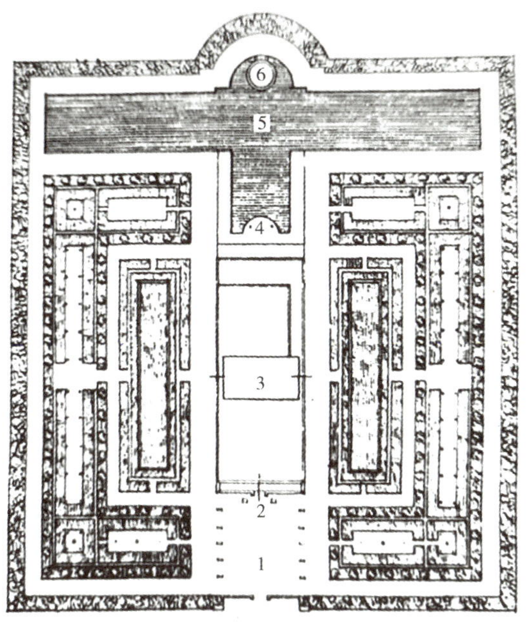

图 9-1　底比斯法老宫苑

1—狮身人面像林荫道；2—塔门；
3—住宅；4—码头；5—水池；6—瀑布

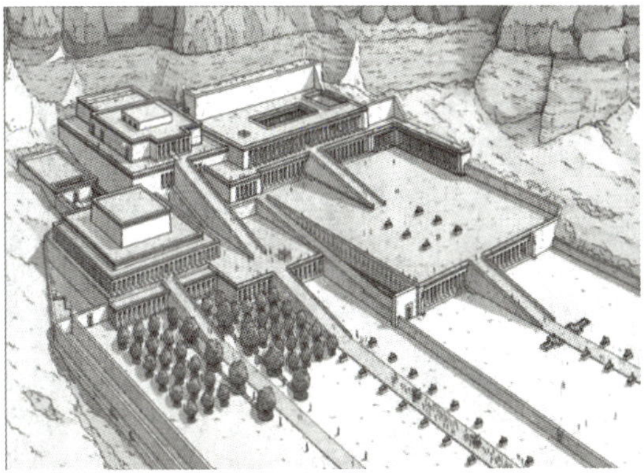

图 9-2　巴哈利神庙复原图

圣苑中往往还有大型水池，池中有荷花和纸莎草，并放养作为圣物的鳄鱼。

在古埃及古王国和新王国时代，圣苑的主要特征如下。

（1）处于风景中极其重要的位置。

（2）一道防御性的墙，通常平面上呈波浪状，象征着混沌之初的水面。

（3）一座圣丘或金字塔，象征着大地从水中显现出来。

（4）一条从圣丘通向水面的道路。

知识拓展一：神圣的古埃及园林

在古埃及，园林被认为是具有神圣性的地方，尤其是与死者有关的园林。例如，蒙图霍特普国王在他的丧葬庙前种了红柳和无花果树，这两种树在古埃及文化中都有特殊的象征意义。红柳树是天空女神的家，无花果树则被视为死者的养育者。因此，这些园林不仅是现实的休憩场所，还是与神和死者沟通的神圣之地。

4. 墓园

墓园是指为安葬古埃及法老以享天国仙界之福而建筑的墓地，其中心是金字塔，四周有对称栽植的林木。古埃及人相信人死后灵魂不灭，如花开花落、冬去春来一样。因此，历代的法老及贵族都为自己建造巨大而显赫的陵墓，墓园周围还要有再现死者生前休憩、娱乐的景象环境。这不仅是为了纪念和缅怀逝去的死者，也是为了让他们在来世得以继续享受他们生前所喜爱的一切。

在古埃及，墓园通常位于城市或乡村的附近，方便人们祭拜和悼念。墓园中的陵墓形式多样，包括金字塔、马斯塔巴、岩石墓等。其中，金字塔是古埃及王陵的代表，是墓园的核心建筑，它不仅是死者的陵墓，更是他们通往天国的阶梯。在墓园中，林木被对称地栽植在金字塔周围。这些树木不仅为墓园增添了一抹生机，更象征着死者在来世生活中的重生和繁荣。在古埃及人的信仰中，死亡并不是生命的结束，而是灵魂从一个世界到另一个世界的旅程。

著名的墓园是散布在埃及尼罗河下游西岸吉萨高原上的 80 余座金字塔陵园。金字塔是一种锥形建筑物，因外形酷似汉字“金”而得名。它规模宏大、壮观，显示出古埃及科学技术的高度发达。其中，胡夫金字塔（胡夫是古埃及第四王朝法老）为世界之最，用 230 万块巨石堆砌而成，平均单块重约 2.5 吨，最大石块甚至超过 15 吨。

图 9-3　吉萨金字塔群

吉萨金字塔群的三大金字塔：门卡乌拉金字塔，高约 66.4 米，底边长约 108 米；哈夫拉金字塔，高约 143.5 米，底边长约 215 米；胡夫金字塔，原高约 146.6 米，现约 137 米，底边长约 230 米（图 9–3）。

知识拓展二：园林经常作为举行宗教仪式和祭祀活动的场所

以蒙图霍特普法老为例，他的坟墓旁就有园林，并且被认为与他的重生有关。这种观念体现了古埃及人对于生命、死亡和再生的深刻理解。在古埃及的信仰体系中，死亡并不是生命的终结，而是通向另一个世界的开始。他们认为，通过祭祀和仪式，可以与神祇沟通，确保死者在来世得到安宁和幸福。同时，园林作为这些仪式的场所，也象征着生命的延续和再生的可能（图 9–4）。

古埃及园林不仅是物质空间，更是精神信仰和宇宙观的体现。通过深入了解这些园林的功能和象征意义，可以更好地理解古埃及文化的核心价值和信仰体系。

图 9-4　坟墓壁画中所描绘的葬礼

9.1.5 古埃及园林发展概况

1. 园林发展原因

埃及大部分地区属于热带沙漠气候，干燥炎热的气候条件使树木的生长变得极为困难。因此，在埃及，树木的数量非常稀少，这也使得树木在当地显得格外珍贵。在古埃及文明中，树木被视为神圣的象征，与神灵和来世生活有着密切的联系。在宗教信仰中，树木被认为是生命之源，具有神秘的能量和生命力。

科技的进步、生产力的提高为园林的出现和发展奠定了物质基础，同时也对园林的布局产生了深远的影响。

2. 园林概况

古埃及园林根据使用类型可分为实用性园林和实用性园林。

（1）实用性园林。从古埃及古王国时期开始，尼罗河三角洲一带就已经出现了园林。这些早期的园林面积通常不大，空间也相对封闭，却体现了实用性园林的特征。其中，种植的果木和葡萄是这些园林中的重要元素，这表明了这些园林的主要作用是提供食物和饮料。这些实用性园林被认为是古埃及园林的雏形。

（2）实用性园林。在古埃及新王国时期，埃及经历了一个空前的繁荣时期。随着社会经济的蓬勃发展，游乐性园林开始出现，并成为法老喜爱的奢侈品。这些园林为法老提供了一个宁静、舒适的环境，让他们在池畔树下享受娱乐和休闲时光。

与实用性园林有所不同，游乐性园林的设计和布局更加注重美学和艺术性。它们通常建在宫殿和住宅的附近，以便法老可以方便地享受。这些园林中种植了各种美丽的植物，包括花卉、树木等，营造出一个宜人的自然环境。

3. 古埃及园林特点

古埃及园林具有以下特点。

（1）古埃及园林是古埃及自然条件、宗教思想、社会发展状况与人们生活习俗的综合反映。

（2）为了应对炎热的天气，古埃及人在园林设计中特别注重提供阴凉和舒适的环境。

（3）浓厚的宗教思想、崇拜神灵及对永恒生命的追求和对来世生活的向往，促使了相应的圣苑及墓园的产生（图 9–5）。

图 9-5　雷克马拉庭园中的葬礼（戈塞因）

（4）园林的人工气息，反映出埃及人改造恶劣的自然环境的思想。

交流讨论

谈谈你所认为的古埃及园林。

9.2 古巴比伦园林

9.2.1 古巴比伦概况

9.2.1.1 地理位置

古巴比伦（Ancient Babylon）王国位于美索不达米亚（Mesopotamia）平原上。美索不达米亚平原沿着底格里斯河（Tigris）和幼发拉底河（Euphrates）分布，是一个农业区，拥有丰富的灌溉水源和肥沃的土壤。

9.2.1.2 自然条件

据考古学家和地质学家的研究，在公元前 4000 年左右，由于西南季风的扩张和季风雨的滋润，美索不达米亚地区存在着湿润气候，亚美尼亚高原（Armenian Highland）丰沛的降水流入幼发拉底河和底格里斯河，两河在南部汇合成阿拉伯河，形成了一个三角洲，因此灌溉便利，河渠纵横，水源丰富，非常适合农业生产。此外，古巴比伦的气候温和湿润，有利于农作物生长；地势低平，也有利于开发利用。

古巴比伦的自然条件也存在一些不利因素。历史上，该地区曾经存在干旱和洪水的威胁。古巴比伦的气候逐渐变得干燥，甚至出现过干旱和饥荒。此外，洪水也是该地区常见的自然灾害之一，给当地人们带来了很大的困扰和损失。

9.2.1.3 文化艺术

1. 文化

自 20 世纪以来，大量的考古发现证实了美索不达米亚文化早于埃及文化。当尼罗河三角洲刚开始有人类聚集时，两河流域的城镇已经初具规模。楔形文字的创造也比埃及早了几百年。公元前 5800—公元前 5500 年，两河流域地区已经出现了陶器。从美索不达米亚历代王朝遗留下来的丰富文物中可以看出，西亚各民族的灿烂文化传统虽然已经有几千年的历史，但仍然展现出各自独特的艺术光彩。这些文化不仅对本地区的文明发展产生了深远影响，还与欧洲、印度和埃及的文化发展紧密相关，在全球艺术史的启蒙阶段扮演着重要角色。

2. 天文

古代两河流域的人们对天象的敬畏，导致他们对天象的观测非常细致，这极大地促进了天文学的发展。约公元前 4000 年，随着天文观测的进步，季节被划分为固定的时间段，

月相也被确定下来，阴历开始被采用，并且发明了置闰的方法。

随着天文学的发展，星相学也随之兴起。美索不达米亚人通过观测星体运行周期，编制出了日月运行表，并最早用星座的名字来命名黄道符号，如公牛座、双星座、狮子座、天蝎座等。星期制度也是从两河流域流传下来的。

3. 建筑

美索不达米亚地区缺乏石头和木料，因此当地的建筑主要使用天然黏土和芦苇作为建筑材料。由于材料的限制，用砖和沥青构筑的建筑物在规模和装饰方面都有所限制，而且易于毁坏。然而，美索不达米亚人发明了一种独特的建筑架构，对后世建筑艺术产生了很大的影响，这就是拱（Arch）和拱化的半圆屋顶和圆屋顶的建筑系统。这些建筑结构将材料、结构和建筑构造与造型艺术有机地结合在一起，对小亚细亚、欧洲和北非的建筑风格产生了深远的影响。这种建筑风格不仅具有实用性和美观性，还代表了人类智慧和创造力的结晶，为世界建筑史留下了宝贵的遗产。

4. 宗教

在两河流域，原始宗教信仰是多神的，这种信仰起源于苏美尔人，后来经过阿卡德人的细微改变而形成。在这个信仰体系中，有很多的神祇，包括天神“阿努”（Anu）、地神“恩利尔”（Enlil）、风暴之神“阿达德”（Adad）、水神“埃阿”（Ea）、爱和战争女神“伊什塔尔”（Ishtar）等。这些神祇中，许多具有天文学的特征，并且在民间流传着许多传奇性的神话故事。例如，吉尔迦美什（Gilgamesh）的传说经常出现在装饰题材的画面上。除帝王肖像外，大多数雕像都是寺庙中供奉的神像。“伊什塔尔”（Ishtar）是古苏美尔地区很多城市的保护神。伊什塔尔城门耸立在通往巴比伦城神庙和王宫区的仪仗大道上，是该地区的重要文化标志。

在古巴比伦，神祇在公共生活中扮演了非常重要的角色。巴比伦不仅有全国性神祇，每个城市也有自己的守护神，这反映了当时的多神宗教观念。宗教仪式作为宗教观念的表现形式，在古代两河流域人们的日常生活中占据了核心地位，民众的节日也经常与宗教仪式相结合。这些宗教节日和仪式不仅表达了人们对神的敬畏和崇拜，也体现了他们对生活的期望和对未来的憧憬。

5. 艺术

由于王朝更换频繁，信仰多神，统治者和祭司对于艺术的干涉和控制相应宽容一些，对艺术形式的程式规定也不严格。因此，美索不达米亚地区各种艺术风格互相掺杂，多种渊源汇集，造型艺术呈现出绚丽多彩的面貌。留存下来的艺术品有圆雕、浮雕、陶器、乐器和贵金属工艺品，乃至巨大的神庙和宫殿遗址。从中可以看出两河地区的帝王和自由民众更重视现世的享乐，他们筑造装饰华丽的宫殿和艺术是为了夸耀和享乐。

巴比伦文明是人类古代文明发展的高潮。古巴比伦王国以强盛的国力和灿烂的城市文明使其受到周围国度的膜拜。许多学者坚信，《圣经》中叙述的天堂伊甸园所在之处，就是如今伊拉克南部的苏美尔城市库尔腊。

9.2.2 古巴比伦园林类型

古巴比伦位于美索不达米亚平原上，是人类古老文明的发源地之一，其文化艺术发展十分昌盛，有著名的《汉谟拉比法典》。古巴比伦人对天文、建筑、宗教的研究都领先于当时的其他地区，园林艺术也随之发展。古巴比伦园林包括亚述及迦勒底王国时期在美索不达米亚地区所建造的园林基本上保留并继承了古巴比伦文化，在园林形式上大致分为猎苑、圣苑和宫苑（空中花园）三种类型。

1. 猎苑

两河流域雨量充沛，气候温和，有着茂密的天然森林。进入农业社会以后，人们仍然眷恋过去的游牧生活，因而出现了供狩猎娱乐的猎苑。猎苑是利用天然林地经过人为加工改造形成的游乐场所，与可供狩猎的天然森林不同。

在约公元前 2000 年，古巴比伦帝国时期的叙事诗《吉尔迦美什史诗》中，已有对猎苑的描述。到了亚述帝国时期，国王们更加热衷于猎苑的建造，他们经常从被征服的地区引进新的树种，种植在猎苑中。公元前 1100 年，亚述国王提格拉特·帕拉莎一世在都城的猎苑中饲养了各种动物，包括野牛、山羊、鹿，甚至还有大象和骆驼等。这些动物不仅用于狩猎活动，还展示了国王的权力和财富。

猎苑在亚述帝国时期成为重要的政治和社会活动场所。国王们在这里举行盛大的狩猎活动，同时也是展示其军事力量和统治权威的舞台。随着时间的推移，猎苑也成了文化交流的场所，不同地区的动物和植物被引进和交流，促进了文化多样性和生态多样性的发展。

考古发现有关猎苑的文字记载，宫殿中的壁画和浮雕描绘的狩猎、战争、宴会等活动场景，以及以树木作为背景的宫殿建筑图样。这些丰富的史料表明，猎苑中除了原有的森林外，还有大量人工种植的树木，品种主要包括香柏、石榴、意大利柏木和葡萄等。同时，猎苑中还放养着各种供帝王和贵族狩猎的动物（图 9-6）。

图 9-6　古巴比伦宫殿建筑上的浮雕刻画的猎苑场景

为了更好地进行狩猎活动，猎苑中还堆叠了土山，供人们登高瞭望。这些土山上种植了树木，并建有神殿和祭坛等建筑。此外，猎苑中还引水形成了贮水池，不仅可供动物饮用，也为整个猎苑增添了生机和活力。这些人工建设的猎苑不仅展现了当时人们的建筑和园艺技术，也反映了他们对自然环境的改造和利用。这些猎苑成了当时社会和文化的缩影，

为现代人了解古代文明提供了宝贵的资料。这与中国古代的囿十分相似，而囿被看作中国园林的雏形，可见东西方园林的起源有相似之处。

知识拓展三：古巴比伦《吉尔迦美什史诗》

《吉尔迦美什史诗》是已知世界最古老的英雄史诗，早在千年前就已在苏美尔人中口耳流传，在古巴比伦王国时期改编成巴比伦版本流传下来，是由许多原本独立的情节组成的。古代近东地区发现了许多不同版本的史诗，较为完整的版本来自公元前 7 世纪亚述帝国首都尼尼微的亚述巴尼拔图书馆的藏品。

这是一部关于古代美索不达米亚地区乌鲁克城邦领主吉尔迦美什的赞歌。虽然这是一部残缺了近 1/3 的作品，但从余下的 2 000 多行诗中还是能够感受到苏美尔人对他们伟大英雄的崇拜、赞美之情。

2. 圣苑

古埃及由于缺乏森林资源将树木神化，而古巴比伦虽然拥有茂密的森林，但对树木的崇敬之情也同样深厚。在远古时代，森林是人类躲避自然灾害的理想场所，这可能是人们神化树木的原因之一。

古巴比伦人对树木非常尊崇，他们经常在寺庙周围大量植树造林，这形成了神圣的园林——圣苑。这些圣苑不仅为寺庙提供了优美的环境，也是人们寻求心灵平静和与神灵沟通的场所。

在古巴比伦时期，树木是呈行列式栽植的，这与古埃及的圣苑情形非常相似。据记载，亚述国王萨尔贡二世的儿子辛那赫瑞布曾在裸露的岩石上建造神殿，祭祀亚述的历代守护神。

3. 宫苑

古巴比伦空中花园，又称“悬园”（Hanging Garden)，被誉为“古代世界七大奇迹”之一，由于其已被毁灭殆尽，只留下一片废墟，后人对其的了解全部来自古希腊和古罗马史学家的著作。关于古巴比伦园林，尤其是古巴比伦“空中花园”的史料、文献却相当丰富。

经过研究证实，所谓的“空中花园”并不是悬于空中的花园，而是由金字塔形的数层平台堆叠而成的花园。每一台层的边缘都有石砌的拱形外廊，内部则有卧室、洞府、浴室等设施。为了使花园更加美丽，古巴比伦人会在台层上覆土，并种植花草树木。各台层之间有阶梯联系上下，方便人们往来。为了解决屋顶花园的防渗、灌溉和排水等技术难题，古巴比伦人采用了多种方法。他们将芦苇、砖、铅皮和种植土层叠在台层上，以防止水土流失和渗漏。同时，他们在角隅安置提水轱辘，将河水提升到顶层上，再往下逐层浇灌，从而实现了对整个花园的灌溉。这种灌溉方式不仅保证了植物的水分需求，还形成了活泼的叠水景观，为花园增添了更多的观赏价值（图 9–7 ）。

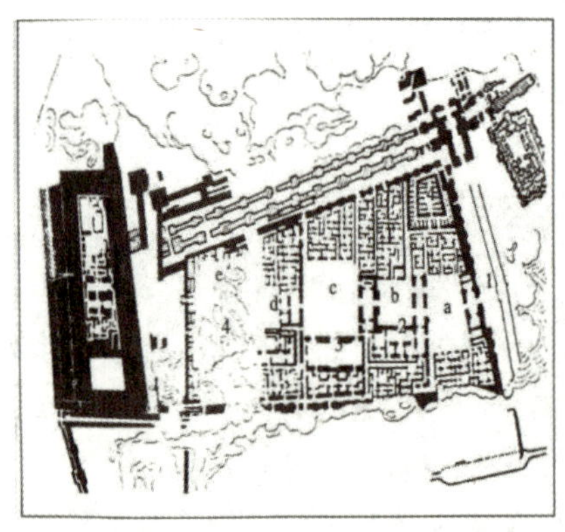

图 9-7　根据王宫遗迹及史料绘制的空中花园平面图、剖面示意图

1—主入口；2—客厅；3—正殿；4—空中花园

a—入口庭院；b—行政庭院；c—正殿庭院；d—王宫内庭院；e—哈雷姆庭院

据有关资料记载，巴比伦平原上的空中花园是一座壮观的建筑奇观。它的方形底座边长约为 140 米，层高约为 22.5 米，与巴比伦城的城墙等高。空中花园的每一层都覆盖着各种植物，包括蔓生植物、攀缘植物和各种树木花草。这些植物附在台层上，从远处看去，仿佛整个花园悬浮在空中一般，因此得名“空中花园”（图 9-8）。据考古发掘的浮雕显示，在亚述人的房屋前通常有宽敞的走廊，厚重的屋顶可以起到遮阴的作用，避免居室受到强烈阳光的直射，又可以在屋顶上覆盖泥土、种花植树。当时的亚述有许多这样的屋顶花园，帝王的花园相对而言更大一些。但是，也有学者认为，这样规模和结构的屋顶花园还不足以引起历代文人骚客的赞颂和被誉之为古代世界七大奇迹之一。

图 9-8　古巴比伦空中花园

关于空中花园的来历也有各种各样的假说。19 世纪英国考古学家罗林森通过解读当地的砖刻楔形文字后认为，空中花园是尼布甲尼撒二世为出生在米底的王妃建造的，为安慰王妃对家乡的思念之情，建造了这种类似高原的空中花园。

9.2.3　古巴比伦园林特征

古巴比伦的园林，受到宗教思想、自然条件、社会发展状况和生活习俗的综合影响。

1. **相地选址**

两河流域平原地区拥有丰富的天然森林资源，这为营造以游乐为主要目的的猎苑提供了得天独厚的条件。森林作为猎苑的景观主体，自然气息浓厚，为人们提供了一个理想的游乐场所。在猎苑中，人们引水汇成贮水池，这不仅解决了动物的饮水问题，还通过水的利用和景观的营造，改善了小气候等环境条件。水成为猎苑中不可或缺的元素，为整个空间增添了活力和生气。

人们通常选择在高地上建造神庙，这样可以避免洪水淹没的风险。在神庙周围，人们种植各种树木形成圣苑，这种布局不仅美化了环境，还为信徒和游客提供了一个神圣而庄严的场所。屋顶花园的形成则是受到当地气候条件和工程技术发展的影响。由于当地气候炎热干燥，人们为了寻求凉爽和湿润的环境，便开始在建筑物的屋顶上种植花草树木，形成了独特的屋顶花园。

2. **园林布局**

两河流域多为平原地貌，在洪水泛滥时容易受到威胁，因此宫殿和寺庙常常建在土台上。这种做法既能够提高建筑物的地势，使其不易被洪水淹没，又能够提供更好的视野，方便人们观察周围的环境和动物行踪。

此外，人们也十分热衷在猎苑中堆叠土山。这些土山不仅可用于登高瞭望，观察动物的行踪，还能够在洪水来临时作为避难场所。为了更好地满足这些需求，土山上有时还会有神殿、祭坛等建筑物。这些建筑物的存在既能突出景物，又能开阔视野，使人们在土山上能够更好地欣赏周围的景色。猎苑的布局多采用自然条件稍加改造的方式，以自然森林为主。这种方式充分利用了当地的自然环境，使猎苑与周围的环境融为一体，营造出一个更加自然、和谐的空间。

相比之下，圣苑和宫苑的布局则更加注重人工的特性，通常采用类似古埃及园林的规则形式，以几何形状和对称性展现出一种庄重、肃穆的氛围。

3. **造园要素**

两河流域地区拥有温和的气候和充沛的雨量，这为天然森林的生长提供了得天独厚的条件。人们对过去的游牧生活怀有深深的眷恋，为了满足狩猎和娱乐的需求，开始将一些天然森林改造成猎苑，在其中种植大量的树木和果树，并放养了各种动物。

古巴比伦人们对树木的崇敬之情在他们的宗教和日常生活中都有所体现。为了表达对神祇的敬意，古巴比伦人在神庙周围建立了圣林。这些圣林不仅为神庙营造了一个幽邃、肃穆的环境气氛，还为信徒们提供了一个与神灵沟通的场所。

宫苑和宅园在古巴比伦的建筑中占据了重要的地位，它们最显著的特点就是采用了类似于现代屋顶花园的形式。在炎热的气候条件下，为了提供阴凉和通风，房屋前通常建有宽敞的走廊。此外，为了美化环境，人们在屋顶平台上铺设泥土，种植花草树木，并引水灌溉。

作为古巴比伦宫苑的代表，空中花园是一种独特的建筑形式。它建造在数层平台之上，形成了屋顶花园的形态。这种设计不仅展现了当时建筑承重结构、防水技术、引水灌溉设施和园艺水平等的高超技术，也使花园的美景得以完美呈现。

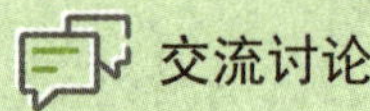交流讨论

谈谈古巴比伦园林的类型和特点。

9.3 古希腊园林

9.3.1 发展背景

古希腊位于欧洲大陆东南部的希腊半岛，包括地中海东部爱琴海一带的岛屿、马其顿、亚平宁半岛、小亚细亚半岛西部的沿海地区。希腊半岛多山，山间多平地和谷地，山地和丘陵占了80%，陆地交通不便，但海岸弯曲，港湾多，海上交通发达。夏季炎热少雨，冬季温和湿润，是典型的地中海气候。

古希腊人信奉多神教，古希腊的哲学家、史学家、文学家、艺术家都以希腊神话作为创作的素材。例如，盲人作家荷马（Homer）的《荷马史诗》中就有大量关于树木、花卉之林和花园的描述。古希腊有许多庙宇，除提供祭祀活动的场地外，往往兼具了音乐、戏剧、演说等文娱表演的功能。

因为战争、航海等活动影响，人们开始追求强健的体魄，因而体育健身活动在古希腊也逐渐开展起来。大量的群众性活动也促进了公共建筑如运动场、剧场的发展。另外，古希腊的音乐、绘画、雕塑和建筑等艺术十分繁荣，达到了很高的成就。公元前5世纪前后，古希腊陆续出现了一批杰出的哲学家，其中以苏格拉底、柏拉图和亚里士多德最为著名，他们共同为西方哲学奠定了基础，对后世影响深远。例如，哲学家、数学家毕达哥拉斯指出，美就是和谐。亚里士多德强调美的整体性，在他的美学思想中，和谐的概念建立在有机整体的概念上。这一切，对古希腊园林的产生和发展具有很大的影响。

爱琴海文化为古希腊文化的前身，克里特文化以克里特岛为中心，典型特征是开敞式宫殿（安定和平），酷爱植物，庭园发展；迈锡尼文化以希腊半岛南部的迈锡尼为中心，典型特征是城堡式宫殿，封闭式，小规模中庭。

9.3.2 古希腊的园林类型与风格特征

古希腊的园林与人们的生活习惯紧密结合，成为建筑整体中不可或缺的一部分。古希腊的建筑多采用几何形空间，园林的布局也相应地采用规则式，以求得与建筑的协调统一。这种规则式园林布局不仅符合古希腊的审美观念，也满足了人们的生活需求。公元前12世纪以后，东方文明对古希腊的影响日增。随着时间的推移，古希腊人的生活观念逐渐发生了变化，开始向往东方那种豪华奢侈的生活方式，追求更多的生活享受。这种追求在园林建设上得到了体现，庭园的数量逐渐增多，实用性、观赏性园林成为主流。

在古希腊的园林中，植物的运用非常丰富，园内大量种植果木、蔬菜和草药，为人们

提供了丰富的食物和药材资源。为了更好地灌溉植物，古希腊人还引溪水入园，据记载，有 500 余种植物在园内生长，其中蔷薇是人们喜爱的植物之一。此外，当时的文学作品中也出现了关于园林的描写，这些描写不仅展现了园林的美景，还反映了人们对自然和美的追求。

当古希腊步入鼎盛时代并产生了光辉灿烂的古希腊文化后，古希腊兴建园林之风也随之而起，不仅庭园的数量增多，并且由昔日的实用性庭园向装饰性和游乐性花园过渡。在倡导奴隶制民主政治和自由论争的风气影响下，古希腊创西方园林之先河，开始兴建公共园林。在漫漫历史长河中，古希腊园林不断发展，出现了各种类型和形式的园林，并成为后世欧洲园林的雏形。在类型上，古希腊园林主要有宫廷庭园、住宅庭园、公共园林和文人学园等；在形式上，主要有柱廊园、屋顶花园、圣林和竞技场等。近代欧洲的体育公园、校园、寺庙园林等都残留有古希腊园林的痕迹。

9.3.2.1　宫廷庭园

爱琴海文明包括克里特和迈锡尼两个文明时期。克里特时期十分和平安定，迈锡尼时期则战火绵延，因此导致了建筑风格的差异。根据遗址发现，克里特时期的宫殿是开敞的独栋府邸形式，显示出了和平时代的特点；迈锡尼时期的宫殿则是封闭的城寨式，各室围绕庭院布置，并向中庭敞开，整体是封闭性的。

克里特时期：以米诺斯迷宫为例。该园建于公元前 16 世纪的克里特岛，属古希腊早期的爱琴海文化。它有四个特点：一是选址好，重视周围绿地环境建设；二是重视风向；三是植物种植，花木绘画；四是建有迷宫。建造在冬季能避寒风袭击、夏季能引凉风送爽的斜坡上，附属的庭园与建筑物相得益彰（图 9–9）。

迈锡尼时期：以阿尔喀诺俄斯王的宫殿庭园为例。这是一个用绿篱围起来的大庭园，由于园艺技术不成熟，园中种满实用性果木蔬菜，四季花果不断，规则齐整的花园位于庭园的尽端。园中有两个喷泉，一个喷泉涌出的泉水流入四周的园子；另一个喷泉涌出的泉水则穿过庭园，流出宫殿，供城里的人们饮用。由此可见水资源宝贵，当时水的利用是有统一规划的。这是园林历史上首次出现喷泉的记载，说明当时园林在追求实用性的同时，也具有一定程度的装饰性、观赏性和娱乐性（图 9–10）。

图 9-9　米诺斯迷宫

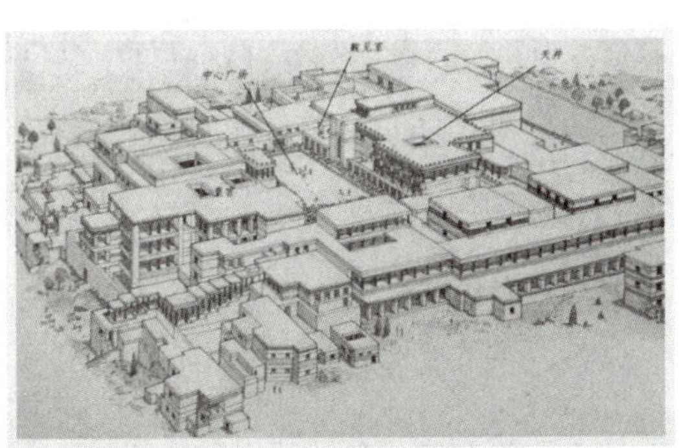

图 9-10　阿尔喀诺俄斯王的宫殿庭园

9.3.2.2 住宅庭园

古希腊的住宅庭园有列柱廊式中庭称“柱廊园”，以及称为“阿多尼斯花园”的屋顶庭园。在克里特时期，与开敞的建筑形式相适应的是相当进步的庭园文化；相反，在迈锡尼时期，庭院还处于极不成熟的阶段，仅在起居室的大厅中央放置火炉，中庭面向远离街道的居室，在其一侧并排着柱廊。

到公元前 5 世纪，古希腊人兴建园林之风盛行，起居室被横置一侧，形成宽敞的大厅，中庭则成了所谓的列柱廊式中庭，作为住宅的中心。随着生活水平的提高和植物栽培技术的进步，人们在中庭种上了各种各样的植物，逐渐流行布置成花圃形式，成为华丽的柱廊式中庭。

古希腊特殊的园林类型阿多尼斯园，起源于祭祀阿多尼斯的风俗。在古希腊神话中，阿多尼斯是因狩猎不幸死于野猪之口的美少年，爱神维纳斯非常钟爱他，说服了冥王，于是，阿多尼斯被允许每年中有半年时间回到光明的大地与爱人相聚。这个感人的神话故事世代相传，每到春季，雅典的妇女们聚会庆祝阿多尼斯的到来。为了表达对阿多尼斯的敬爱，人们会在屋顶上竖起他的塑像，并周围环以种上已经发芽的莴苣、茴香、大麦和小麦等的土体，当这些植物长出葱绿的小苗时，仿佛花环一般围绕着阿多尼斯的塑像，进一步表达了人们对他的敬爱之情。这种类型的屋顶庭园被称为“阿多尼斯园”。这个传统一直延续到古罗马时代，后来这种装饰形式被保留下来。在后来的西方园林中，雕像周围配置花坛的设计或许就由此而来（图 9–11）。

图 9-11 阿多尼斯花园

9.3.2.3 公共园林

在古希腊民主思想发达，集体活动和公共集会增多，出现了众多的公共建筑和公共园林，主要有圣林、竞技场、文人学园。

1. 圣林

树木为崇拜的对象，神庙外种植树林，成为圣林。圣林包括草地、树木、生产用地，以及供野餐和狩猎的小山丘。古希腊的神殿建筑以石材雕砌而成，但内部空间狭窄，并不适宜开展公共活动，因此在圣林中举行祭祀活动较频繁。圣林四周有大片浓荫覆被的绿

地，布置有散步道、柱廊、凉亭和座椅等设施。在祭祀的同时，往往还有音乐、戏剧表演、演说等活动。因此，圣林既是祭祀的场所，又是祭奠活动之余人们休憩和活动的地方（图 9–12）。

2. 竞技场

古希腊是一个战乱频繁的时期，战争与宗教信仰都要求士兵和公民有强壮的体魄。因此，古希腊经常组织各种运动赛事，这推动了古希腊运动场地的修建。最初，竞技场只是作为裸露的训练场地，供士兵和公民进行体育锻炼。随着时间的推移，雅典著名的政治家西蒙建议在竞技场周围种植悬铃木，形成绿荫。这一举措为竞技者和观众提供了休息和观赏的环境，也改善了场地的舒适度。此后又有了进一步的发展和完善，除林荫道外，还布置有祭坛、柱廊、座椅、凉亭等设施，于是体育场就成了人们集会和散步的场所，并最终发展为向公众开放的园林。

竞技场一般与神庙结合在一起，往往与祭祀活动相联系，竞技比赛也是祭奠活动的主要内容之一。竞技场常常建造在山坡上，巧妙地利用地形布置成观众的看台。当时在雅典、斯巴达、科林斯等城市盛行开辟竞技场，多数设在水源充沛的风景胜地，城郊的规模更大，甚至成为吸引游人的游览胜地（图 9–13）。

图 9-12　奥林匹亚祭祀场复原图

图 9-13　古希腊竞技场

3. 文人学园

古希腊哲学家，如柏拉图和亚里士多德等，常常在露天公开教学，尤其喜爱在优美的公园演讲，因此出现了一些哲学家的学园，如柏拉图的庭园、伊壁鸠鲁的庭园。学园中一般设有神殿、纪念碑、雕像、祭坛，供散步的林荫道和休息座椅，园内遍植花草树木，点缀亭、廊等建筑小品。美学、数学和几何学的发展影响到古希腊园林的布局形式。古希腊美学把美看作有秩序和有规律的，要求合乎比例，并且整体协调。因此，认为只有均衡稳定的规则式构图才能确保园林美感的产生。园林是人工营造的空间，是建筑空间在室外的延续，属于建筑整体的一部分。建筑是几何形的空间，因此园林的布局形式也采用规则样式，以求与建筑相协调，可以说，从古希腊开始就奠定了西方规则式园林的基础。

受地中海地区炎热气候的影响，古希腊人对影响小环境舒适性的气候因素十分关注。在他们看来，适宜的小气候环境比园林形式更加重要。著名政治家西蒙建议，在雅典街道上种植悬铃木作为行道树以遮阴，这是欧洲有关行道树最早的记载。在当时的园林花卉运用中，蔷薇最受欢迎。例如，迎接凯旋的英雄，馈赠恋人，装饰庙宇、殿堂、雕像及祭祀活动等，都离不开蔷薇。

知识拓展四：古希腊竞技场与奥林匹克

奥林匹克是古希腊最重要的竞技活动，起源于对众神的祭祀。最初，奥林匹克只是单纯的赛跑比赛，但随着时间的推移，逐渐增加了更多的比赛项目，如摔跤、拳击等。奥林匹克的举办不仅展示了古希腊人的竞技水平，更体现了他们对力量、速度和技巧的崇尚。奥林匹克还体现了古希腊人的和平精神。在奥林匹克的赛场上，不同城邦的运动员们放下武器，以和平的方式展示自己的竞技才能。

交流讨论

谈谈古希腊园林的类型及特点。

9.4　古罗马园林

9.4.1　古罗马历史

古罗马文明成就震撼人心，是人类文明中的一颗璀璨的明珠，遗留下来的各种文化符号为世人所瞩目。其建筑与雕塑艺术发展迅速，今天的罗马城还随处可见古罗马时代的遗迹（图 9-14）。

公元前 190 年古罗马征服古希腊后，文化希腊化倾向增强，贵族竞相效仿古希腊的生活方式。古希腊的学者、艺术家、哲学家，甚至能工巧匠们来到古罗马，古罗马同时继承了古希腊的园林艺术。自苏拉时期起，别墅园林的发展十分迅速，不久园林建设遍及整个意大利半岛，后影响到整个古罗马，甚至伊斯兰国家。不仅如此，古罗马园林还对后世欧洲的园林产生直接的影响。古罗马人最初的园林是以生产为主要目的的果园、菜园及种植香料和调料植物的园地等，后观赏性、装饰性和娱乐性逐渐增强。

图 9-14　古罗马广场

9.4.2　古罗马园林类型

从古罗马园林类型上看，大致分为庄园、宅园（柱廊园）、宫苑和公共园林等。

9.4.2.1 庄园

例如，洛朗丹别墅庄园（Laurentinum Villa），建于 1 世纪，是古罗马富翁小普林尼（Pliny the Younger）在离古罗马 17 英里（1 英里 ≈1.61 千米）的洛朗丹海边建造的别墅。庄园主要面朝海，建筑环抱海面，露台上有规则的花坛，可观赏海景。建筑、植物等与自然相结合。园内有三个中庭、水池、花坛等。入口处是廊柱，有塑像，种有无花果、桑树、葡萄等。

9.4.2.2 宅园

宅园通常由三进院落构成，即用于迎客的前厅（有简单的屋顶）、列柱廊式中庭（供家庭成员活动）和真正的露坛式花园。与古希腊廊柱园不同之处有：古罗马中庭里往往有水池、水渠，渠上架桥；木本植物种于大陶盆或者石盆中，草本植物在方形的花池与花坛中；柱廊墙面上绘有风景画。

庞贝的洛瑞阿斯·蒂伯庭那斯住宅（The House of Loreius Tiburtinus）为例。庞贝城（Pompeii）在意大利南部，公元 79 年 8 月 24 日因维苏威火山爆发被埋毁，18 世纪被挖出。该宅园为庞贝城中最大的住宅园。其特点有：前宅后园，整体为规则式；住宅部分为三个庭院，两个类型；住宅部分与后花园之间，以一横渠绿地衔接；后花园的中心部分是一长渠，形成该园的轴线。

知识拓展五：庞贝的迷宫

在庞贝古城西北门的不远处，也就是在通往赫库兰尼姆（Herculaneum）的路上，发掘出仍保留完整的三处豪华别墅。其中最大的一处是“神秘别墅”（根据希腊神话中祭奠狄奥尼索斯仪式的壁画命名），在由建筑的北面、西面、南面所围成的 U 形平台上，种植有花草树木。三面平台下是用石头砌成的柱廊，是人们乘凉的场所。

公元 79 年，维苏威火山（Mount Vesuvius）的爆发埋没了庞贝城（Pompeii）。近代考古学者对庞贝城遗址进行了发掘，从其中保存完好的建筑遗存中可以推测当时屋顶花园的概况。

9.4.2.3 宫苑

例如，哈德良离宫（Hadrian’s Villa）建于 118—138 年，位于意大利罗马东面的蒂沃利（Tivoli），是哈德良皇帝周游列国后，将古希腊、埃及名胜建筑与园林的做法、名称搬来组合的一个实例。其特点为面积大，建筑内容多。内部有剧场、浴室、餐厅、图书馆，还有皇帝专用的游泳池，有运河，有长方形的半公共性花园（图 9–15）。

蒂沃利的哈德良离宫，是古罗马最大的宫殿建筑群，其占地几近古罗马的 1/10。以“海上剧院”闻名的水院是哈德良离宫中最动人的一处景观，是哈德良和其皇后的住所。这座离宫是一个包罗万象的集锦园。山庄的南边的一条狭长山谷中有仿照埃及坎诺帕斯运河的景点，旨在唤起人们对坎诺帕斯运河的美丽印象。运河南端是一座神庙，神庙前还有一个矩形的水池，据考证是哈德良皇帝夏日宴请贵客的餐园。这条运河还装饰着许多从埃及坎诺帕斯掠夺的雕像。总之，哈德良离宫的宫殿、建筑和花园无不技艺精湛，是研究古罗马建筑雕像园林艺术的宝库（图 9–16）。

图 9-15　哈德良离宫模型

图 9-16　哈德良离宫

9.4.2.4　公共园林

1. 竞技场

古罗马从古希腊接受了竞技场，但没有竞技目的。椭圆形或者半圆形场地，边缘为散步道，路旁种植悬铃木、月桂，当中为草地。古罗马露天竞技场，建于 72 至 82 年，遗址位于意大利首都罗马市中心，在威尼斯广场的南面及古罗马市场附近。从外观上看，它呈正圆形；俯瞰时，它是椭圆形的。斗兽场专为贵族、奴隶主和自由民观看角斗而造（图 9–17）。

图 9-17　古罗马圆形竞技场

2. 浴场（池）

沐浴是古罗马人的普遍爱好，是一项重要的文化和社交活动。浴场也是非常有特色的建筑物，规模大的浴场内甚至还附设音乐厅、图书馆、体育场，也有相应的室外花园（图 9–18）。

古罗马的卡拉卡拉浴场，是古罗马时期的一座公共浴场，建于 211 年到 217 年，卡拉卡拉皇帝统治古罗马帝国期间。这座浴场不仅是古罗马时期建筑艺术的杰出代表，也是古罗马社会文化和公共生活的重要体现。卡拉卡拉浴场占地面积广，设施丰富。整个浴场占地 16 万平方米，其中浴场区域占据了 3 万平方米。除主要的洗浴设施外，浴场还设有图书馆、竞技场、散步道、健身房等各种设施，这些设施为古罗马人提供了丰富的娱乐和休闲选择。浴场内部设计精巧，分为冷水、温水、热水浴室和蒸汽室及更衣室等区域，满足了不同人的洗浴需求。

卡拉卡拉浴场的建筑风格独特，体现了古罗马建筑的雄伟和精致。浴场的建筑采用了

拱门、圆柱和壁画等装饰元素，营造出庄重而华丽的氛围。同时，浴场的地面和墙壁都采用珍贵的大理石和马赛克等材料进行装饰，这些材料不仅美观大方，而且具有很高的艺术价值。在古罗马社会中，卡拉卡拉浴场是城市生活的重要组成部分。浴场不仅是人们洗浴的地方，更是社交、娱乐和商务活动的场所。在浴场里，人们可以结识朋友、洽谈业务、观看表演和参与各种娱乐活动。因此，浴场成了古罗马社会中不可或缺的一部分。

3. 剧场

古罗马剧场是与圆形竞技场齐名的古罗马建筑。公元前 1 世纪，这里是可以容纳近万人的雄伟剧场，保存下来的有宽达百米的外台、背景装饰壁、舞台遗迹等。古罗马的剧场十分豪华，剧场外设有供休息的绿地（图 9–19）。

图 9-18　巴斯古罗马浴场

图 9-19　古罗马剧场

4. 广场

古罗马的公共建筑前都布置有集会广场，这是城市设计的产物，可以看作后世城市广场的前身。这种广场是公众集会的场所，也是艺术展览的地方，人们可以进行社交活动、娱乐和休息，类似现代城市中的步行广场（图 9–20）。

9.4.3 古罗马园林特征

图 9-20　奥古斯都广场

古罗马人在城市规划方面创造了前所未有的业绩。第一代皇帝登基后，就着手调整古罗马的城市布局，将城市分区规划，由内向外建筑密度逐渐降低。可以说，城市广场、市场和公共建筑附属花园等部分替代了城市公园的功能，弥补了罗马城中公共园林的不足。古罗马园林具有以下特征。

（1）相地选址：由于古罗马的地势地貌以丘陵为主，庄园别墅多依山而建，古罗马城本身就建在几个山丘上。古罗马人多在山坡上建园，为便于活动，常常将坡地开辟出数层台地，布置景物。

（2）园林布局：古罗马人将花园视为府邸和住宅在自然中的延续，是户外的天堂。因此，庄园运用建筑的手法处理自然地形，山坡上开辟出水平的台层，均衡而稳定，更符合当时人们的审美情趣。花园中装点着规整的水景，如水池、水渠、喷泉等；有着雄伟的大门、洞府；直线和放射形的园路，两边是整齐的行列树；雕像置于绿荫树下，作为装饰。几何形的花坛、花池、修剪的绿篱，以及葡萄架、菜圃、果园等都体现了井然有序的人工美，一般只在花园的边缘地带保留原始的自然风貌。

（3）造园要素：植物和水体是造园艺术的两大要素。古罗马园林中很重视植物造型的运用，有专门的园丁将植物修剪成几何形图形和绿色的植物雕塑，成为当时深受人们喜爱的园林装饰。花卉在园林中的运用除一般的花台、花池之外，还有了专类园的布置方式（月季、杜鹃、鸢尾等），并且兴起了迷园的建造热潮。雕塑也是当时园林中的重要装饰。从栏杆、桌椅、柱廊的雕刻，到墙面上的浮雕、圆雕等，为园林增添了细腻耐看的装饰物和艺术文化氛围。

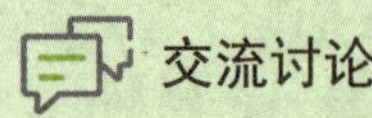

谈谈古罗马园林的类型和特点。

本章小结

古代西方园林是古代文明史上的一颗璀璨明珠。它们以独特的设计理念和精美的布局，展现了西亚、北非、南欧地区深厚的历史文化底蕴和人们对自然环境的深刻理解。

古代西方园林在布局上采用了纵横轴线将平地划分为若干块，形成方形的布局结构。这种布局方式不仅美观大方，而且体现了古代西方人对几何美学的追求。

古代西方园林注重水的运用。例如，在干旱的西亚地区，水被视为生命之源，因此，在园林设计中，水的作用得到了充分的发挥。从灌溉渠道到喷泉、水池，水元素贯穿了整个园林，不仅为植物提供了生长所需的水分，也为园林增添了生机和活力。

古代西方园林还体现了西亚地区的宗教文化和审美观念。西亚地区的宗教信仰对园林设计产生了深远影响，园林中的建筑、雕塑和装饰元素都融入了宗教元素，体现了古代西方人对神灵的敬畏和崇拜。同时，古代西方人对自然美的追求也体现在园林设计中，他们通过精心选择植物、布置景观，打造出了一个个充满自然韵味和人文气息的园林空间。

古希腊造园

古希腊的造园工匠们所展现出的工匠精神，不仅体现在他们精湛的技术和卓越的创造力上，更体现在他们对美的追求和对自然的尊重上。

首先，古希腊的工匠们拥有一流的技巧和工艺水平，他们熟练掌握各种造园技艺，包括植物种植、水池设计、雕塑制作等。他们注重细节，追求完美，每一处景观都经过精心

设计和雕琢，展现出极高的艺术价值。

其次，古希腊的工匠们富有创新精神。他们不断探索新的造园理念和手法，将建筑、雕塑、绘画等多种艺术形式融为一体，创造出独具特色的园林景观。同时，他们也善于从自然中汲取灵感，将自然元素巧妙地融入园林设计中，使园林与周围环境和谐共生。

再次，古希腊的工匠们还非常注重工匠精神的传承。他们通过师徒制度、技艺交流等方式，将造园技艺和经验代代相传，为后世留下了宝贵的文化遗产。这种传承不仅使古希腊的造园技艺得以延续和发展，也为后世园林艺术的发展提供了重要的借鉴和启示。

文化传承　行业风向

徐州—上合友好园

第十三届中国（徐州）国际园林博览会设置的五项室外展园专项竞赛奖项和园博会创新项目奖项中，由上海市园林科学规划研究院张浪劳模创新工作室设计的“徐州—上合友好园”获得室外展园专项竞赛全部五项专类奖项：最佳设计展园、最佳建筑小品展园、最佳室内布置展园等三项最佳展园奖（原特等奖）和优秀植物配置展园、优秀施工展园等两项优秀展园奖（原金奖），并获园博会创新项目竞赛最佳园博会创新项目奖。

“徐州—上合友好园”以上海合作组织为设计命题，从“尊重多样文明、谋求共同发展”的“上海精神”出发，溯源于中国传统文化中的“和合”思想与“太极”之意，确立“上合之美，美美与共”的设计主题。展园设计采用时空设计与立体主义表达的手法，在有限的空间里，展示横穿世界、直达古今的自然生命之魅力。在项目设计、建设中，顺应山形地势，以水为中心进行迴游式组景，采用了四种立地土壤修复与改良技术、六种逆境修复生态技术，积极应用新工艺、新装置和新材料，形成“一带三区八园”结构，诠释了上合组织精神理念（图 9-21）。

图 9-21　徐州—上合友好园

“徐州—上合友好园”采用现代风景园林有机生成设计方法，结合本土树种与核心共生植物，应用城市困难立地生态修复新技术，构建丰富的近自然植物群落。细节上，设计遵循序位法则，通过景深的层层递进，山、水、石、植物等要素的有序搭配，创造了不断变化的景观秩序；通过整体法则的运用，将连绵错落的台地家园，源于山形的折线围墙绿篱，灵动自由的迴游园路融为一体，浑然天成，尽情展现出均衡原则下富含节奏韵律的园林诗意与画境。上合园设计理念、空间意境，对凝聚于中国人骨子里的传统园林艺术内核进行了现代表达，借园林营建之法，呈人景相融之效，溯工程技术之本，彰显中华文化之自信，堪称可资借鉴于全世界的普适性现代化传播案例。

（资料来源：绿色上海．“徐州—上合友好园”喜获第十三届中国（徐州）国际园林博览会展园竞赛专项奖、创新项目等六项全奖，2022-12-16）

温故知新 学思结合

一、选择题

1. 古代西方园林的布局形式主要是（　　）。

A. 自由式　　B. 规则式　　C. 自然式　　D. 混合式

2. 古代西方园林中常用的植物是（　　）。

A. 松树和柏树　　B. 棕榈树和橄榄树　　C. 橡树和桦树　　D. 樱花和枫树

二、填空题

古代西方园林中的水景除具有实用价值外，还常常被赋予 ______ 的象征意义。

三、简答题

为什么古代西方园林的布局形式主要是规则式？

课后延展 自主学习

1. 书籍：《世界名园胜境》，施奠东，浙江摄影出版社。
2. 书籍：《外国古代园林史》，王蔚，中国建筑工业出版社。
3. 书籍：《中外园林史》，林墨飞、唐建，重庆大学出版社。
4. 扫描二维码学习：学习通平台，厦门工学院谢鑫泉，《中外园林史》。

思维导图 脉络贯通

- 古代西方园林
  - 古埃及园林
    - 古埃及历史
    - 古埃及概况
    - 地理位置
    - 古代埃及园林类型——宅园、宫苑、圣苑、墓园
    - 古埃及园林发展概况
      - 园林发展原因
        - 气候干燥，对树木崇拜
        - 科技进步，生产力提高
      - 园林概况
        - 实用性园林
        - 游乐性园林
      - 古埃及园林特点
  - 古巴比伦园林
    - 古巴比伦概况
      - 地理位置
      - 自然条件
      - 文化艺术——文化、天文、建筑、宗教、艺术
    - 古巴比伦园林类型——猎苑、圣苑、宫苑
    - 古巴比伦园林特征
      - 相地选址
        - 森林作为猎苑景观主体
        - 高地建造神庙
        - 建筑物屋顶做屋顶花园
      - 园林布局
        - 宫殿和寺庙建在土台上
        - 猎苑中堆叠土山，以自然森林为主
        - 圣苑和宫苑，对称展现庄重、肃穆
      - 造园要素
        - 天然森林改造猎苑
        - 神庙周围建圣林
        - 空中花园
  - 古希腊园林
    - 发展背景
    - 古希腊的园林类型与风格特征
      - 宫廷庭园
        - 克里特时期——米诺斯迷宫
        - 迈锡尼时期——阿尔喀诺俄斯王宫殿庭园
      - 住宅庭园——阿多尼斯花园
      - 公共园林——圣林、竞技场、文人学园
  - 古罗马园林
    - 古罗马历史
    - 古罗马园林类型
      - 庄园——洛朗丹别墅庄园
      - 宅园——庞贝城
      - 宫苑——哈德良离宫
      - 公共园林
        - 竞技场——古罗马圆形竞技场
        - 浴场（池）——卡拉卡拉浴场
        - 剧场
        - 广场
    - 古罗马园林特征

第10章 文艺复兴时期园林

学习目标

➢ 知识目标

1. 了解文艺复兴初期的历史背景，掌握文艺复兴初期的代表园林。
2. 熟悉文艺复兴中期的文化背景，掌握文艺复兴中期的代表庭园。
3. 了解文艺复兴末期的历史背景，掌握文艺复兴末期的代表园林。

➢ 能力目标

1. 具备一定的美学素养，能够理解和运用文艺复兴时期的美学原理，如比例、对称和透视等。

2. 结合传统的园林设计理念，同时引入新的元素和技巧，巧妙地运用水元素和植物来营造园林的空间感和层次感等。

➢ 素质目标

1. 培养审美情趣和鉴赏能力；激发创新思维和创造力，培养设计能力和实践能力。

2. 弘扬人文精神，引导关注自然、关爱生命，培养社会责任感和环保意识。

启智引思 导学入门

在文艺复兴时期，园林作为艺术与文化的重要载体，吸引了众多名人的关注与赞美。这些名人通过他们的著作、诗歌或绘画，对文艺复兴时期园林的精致、和谐与创新进行了深入的解读和赞美。

莱昂·巴蒂斯塔·阿尔伯蒂是文艺复兴时期意大利的杰出园林理论家，他的著作《论建筑》中对园林的设计原则进行了深入探讨。阿尔伯蒂强调了对称、均衡和秩序在园林布

局中的重要性，这些原则在当时的园林设计中得到了广泛应用。他提倡的以常绿灌木修剪成篱围绕草地的“植坛”做法，对后来的园林设计产生了深远影响。

安德烈亚·帕拉第奥作为文艺复兴时期意大利杰出的建筑大师，他的园林设计同样充满了创新和艺术感。帕拉第奥的园林设计注重与建筑的和谐统一，通过巧妙的空间布局和植物配置，创造出一种宁静而优雅的氛围。他的作品展现了文艺复兴时期园林的精致和细腻，对后世的园林设计产生了重要影响。

除了艺术家和文学家，还有一些哲学家和思想家也对文艺复兴时期园林有着深刻的见解。他们通过哲学思考，探讨了园林与人类心灵的关系，认为园林不仅是自然的再现，更是人类精神的寄托和表达。

学习内容

10.1　文艺复兴初期

10.1.1　历史背景

1. 文艺复兴运动

11 世纪以后，随着经济的复苏与发展、城市的兴起与生活水平的提高，人们逐渐改变了以往对现实生活的悲观绝望态度，开始追求世俗人生的乐趣。然而，这种追求与基督教的主张相违背。在 14 世纪经济繁荣的意大利城市中，最先出现了对基督教文化的反抗。当时，意大利的市民和世俗知识分子对基督教的神权地位及其虚伪的禁欲主义感到极度厌恶，对教会对精神世界的控制也感到不满。他们想用未成熟的文化体系取代基督教文化。他们借助复兴古希腊、古罗马文化的形式表达自己的文化主张，这种现象被称为“文艺复兴”。

文艺复兴运动是指 14 世纪从意大利开始，15 世纪以后遍及西欧，资产阶级在思想文化领域中反封建、反宗教神学的运动。文艺复兴时期是西方文明史上的一个新时代，是中世纪与近代的分界。人文主义是文艺复兴时期的思想主题。文艺复兴不仅代表了一种文化运动，更是一种社会变革和思想解放的体现。它打破了中世纪的封建神学思想束缚，重新确立了人类的主体性，并开启了近代思想文化的先河。在文艺复兴时期，人们重新审视了古典文化，并从中汲取灵感，推动了对自然、科学和艺术的探索和创新。

2. 文豪与园林

人文主义启蒙思想者但丁、彼特拉克、薄伽丘等热衷于花园别墅生活，对园林的发展起到很大的推动作用。

薄伽丘的名著《十日谈》(*Decameron*) 以优美的笔触描述了舒适醉人的别墅生活及佛罗伦萨郊外的风光。书中的描述详细地展现了别墅花园的景象，园中有各种芳香植物，中央的草地上也盛开着鲜花，周围环绕着柑橘和柠檬等树木，散发出令人陶醉的花果香气。此外，草地上还有大理石水盘和雕塑喷泉，水盘中溢出的水通过沟渠引至园中各处，再汇集起来落入山谷之中。

《十日谈》中的故事都发生在环境优美的别墅园林之中，这些景色的描写都是写实性的。例如，第一日序中出现的是波吉奥别墅（Villa Poggio Gherardo），第三日序中叙述的是帕尔米耶里别墅（Villa Palmieri）。这些别墅园林不仅仅是故事发生的场所，更是故事情节的重要组成部分，通过描绘这些优美的环境，故事的主题和情感得以更好地展现。

13 世纪末意大利博洛尼亚的克累森兹著《田园考》（*Opus Ruralium Commodorum*）。克累森兹在该书中将庭园分为上、中、下三等，并就这三等庭园提出了各种设计方案，其中，王公贵族等上层阶级是他论述的重点。他指出，这类庭园的面积以 20 英亩（1 英亩≈4046 平方米）为宜，四周围墙，在庭园的南面设置美丽的宫殿，构成一个有花园、果园、鱼池的舒适的居住环境。庭园的北面种植密林，这样既可形成绿树浓荫，又可使庭园免受暴风的袭击。在庭园设计书很少的当时，该书在向人们灌输田园情趣方面具有不容低估的作用。

意大利著名的建筑师和建筑理论家阿尔伯蒂在《论建筑》中对庭园建造进行了系统的描述，具体如下。

（1）园地以矩形为佳，直线形园路将园地划分成整齐的矩形小园。每个小园都以黄杨、夹竹桃或月桂等整形植物作为绿篱，围合草地。

（2）树木最好行列式种植，排列成一或三行。

（3）园路末端正对着以月桂、杜松、圆柏编织的古典式凉亭。

（4）在园路两旁点缀陶制或石制的瓶饰。

（5）以圆形石柱支撑平顶藤架，形成绿廊，并架设在园路上起遮阴作用。

（6）花坛中央用整形黄杨组成园主的姓氏。

（7）在庭园中修建迷园。

（8）绿篱每隔一段修剪出壁龛造型，内设雕像，下面安放大理石坐凳；在园路的交叉处以月桂修剪成植坛。

（9）在溪水流下的半山腰，依势修建石灰岩洞，对景为牧场、鱼池、果园、菜园等。

3. 美第奇家族的推动作用

洛伦佐·德·美第奇是 15 世纪佛罗伦萨的新兴贵族，在他的支持、关怀和鼓励之下，佛罗伦萨集中了大批文学家、艺术家，其中许多人是人文主义的先驱者，他们创作、研讨、翻译古典著作。佛罗伦萨成为名人荟萃之地，艺术上也得到了空前的繁荣。文艺复兴初期最出名的别墅园林多是美第奇家族成员建造的。

文艺复兴的初期、中期（鼎盛）、末期（衰落）三个时期，意大利台地园可以相应地分为简洁、丰富、装饰过分（巴洛克）三个阶段的三种特征。

知识拓展一：美第奇家族

美第奇家族的祖先原本只是农民，但到了 14 世纪，他们开始涉足银行业，并逐渐积累了巨额财富。通过放贷和贸易，美第奇家族逐渐成为欧洲富有的家族之一。他们的财富和权力使得他们能够在佛罗伦萨的政治和文化领域发挥巨大的影响力。

美第奇家族是文艺复兴时期的重要推动者之一。他们资助了许多文艺复兴时期的艺术家，如达·芬奇、米开朗琪罗和波提切利等。这些艺术家为美第奇家族创作了许多珍贵的艺术品，如今这些艺术品已经成为世界文化遗产的一部分。

10.1.2 文艺复兴初期的代表园林

1. 卡雷吉奥庄园（Villa Careggio）

卡雷吉奥庄园是美第奇家族建造的第一座庄园，位于佛罗伦萨西北约 2 千米处。这座庄园深受园主科西莫·德·美第奇的喜爱。大约在 1417 年，科西莫委托当时著名的建筑师和雕塑家米开罗佐设计了这座花园别墅。在建筑形式上，卡雷吉奥庄园保留着中世纪城堡建筑风格，开窗很小，并有雉堞式屋顶，显得封闭而厚重，这座庄园开敞的走廊处理上也有文艺复兴时期的建筑特点（图 10–1）。

图 10-1 卡雷吉奥庄园

卡雷吉奥庄园所处的位置较高，即使别墅建筑坐落在平地上，仍然能够从别墅中一览托斯卡纳地区美丽的田园风光，这是庄园的一大特色。花园布置在别墅建筑的正面，采用了几何对称式布局，虽然比较简单，但十分规整。园内的装饰元素丰富，有花坛和水池，四周还点缀着瓶饰。园中还有围绕着高篱形成的绿廊，以及用整形黄杨做成的植坛。这些元素共同营造出一种宁静而优雅的氛围。园中还设有休憩凉亭，内置座椅，为游客提供了一个舒适的休息场所。此外，庄园内还有一个果园，种植着各种果树，为园主和游客提供了新鲜的水果。

2. 卡法吉奥罗庄园（Villa Cafaggiolo）

卡法吉奥罗庄园位于佛罗伦萨以北 18 千米处，由米开罗佐设计，建于山谷间。卡法吉奥罗庄园的花园设计体现了文艺复兴时期的风格，注重对称和几何构图。花园中有美丽的花坛、水池和雕塑，还有高篱和绿廊，以及各种芳香树木和美丽的花草。这些元素共同营造出一个宁静而优雅的氛围，让人们能够在这里享受自然的美景和清新的空气（图 10–2）。

除了花园，卡法吉奥罗庄园还拥有一个美丽的湖泊，提供了一个绝佳的观景点，可以俯瞰整个托斯卡纳地区的壮丽景色。此外，庄园内还有许多建筑和设施，如别墅、亭子、喷泉和果园等，为游客提供了一个完美的度假胜地。

图 10-2　卡法吉奥罗庄园

3. 菲埃索罗的美第奇庄园（Villa Medici at Fiesole）

该庄园的选址极为巧妙，坐落在海拔 250 米的阿尔诺山腰的一处天然陡坡上。府邸建筑位于陡坡西侧的拐角处，整个庄园坐东北山体，面向西南山谷，依山就势，浑然一体。这里不仅视野开阔、景色优美，而且冬季寒冷的东北风被山体阻隔，夏季清凉的海风自西而来，使庄园内四季如春。文艺复兴早期常以精美雕塑与水池结合，尚未过分强调理水的技巧。

文艺复兴时期，美第奇家族几代的庄园都追求一种独特的人文风格，不注重规模之大而注重隐逸亲切的生活情趣，形成内涵丰富的造园艺术。这种造园艺术使古罗马花园别墅艺术得到再现和发展，在很大程度上影响了佛罗伦萨及意大利园林的复兴走向。

10.1.3　文艺复兴初期意大利庄园（园林）特征

文艺复兴初期的庄园选址有以下特征：选址时注意周围环境，可以远眺前景，多建在郊外风景秀丽的丘陵坡地上；多个台层相对独立，设有贯穿各台层的中轴线；建筑风格保留一些中世纪痕迹，如窗小、屋顶有雉堞等；建筑与庭园部分都比较简朴、大方，有很好的比例和尺度；喷泉、水池作为局部中心，与雕塑结合；绿丛植坛为常见的装饰，位于下层台地。

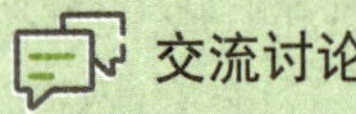
交流讨论

说一说文艺复兴初期的代表性园林及特点。

10.2　文艺复兴中期（鼎盛期）

10.2.1　文化背景

15 世纪末，由于法兰西国王查理八世入侵意大利佛罗伦萨，以及英国新兴毛纺织业的兴起，佛罗伦萨的政治经济地位受到挑战，逐渐失去商业中心的地理优势，美第奇家族衰落，文化基础受到影响，人文主义者逃离佛罗伦萨。16 世纪，罗马成为文艺复兴运动的中

心。教皇尤里乌斯二世保护人文主义者，提倡发展文化艺术事业。尤里乌斯二世宣扬教会的光辉和最高权威，艺术家的才华体现在教堂建筑的宏伟壮丽上，代表作为梵蒂冈宫。

总而言之，15 世纪文艺复兴文化是以佛罗伦萨为中心，由美第奇家培育起来的；16 世纪的文艺复兴则是以罗马为中心，由罗马教皇创造的。

10.2.2　代表庭园

1. 望景楼园（Belvedere Garden）

望景楼园，由意大利设计师布拉曼特设计，花园长 306 米，宽 65 米，规划依地势分成三个台层，两侧为柱廊，柱廊的外侧为墙，内侧为柱，围合成一个封闭的内向空间（图 10–3）。

图 10-3　望景楼园透视图
（图片来源：朱建宁《西方园林史》）

布拉曼特的造园事业虽然并未完成，但是，对意大利园林的影响却是不可磨灭的。在他之后，罗马的主教、贵族、富商纷纷模仿，竞相在丘陵上建造庄园，造园家也都以布拉曼特规划的台地园为榜样。因此，可以说布拉曼特是罗马台地园的奠基人，为罗马园林的发展带来生机。

2. 玛达玛庄园（Villa Madama）

玛达玛庄园的园主是洛伦佐的孙子朱利奥，即教皇克雷芒七世。设计师是艺术大师拉斐尔，建筑师桑迦洛作为助手参与了庄园的设计和建造工作。

朱利奥继承了美第奇家族对别墅花园的钟爱，在马里奥山附近挑选了一处地形起伏变化适宜、水源充沛、景色优美的山坡建造庄园。这里不仅可以俯瞰山坡下开阔的山谷、河流，还可以远眺四周的山峦，是理想的造园之地。拉斐尔设计的庄园充分利用了地形变化，将东北部开辟出三个台层。上层为方形，中央有亭，周围以绿廊分成小区，显得规整而优雅。中层是与上层面积相等的方形，内套圆形构图，中央有喷泉，设计成柑橘园，既美观又实用。下层面积稍大，为椭圆形，上有图案各异的树丛植坛，中间是圆形喷泉，两边对称布置着喷泉，使得整个构图丰富而和谐。各台层正中都有折线形宽台阶联系上下，既方便通行，又增加了美观度。这种设计不仅体现了文艺复兴时期的建筑美学原则，也充分考虑了实用性和舒适性。

在法兰西国王弗朗索瓦一世与神圣罗马帝国皇帝查理五世争夺欧洲霸权时，克雷芒七世曾与弗朗索瓦一世结成联盟，因而导致了1527年5月查理五世派兵洗劫罗马并放火焚烧了玛达玛庄园，庄园已建成的部分遭到严重的毁坏。当然，这次灾难不仅使玛达玛庄园受到破坏，还几乎使所有16世纪初主教们建造的庄园毁之殆尽，有些后世虽经修复，但大多面目全非。这也是在罗马很难见到16世纪初期庄园的主要原因。

3. 罗马的美第奇庄园（Villa Medici at Rome）

罗马的美第奇庄园是文艺复兴时期著名的园林之一，因其优良的选址、精心的布局和王宫般的府邸而著称。这座庄园是由红衣主教蒙特普西阿诺建造的，建造时间是1540年。庄园的面积虽然不到5公顷，但通过精心设计和布局，充分展示了文艺复兴时期意大利园林艺术的精髓。

庄园的主体建筑是府邸，由著名建筑师里皮建造。府邸坐落在顶层台地上，体量较大，立面宽45米，显得宏伟壮丽。门厅很大，两侧有弧形坡道环绕着水星神像泉池，给人以深刻的印象。背景则是一系列柱子围成的大拱门，增加了整个建筑的层次感和视觉效果（图10–4）。

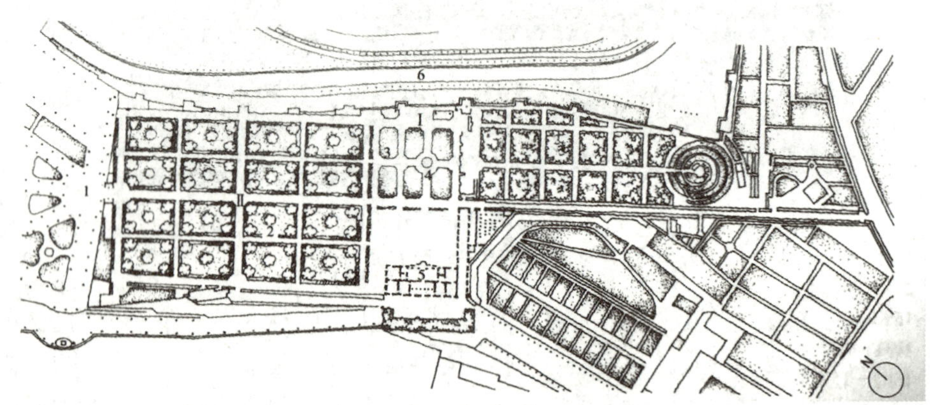

图10-4　美第奇庄园平面图

Ⅰ—顶层台地；Ⅱ—底层台地

1—潘西奥花园；2—矩形树丛植坛；3—草地植坛；4—方尖碑泉池；5—府邸建筑；6—沿古城墙的下沉园路

美第奇庄园的花园构图简洁，主要台地以矩形或方形植坛为主，顶层台地呈带状，布局简单，只有一片草地植坛和方尖碑泉池。台地面对别墅建筑的一侧被浓荫遮盖的树丛所环绕，这些树丛不仅为庄园增添了一丝神秘感，还起到了引导视线的作用。它们将人们的目光引向了长平台的两端，那里是庄园中视野最为开阔的地方。长平台的尽头被围墙和墙外的意大利松树丛所遮挡，这些松树不仅为庄园增添了一丝自然的气息，还暂时遮挡住了园外的花园和城市景色。然而，从台地边缘透过这些树丛望去，园外的景色仍然显得十分迷人，似乎在邀请人们去探索更多的秘密。

在底层台地上，是由16块矩形树丛植坛构成的花园，东南部的上方是观景平台，经过一片小树林，通向绿荫遮盖的山丘。登上山丘之顶的观景台，四周景色一览无余，波尔盖斯庄园中的凉亭成为视觉中心。

美第奇庄园虽然造园要素简单，但尺度很大，与别墅建筑的尺度相协调。这些元素包

括意大利松树结合绿篱构成的树丛植坛、建筑和对地形起伏变化的掩饰，以及视线在空间和层次上的变化。这些设计元素不仅构图简单，而且充分体现了自然和人工的融合，创造出一种既高雅又完美的王宫府邸花园。

美第奇庄园的园址非常理想，充分利用了地形和自然元素，通过巧妙的借景和构图，将园外的景色与庄园内部相互呼应，形成了一个完美的整体。庄园中的雕像、建筑和松树等元素都反映了当时的历史和文化背景。庄园的设计者通过精心的布局和构思，将简单的元素巧妙地组合在一起，创造出一个既简洁又丰富的视觉效果。正如法国作家司汤达所说，构成建筑美与树木美的完美结合。

知识拓展二：美第奇庄园中的故事

在美第奇家族中，有一个被誉为“伟大的洛伦佐”的美第奇家族成员。他是一位热爱艺术且善于思考人生的贵族，他出资修建了这座庄园，并将其作为自己的居所。庄园的入口有一座守卫塔，显得庄重而神秘。进入庄园，有两条灵动的弧形楼梯，它们仿佛在诉说着过去的故事。类似神殿的门头上有一长条蓝白相间的陶瓷画，画中的场景源自古希腊故事，探讨了“人性本源”“生与死”等深刻话题。这些画作不仅展示了洛伦佐对艺术的热爱，更体现了他对人生的深刻思考。

据说，庄园中曾经有一位神秘的园丁。他精通园艺技巧，能够将各种植物巧妙地搭配在一起，创造出令人惊叹的景观。他的故事在庄园里流传了许久，成了庄园文化的一部分。

4. 法尔奈斯庄园（Villa Palazzina Farnese）

大约在 1540 年，红衣大主教亚历山德罗·法尔奈（保罗三世）委托建筑师吉阿柯莫·维尼奥拉及其兄弟祖卡里（Zuccari）为他的家族建造一座庄园。它坐落在罗马以北约 70 公里处的卡普拉罗拉小镇边缘，故又名“卡普拉罗拉庄园”（Villa Caprarola）。庄园始建于 1547 年，亚历山德罗去世以后，归奥多阿尔多·法奈尼斯所有，不久之后又在庄园内建造了建筑和上部的庭园。

法尔奈斯庄园用贯穿全园的中轴线联系各个台层。庭园建筑设在较高的台层，便于借景园外。虽然园地呈狭长形，最宽处与纵深长度之比几乎为 1 ∶ 3，但在每一局部都有较好的比例关系。对各台层之间的联系都做了精心处理，无论在平面和空间上都取得了良好的效果。园中精美的雕刻、石作，既丰富了花园的构图，又活跃了气氛（图 10-5）。

图 10-5　蜈蚣形跌水及坡道

5. 埃斯特庄园（Villa d’Este）

埃斯特庄园建造在罗马以东 40 千米处的蒂沃利小镇上，为红衣主教伊波利托 · 埃斯特所有。1550 年，他委托维尼奥拉的弟子利戈里奥改建他的府邸。他在庄园规划中吸收了布拉曼特和拉斐尔等人的设计思想，将花园看作住宅的补充，并运用几何学与透视学的原理，将住宅与花园融合成一个建筑式整体。花园以及大量局部的构图，均以方形为基本形状，反映出文艺复兴盛期的构图特点。

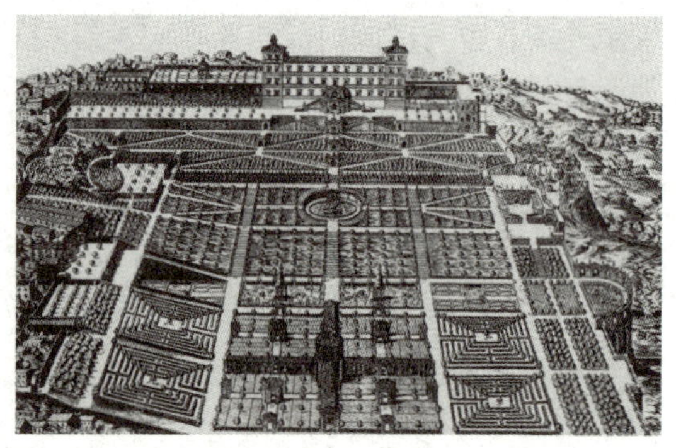
图 10-6　埃斯特庄园

埃斯特庄园坐落在蒂沃利一块朝西北的陡峭山坡上，全园面积约 4.5 公顷，园地近似方形。在意大利，由于气候的原因，花园应尽量朝北面。因此，利戈里奥对原地形作了重大的改造，全园分成了六个台层，上下高差近 50 米（图 10-6）。

埃斯特庄园沿中轴展开了深远的透视线，龙喷泉到主体建筑，给人一种权力至上、崇高和敬仰的感觉。突出的中轴线，加强了全园的统一感。沿着每一条园路前进或返回时，在视线的焦点上都有重点处理。埃斯特庄园因其丰富多彩的水景和水声而著称于世。这里有宁静的水池，有产生共鸣的水风琴，有奔腾而下的瀑布，有高耸的喷泉，也有活泼的小喷泉、溢流，还有缕缕水丝等。园内水景有动有静、动静结合水景，在园中形成一曲完美的水的乐章（图 10-7）。

树丛和喷泉的设置，又于庄重之中，带有几分动人的情趣。在底层花园的横向空间处理上，从中心部分的绿丛植坛至周边的阔叶丛林，再至园外的茂密山林，由强烈的人工化处理方式，逐渐向自然过渡，最终融于自然之中（图 10-8）。

图 10-7　龙喷泉

图 10-8　埃斯特庄园的蛋形泉

6. 兰特庄园（Villa Lante）

兰特庄园位于罗马西北面维特尔博附近的巴尼亚（Bagnaia）镇，是16世纪中期庄园中保存最完整的一个。1566年，当维尼奥拉正在建造法尔奈斯庄园之际，又被红衣主教甘巴拉委托建造他的夏季别墅，维尼奥拉也因此园的设计而一举成名。园址是维特尔博城捐给主教埃庇科帕尔（Epicopal）的，后传给甘巴拉，他用了20年时间才大体建成了这座庄园。庄园后来又出租给兰特家族，后得名“兰特庄园”。庄园的特点是风格统一、台地完整、水系新巧、高架渠送水、围有大片树林（图10–9）。

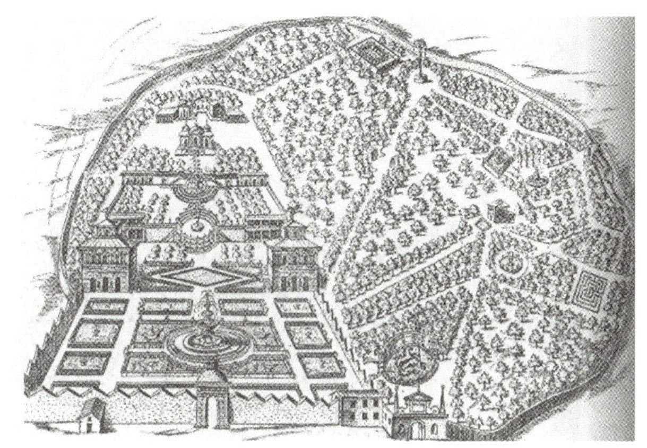

图 10-9　兰特庄园鸟瞰图

兰特庄园突出的特色在于表现了水自出山至入海全过程中的各种形式。由顶层尽端的水源洞府开始，将汇集的山泉送至八角形泉池；再沿斜坡上的水阶梯将水引至第三台层，以溢流式水盘的形式送到半圆形水池中；接着进入长条形水渠中，在二、三层交界处形成帘式瀑布，又流至二层的圆形水池中；最后，在第一台层上以水池环绕的喷泉作为高潮而结束。这条中轴线依地势形成的各种水景，结合多变的阶梯及坡道，既丰富多彩，又有统一和谐的效果。建筑分立两旁，也是为了保证中轴线的连贯。从水源的利用上，也充分地发挥了应有的效果（图10–10、图10–11）。

图 10-10　兰特庄园

图 10-11　兰特庄园星泉

7. 卡斯特罗庄园（Villa Castello）

卡斯特罗别墅园位于佛罗伦萨西北部，是美第奇家族的别墅园，初建于1537年，它体现了文艺复兴初期简洁的特点。卡斯特罗别墅园一层为开阔的花坛喷泉雕像园，二层是柑橘柠檬洞穴园，三层是丛林大水池园。其具体特点：建筑在南部低处，北面为三层露台的台地园；布局为规则式，中轴线贯穿三层台地园；典型的花木芳香园；带有精美的雕像喷泉、秘密喷泉；为遮阴凉爽需要，设置洞室。

8. 波波里花园（Boboli Garden）

波波里花园位于佛罗伦萨城的西南角，原来的园主是卢卡·佩梯，他于1441年在此兴建了宫殿，其后有一处附属庭园。这是美第奇家族中最大、保存最完整的一座庄园。园名则来自建园前土地所有者的名字。波波里花园面积约为60公顷，由东、西两个相对独立的部分组成（图10-12）。

图10-12　波波里花园府邸建筑

10.2.3　文艺复兴中期意大利庭园特征

16世纪后半叶的意大利庭园多建在郊外的山坡上，构成若干台层，形成台地园。其具体特征有：有中轴线贯穿全园；景物对称布置在中轴线两侧；各台层上常以多种理水形式，或理水与雕像相结合作为局部的中心；建筑有时作为全园主景位于最高处；理水技术成熟，如水景与背景在明暗与色彩上的对比，光影与音响效果（水风琴、水剧场），跌水、喷水等，秘密喷泉、惊愕喷泉等；植物造景日趋复杂；迷园、花坛、水渠、喷泉等日趋复杂。

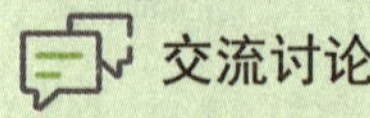
交流讨论

举例说明文艺复兴中期的代表性园林。

10.3　文艺复兴末期（巴洛克时期）

15世纪初，以"人文主义"为核心的文艺复兴运动，使别墅建筑以佛罗伦萨为中心兴盛。16世纪以后，文化中心转移至罗马，意大利式别墅庭园成熟。庭园文化成熟时，建筑与雕塑向巴洛克（Baroque）方向转化，半世纪后，即从16世纪末到17世纪，庭园进入巴

洛克时期。

建筑的巴洛克化，代表人物是米开朗琪罗。“巴洛克”（Baroque）一词原为“奇异古怪”之意，古典主义者以此称呼那些离经叛道的建筑风格，其主要特征是反对墨守成规的僵化形式，追求自由奔放的格调。巴洛克建筑不同于简洁明快、追求整体美的古典主义建筑风格，而倾向于繁复的细部装饰，喜欢运用曲线的技巧加强立面效果，爱好以雕塑或浮雕形成建筑物华丽的装饰。

受巴洛克艺术风格的影响，园林方面也反映出一种追求新奇、表现手法夸张的倾向，并且园中大量地充斥着装饰小品。园内建筑物的体量都很大，占有明显的统率地位。园中的林荫道纵横交错，甚至采用城市广场中三叉式林荫道的布置方法。植物修剪技术十分发达，绿色雕塑物的形象和绿丛植坛的花纹日益复杂和精细。

10.3.1　巴洛克化庭园的特点

这一时期巴洛克化庭园具有以下特点。

（1）设有庭园洞窟：原为巴洛克式宫殿的一种壁龛形式，造成充满幻想的外观，后被引入庭园。庭园洞窟采用天然岩石的风格进行处理。

（2）新颖别致的水景设施被统称为“水魔术法”（Water Magic）包括：水剧场（Water Theatre），用水力造成各种戏剧效果的一种设施；水风琴（Water Organ），利用水力奏出风琴之声，安装在洞窟之内；惊愕喷水（Surprise Fountain），平常滴水不漏，一有人来便从各个方向喷水；秘密喷泉（Secret Fountain），喷水口藏而不露。

（3）滥用整形树木，形态越来越不自然。利用整形树木做成的迷园也是当时流行的繁杂无益的游戏之物。

（4）线条复杂化，花园形状从正方形变为矩形，并在四角加上了各种形式的图案。花坛、水渠、喷泉及细部的线条少用直线多用曲线。

10.3.2　代表园林作品

1. 阿尔多布兰迪尼别墅园（Villa Aldobrandini）

该园为红衣主教彼埃特罗·阿尔多布兰迪尼所有，始建于 1598 年，位于罗马东南的一个山腰处。该园的精华之处是别墅对面的水剧场，水剧场做有壁龛，内有雕塑喷泉，过去有水风琴，后面为丛林，在丛林中轴线上布置有阶梯式瀑布、喷泉和一对族徽装饰的冲天圆柱等。乡野泉池后面有模仿天然洞穴的洞窟，池中有凝灰岩天然洞窟，围以自然式林木，以自然的处理手法将园林与自然有机地融为一体。从 8 千米以外的阿尔吉特山引来的水存在贮水池中，保证了园中造景用水。

依山而筑的水剧场，壁柱分隔成五个壁龛，做成岩洞般，人们可以进入，里面是各种水景游戏，表现了神话中的场景。中央壁龛内是肩负着天穹的阿特拉斯（Atlas）顶天力士像，另有一壁龛中有吹笛的潘（Pan）神像。无数的水柱从半圆形水池中喷射而出，落在布满青苔的岩石上。水剧场左侧为教堂的侧屋，右侧原有水风琴，以水力发出微妙之声，忽似鸟叫，忽似风吼雷鸣（图 10-13）。

图 10-13　水剧场

阿尔多布兰迪尼别墅失去了以前园林那种隐居消闲的情趣，而以高大建筑物显耀主人的富贵，风格不再是亲切的，而是喧嚣的、矫饰的；庄园里的三叉戟式林荫路来自城市广场和街道的布局；链式瀑布高处宽，向下逐渐变窄。

知识拓展三：阿尔多布兰迪尼别墅园的“秘密花园”

阿尔多布兰迪尼别墅园中，有一个被称为“秘密花园”的地方。这个花园隐藏在别墅的深处，只有少数人知道它的存在。这个花园曾经是阿尔多布兰迪尼家族的秘密聚会场所，他们在这里举行神秘的仪式和庆祝活动。这个秘密花园如今已经成了别墅园的一大亮点，吸引无数游客前往探寻。

据说，曾经有一位勇敢的冒险家为了寻找传说中的宝藏而潜入别墅园。他在园中迷路了数日，最终发现了一处隐藏的地下室，里面藏有珍贵的文物和艺术品。这个故事成了别墅园的一大传说，为这里增添了几分神秘色彩。

2. 加佐尼别墅园（Villa Garzoni）

加佐尼别墅园是意大利著名的巴洛克园林，位于托斯卡纳附近的科洛蒂。园林最初是由园主人加佐尼在 17 世纪中叶设计的，历时百余年才得以完成。园林坐落于山坡上，分为上、下两部分。上部为台地园，下部为花坛园。两者之间是有三层平台的大台阶。

入园后映入眼帘的首先是轴线两侧的两个圆形水池，前方是花坛、大台阶、密林和水阶梯构成的富有戏剧性的景象（图 10-14）。也许正是这种景观吸引了卡洛·洛伦齐尼（C.Lorenzini）在加佐尼花园中开始了《木偶奇遇记》的写作。

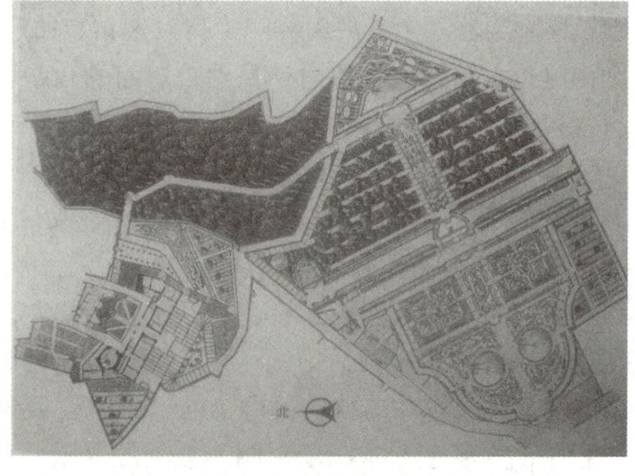

图 10-14　加佐尼别墅园平面图

3. 伊索拉 · 贝拉庄园

伊索拉 · 贝拉庄园建造在波罗米安群岛中的第二大岛上，是现存唯一一座意大利文艺复兴时期的湖上庄园。1632 年，卡洛 · 博罗梅奥三世开始营造这座庄园，后由其子第四代伯爵维塔利阿诺继续，直至 1671 年才最后完成。庄园以卡洛伯爵之母伊索拉 · 伊莎贝拉的名字简称命名。

10.4　意大利庭园的总特征

意大利台地园采用规则式布局，顺地形分层布置在几层台地，建筑常位于中轴线上，或者设在庄园的最高处，作为控制全园的主体。在规划中往往以建筑为中心，以其中轴线为园林的主轴。重视动水景观处理，大量使用水台阶、跌水、喷泉。植物作为建筑材料进行修剪，用黄杨、柏树组成花纹图案和雕塑，大量使用盆栽植物。大量使用雕塑、瓶饰作为点缀，功能上所需的构筑物，如挡土墙、台阶、栏杆等同时又是艺术水平很高的、美化园林的装饰品，成为庄园的重要组成部分。

其总特征，可归纳如下。

（1）园门宽敞，安装铁花门扇，门柱顶上有装饰。

（2）台地多在斜坡上建成，有时在平地上堆成。

（3）阶梯各种各样。

（4）栏杆在台地边使用，有时在池泉与花坛周围。

（5）庭园植物以树木为主，或地栽，或盆栽。

（6）喷泉是意大利庭园的象征；壁泉一般设在挡土墙上。

（7）阶式瀑布。

（8）池泉表现水的静态美。

（9）雕塑与花瓶是非常重要的庭园小景物

（10）铺地 16 世纪才出现，形式多样。

（11）庭园剧场以草坪为舞台，以整形树木作为背景，周边用整形树木围起来（图 10-15、图 10-16）。

图 10-15　绿荫剧场

图 10-16　露天舞台的绿墙背景

意大利园林对英、法等国也产生了深远的影响。1495 年，查理八世对意大利发动“那不勒斯远征”，军事上失败，但带回了意大利的艺术家、造园家，改造了城堡园，后在布卢瓦建台地式庭园，但仍是厚墙围起的城堡式。从弗朗西斯一世至路易十三（约 1500—1630 年），法国吸取意大利文艺复兴成就发展了法国的文艺与园林，培养了法国造园家。英国园林受意大利文艺复兴建筑庭园文化的影响，从 15 世纪末 16 世纪初开始一个世纪（16 世纪上半叶为亨利八世时代，16 世纪下半叶为伊丽莎白时代）逐步改变了原来为防御需要采用封闭式园林的做法，吸取了意大利、法国的庭园样式，但结合英国情况，增加了花卉的内容。

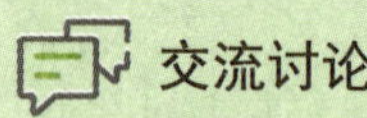

交流讨论

谈谈文艺复兴末期的代表性园林及特点。

本章小结

文艺复兴时期的园林设计强调对古典美学原则的继承与发展。在布局上，园林往往采用中轴对称的方式，展现出均衡稳定、主次分明、变化统一的特点。这种布局方式不仅体现了建筑师眼中的古典美学，也符合当时人们对秩序和和谐的追求。园林中的雕塑、建筑等元素也体现了古典艺术的风格，与整体环境相得益彰。设计师们善于利用自然环境，通过巧妙的布局和植物配置，营造出一种自然、舒适、宜人的空间氛围。同时，他们也注重将人文元素融入园林中，如雕塑、喷泉、亭台等，使园林成为展示人文精神和文化内涵的重要场所。此外，在技艺上也取得了显著的进步。设计师熟练掌握了各种造园技艺，包括植物种植、水体设计、建筑营造等，注重细节处理，追求精益求精，使得园林中的每一处景观都充满了艺术性和观赏性。

总之，文艺复兴时期的园林设计是对古典美学原则的继承与发展，也是对自然与人文和谐共生的探索与实践。这一时期的园林作品不仅为人们提供了优美的休闲场所，也为后世园林艺术的发展提供了重要的借鉴和启示。

以史明鉴 启智润化

文艺复兴时期意大利园林的自然性

文艺复兴时期意大利园林的总体布局是规整且严格对称的，建筑与自然环境通过园林中的廊架、喷泉、植物、丛林等元素相互渗透，既具有人工性又具有自然性。此时的风景园林被视为建筑与自然之间的“折中与妥协”，是协调两者关系的媒介。这一时期的风景园林蕴含的气氛是宁静、祥和的，介于法国古典主义园林与英国自然风景园之间。它不仅为人们的生活及享乐服务，还展现了人们的审美理想、对自然的欣赏与热爱，以及对隐逸生活的渴望。

（资料来源：于冰沁 . 意大利文艺复兴时期的风景园林，《光明日报》，2019-06-45，有删减）

文化传承 行业风向

对话达·芬奇——文艺复兴与东方美学艺术特展

在人类文明长河中，杰出艺术家留下无数璀璨多姿的艺术瑰宝和精神财富，为文明前行注入勃勃生机。2023 年 12 月 10 日，上海博物馆“对话达·芬奇——文艺复兴与东方美学艺术特展”开幕，精选 18 件文艺复兴艺术珍品真迹和 18 件中国古代绘画名作同场展出，从“东西方在相同时代却迥然不同的艺术表现手法”和“东西方在不同国度却异曲同工的艺术风格”两个视角，开启一场跨越时空的艺术之旅。

“乘物游心、美美与共”是这次特展的主旨。“乘物”强调理性，“游心”重视感性，东西方艺术的理性与感性具有共通之处，可以互为补充。展览希望通过东西方艺术的平等对话，以包容的心态看待世界其他国家的文明，在相互借鉴中展现中国优秀的传统文化和深厚的历史底蕴。

（资料来源：褚晓波 .“文艺复兴与东方美学艺术特展”：精品云集交流互鉴 .《人民日报》，2024-1-14）

温故知新 学思结合

一、选择题

1. 文艺复兴时期的园林设计中，（　）不是常见的元素。

A. 中心喷泉　　B. 几何形态的布局

C. 复杂的迷宫设计　　D. 垂直绿化

2. 文艺复兴时期的园林设计中，植物常常被用来（　）。

A. 装饰和象征意义　　B. 划分空间

C. 模仿自然　　D. 所有以上选项

二、填空题

文艺复兴时期的园林设计强调对自然的模仿和再现，追求______和______的和谐统一。

三、简答题

简述文艺复兴时期园林设计的主要特点。

课后延展 自主学习

1. 书籍：《世界名园胜境》，施奠东，浙江摄影出版社。
2. 书籍：《外国古代园林史》，王蔚，中国建筑工业出版社。
3. 书籍：《中外园林史》，林墨飞、唐建，重庆大学出版社。
4. 扫描二维码学习：学习通平台，厦门工学院，谢鑫泉，《中外园林史》。

思维导图 脉络贯通

文艺复兴时期园林

- 文艺复兴初期
  - 历史背景
    - 文艺复兴运动
    - 文豪与园林
    - 美第奇家族的推动作用
  - 文艺复兴初期的代表园林
    - 卡雷吉奥庄园
    - 卡法吉奥罗庄园
    - 菲埃索罗的美第奇庄园
  - 文艺复兴初期意大利庄园（园林）特征
- 文艺复兴中期（鼎盛期）
  - 文化背景
  - 代表庭园
    - 望景楼园
    - 玛达玛庄园
    - 罗马的美第奇庄园
    - 法尔奈斯庄园
    - 埃斯特庄园
    - 兰特庄园
    - 卡斯特罗庄园
    - 波波里花园
  - 文艺复兴中期意大利庭园特征
- 文艺复兴末期（巴洛克时期）
  - 巴洛克化庭园的特点
  - 代表园林作品
    - 阿尔多布兰迪尼别墅园
    - 加佐尼别墅园
    - 伊索拉·贝拉庄园
- 意大利庭园总特征
  - 园门宽敞、台地多、阶梯花样多、栏杆多、庭园植物以树木为主、雕塑与花瓶、阶式瀑布、喷泉是象征、铺地花样多、庭园剧场以草坪为舞台

第11章　勒诺特尔式时期欧洲园林

学习目标

➢ 知识目标

1. 熟悉法国勒诺特尔式园林的形成。
2. 掌握法国勒诺特尔式园林的特征及代表园林。
3. 熟悉法国勒诺特尔式园林在欧洲的影响。

➢ 能力目标

1. 通过学习勒诺特尔式园林，掌握一定的审美能力和设计能力。
2. 学会运用几何规则、对称和自然模仿等手法构建勒诺特尔式园林。

➢ 素质目标

1. 培养对历史和文化的尊重，提升跨文化交流能力，培养审美能力和创造力。
2. 强化环境保护意识。

启智引思　导学入门

勒诺特尔式时期欧洲园林以其独特的美学理念和精湛的设计技巧，赢得了众多赞誉和推崇。法国启蒙思想家伏尔泰对勒诺特尔式园林的宏伟与秩序感给予了高度评价。他认为这种园林风格体现了人类对自然的征服与改造，同时也展现了法国文化的繁荣与辉煌。法国浪漫主义文学的先驱夏多布里昂，在其作品中多次提及勒诺特尔式园林。他赞美这些园林如诗如画的美景，认为它们是大自然与艺术完美结合的典范。法国文学家雨果对勒诺特尔式园林的赞美毫不吝啬。他在作品中形容这些园林是“大地的诗篇”，是“人类智慧的结晶”。法国浪漫主义画家德拉克洛瓦，其画作中多次出现勒诺特尔式园林的元素。他认为这些园林不仅是视觉的盛宴，更是心灵的慰藉，能够激发人们的创作灵感。

勒诺特尔式时期欧洲园林以其独特的魅力和深远影响，体现了勒诺特尔式园林的艺术价值和文化内涵。

学习内容

11.1 法国勒诺特尔式园林的形成

15 世纪初期，以佛罗伦萨为中心的人文主义运动在意大利北部蔓延开来，并向北扩展到了其他国家。在 1494 年至 1495 年之间，法国军队入侵意大利，法国国王查理八世和他的贵族们被意大利的艺术和文化深深吸引，尤其是其华丽富贵、充满生活情趣的园林艺术。查理八世从意大利带回了许多珍贵的艺术品和造园工匠，这为法国的文艺复兴运动注入了新的活力。随着这些工匠的到来，意大利的造园风格也传入了法国。在法国的园林中，开始出现了雕塑、图案式花坛和岩洞等造型，以及多层台地的格局。这些元素进一步丰富了园林的内容，形成了一种具有代表性的园林风格。虽然这种风格在当时风靡一时，但法国的地理和地形条件限制了台地园林的进一步发展。

到了 16 世纪中叶，一批杰出的意大利建筑师来到法国，同时也有许多留学意大利的法国建筑师回国。这些建筑师和园林艺术家开始著书立说、深入实践，希望创造出具有自身特色的法国式园林。例如，埃蒂安 · 杜贝拉克于 1582 年出版了《梯沃里花园的景观》，在借鉴意大利园林艺术的基础上，提倡适应法国平原地区的规划布局方法。

16 世纪末和 17 世纪上半叶，建筑师杜贝阿和园艺家克洛德 · 莫莱（法国刺绣花坛的开创者）把花圃简单划分成方格，布置植坛，变成把花圃当作整幅构图，按图案布置刺绣花坛，是法国造园艺术的一个大进步，为 17 世纪后半叶法国古典主义园林的诞生作了准备。雅克 · 布瓦索在 1638 年出版的《论依据自然和艺术的原则造园》被广泛认为是法国园林艺术的真正开拓者，为后来的古典主义园林艺术奠定了理论基础。这本书详细论述了造园法则和要素、林木及其栽培养护、花园的构图与装饰等方面的内容，为园林设计师和园艺工作者提供了宝贵的指导。

法国园艺家克洛德 · 莫莱的儿子安德烈 1651 年出版《游乐性花园》。他提出，宫殿前应是壮观的，具有两三行行道树的林荫道（行道树的创始者），以宽阔的半圆形或方形广场作起点，在宫殿后布置刺绣花坛。他还提出递减原则，即随着与宫殿的远离，花园中景物的重要性和装饰性减弱，体现出花园是建筑与自然过渡的思想。他还是花境的创始者，喜欢用编织、修剪法，用植物构成门、窗、拱、柱、篱垣等。

16 世纪，法国人效仿意大利的台地园林，主要体现在以下四方面：一是建筑，二是雕像，三是岩洞，四是多层台地。另外，中世纪府邸外围的堑壕发展成法国特有的开阔的水池和河渠。到了 17 世纪，法国园林逐渐自成特色，形成古典主义园林。法国古典主义园林反映的是以君主为中心的封建等级制度，是绝对君权专制政体的象征。

11.1.1　代表性园林

图 11-1　谢农索城堡花园

1. 谢农索城堡花园

谢农索城堡花园是法国最美丽的城堡建筑之一。这座城堡的主体建筑以廊桥形式呈现，跨越谢尔河两岸，与周围的景色融为一体，展现出独特的风景。它始建于 1551 年的文艺复兴时期，最早由伯耶建造，后来被亨利二世送给狄安娜 · 波瓦狄埃。国王死后，王太后卡特琳娜 · 美第奇以肖蒙府邸交换得到了这座城堡，并聘请建筑师德劳姆建造了美丽的廊桥式城堡。谢农索城堡花园以其精美的建筑和壮观的自然景观而闻名。城堡的花园内布满了各种花卉和树木，营造出一种浪漫而宁静的氛围。此外，城堡内还收藏了大量的艺术品和历史文物，展示了法国历史和文化的瑰宝（图 11–1）。

2. 维兰德里庄园

维兰德里庄园位于法国中西部城市图尔附近，是一座充满历史底蕴和文化内涵的庄园。它始建于 1532 年，按照法国文艺复兴时期的园林风格打造而成。

庄园的布局非常精致，花园被巧妙地分为几个层次，与周围的自然景观融为一体。从顶层台地的大水池和水镜面开始，水流顺着层次逐级而下，为整个庄园增添了灵动和生机。中层台地则分为装饰园、游乐园和药草园三个部分，每个部分都有其独特的风格和特点。底层平台则与谢尔河相邻，从这里可以欣赏到河流和周围乡村的美景。除花园之外，维兰德里庄园的建筑也非常有特色。府邸建筑位于庄园的南侧，是花园中的制高点。从楼上的窗户望去，视线开阔，整个花园尽收眼底。其建筑风格典型地反映了文艺复兴时期的特点，与周围的花园和景观相得益彰（图 11–2）。

图 11-2　维兰德里庄园

11.1.2　安德烈 · 勒诺特尔

安德烈 · 勒诺特尔，法国 17 世纪下半叶极有天赋的造园家。他在前人的基础上，使古典主义造园艺术在沃勒维贡特庄园充分呈现。这标志着单纯模仿意大利造园形式的结束，法国园林艺术的真正成熟和古典主义造园时代的到来，真正取代了意大利文艺复兴式花园，成为风靡整个欧洲造园界的一大样式。

勒诺特尔是路易十四时期的宫廷造园家，才华横溢，1613 年 3 月 12 日生于巴黎的园林世家，祖父是宫廷造园家，在 16 世纪下半叶为杜勒里宫苑设计过花坛。其父让·勒诺特尔是路易十三的园林师，曾与克洛德·莫莱合作，在圣日耳曼昂莱工作，1658 年以后成为杜勒里宫苑的首席园林师，去世前是路易十四的园林师。

勒诺特尔 13 岁进入宫廷画家（巴洛克绘画大师）西蒙·伍埃的画室学习。这段经历使他有幸结识了许多美术、雕塑等艺术大师，其中画家夏尔·勒布朗和建筑师弗朗索瓦·芒萨尔对他的影响最大，使他受益匪浅。在离开伍埃的画室之后，勒诺特尔改习园艺，跟随他的父亲在杜勒里花园里工作。勒诺特尔学过建筑、透视法则和视觉原理，受古典主义者影响，研究过数学家笛卡尔的机械唯物主义哲学。

1635 年，勒诺特尔成为路易十四之弟奥尔良公爵的首席园林师，1643 年获得皇家花园的设计资格，两年后成为国王的首席园林师。建筑师芒萨尔转给他大量的设计委托，使其于 1653 年获得皇家建造师称号。

勒诺特尔在 1656 年开始建造的沃勒维贡特庄园，采用了前所未有的样式，成为法国园林艺术史上一个划时代的作品，也是古典主义园林的杰出代表。这个庄园的设计风格简洁、明快，布局规整，与周围的环境融为一体，展现出了勒诺特尔卓越的造园技艺和深厚的艺术底蕴。路易十四对于庄园的设计和建造质量给予了高度评价，并产生了建造更加宏伟壮观的宫苑的想法。

大约从 1661 年开始，勒诺特尔投身于凡尔赛宫苑的建造之中。作为路易十四的皇家造园师，他倾注了长达 40 年的心血，将凡尔赛宫苑打造为宏伟的园林。勒诺特尔在凡尔赛宫苑的设计中运用了丰富的艺术元素和技巧，将宫殿、花园、喷泉、雕塑等各种景观巧妙地融合在一起，形成了一个完美的整体。

勒诺特尔在法国园林艺术史上留下了浓墨重彩的一笔。他的作品不仅为法国园林艺术的发展奠定了基础，也对欧洲园林艺术产生了深远的影响。他被誉为“王之造园师与造园师之王”，这个称号不仅是对他造园技艺的肯定，也是对他为法国园林艺术发展所作出的杰出贡献的赞誉。

知识拓展一：勒诺特尔学画

勒诺特尔出生于一个普通家庭，他在年轻时曾跟随当地一位画家学习绘画技巧，在初学阶段，他面临着诸多挑战。然而，他坚持不懈地努力，逐渐克服这些困难，在绘画领域取得了一定的成就，并将绘画技巧应用于园林设计中。他通过绘画构思和规划园林的布局，将自然元素和人工结构巧妙地融合在一起。他的园林设计作品充满了艺术性和创造性，展现了他对美的独特追求和理解。勒诺特尔的学画经历不仅为他提供了宝贵的艺术素养和创造力，也为他的园林设计事业奠定了坚实的基础。他的成功故事告诉人们，只要热爱并坚持自己的兴趣，不断努力学习和实践，就一定能够取得卓越的成就。

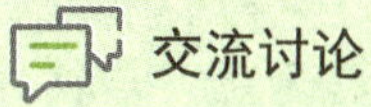

交流讨论

谈谈勒诺特尔式园林是如何形成的。

11.2　法国勒诺特尔式园林的特征及代表园林

勒诺特尔一生设计并改造了大量的府邸花园，充分表现出其高超的艺术才能，并形成了风靡欧洲长达一个世纪之久的勒诺特尔样式（Style Le Notre）。他的主要作品除沃勒维贡特庄园和凡尔赛宫苑之外，还有枫丹白露城堡花园、圣日尔曼昂莱城堡、尚蒂伊庄园、圣克洛花园、杜勒里宫苑、索园、克拉涅花园、默东等。

11.2.1　代表性园林

11.2.1.1　沃勒维贡特庄园（Vaux Le Vicomte）

沃勒维贡特庄园位于巴黎市郊，建成于 1661 年，创造出将自然变化和规则严整相结合的设计手法。这种设计思想与手法为凡尔赛宫园林的设计奠定了基础。该庭园是为马扎然内阁财政部长福凯所造壮丽宫殿的附属庭园，它采用了一种前所未有的新庭园形式，使勒诺特尔一举成名。

沃勒维贡特庄园的创新：一是内容空前丰富，布置空前华丽；二是构图空前完整、统一，也有更多变化；三是中轴线成了艺术中心，也有明显的巴洛克因素。

沃勒维贡特庄园在空间处理上采用了由低到高、逐步过渡的手法。花园中间没有种植高大树木，而是以低矮的整形植物和花草构成美丽的图案，使空间开朗明亮。花园的边缘抬高了园路和绿篱、绿墙，形成了更加宜人的散步和休憩空间。两旁的林木形成的荫蔽空间相对私密，是理想的游乐场所。这种设计不仅增加了空间的层次感，还使整个花园更加舒适宜人。

沃勒维贡特庄园的独到之处在于其宽敞辽阔的空间感，但又并非巨大无垠，给人一种恰到好处的舒适感。庄园内的空间划分和各个花园的变化统一，精确得当，使整个庄园成为一个不可分割的整体。造园要素的布置井然有序，避免了互相冲突与干扰，给人一种和谐统一的感觉。刺绣花坛在庄园中占据了很大面积，配合富丽堂皇的喷泉，在中轴上具有主导作用。地形处理非常精心，形成了自然而然地变化，使整个庄园更具层次感和立体感。水景在庄园中起到了联系与贯穿全园的作用，在中轴上依次展开。这种水景的处理方式不仅增加了庄园的美感，还使整个庄园更加生动活泼。此外，庄园的序列、尺度、规则等要素都体现了“伟大时代”的特征，经过勒诺特尔的处理，已经达到了不可逾越的高度。这些要素的运用使整个庄园更加具有艺术性和文化价值，给人留下深刻的印象（图 11-3）。

11.2.1.2　凡尔赛宫（Versailles）

1662—1663 年，路易十四让勒诺特尔规划设计凡尔赛宫，他提出要建造出世界上未曾见过的花园。它是巴黎著名的宫殿之一，也是世界五大宫殿（北京故宫、法国凡尔赛宫、英国白金汉宫、美国白宫、俄罗斯克里姆林宫）之一。凡尔赛宫所在地区原来是一片森林和沼泽荒地。1624 年，法国国王路易十三买下了这片荒地，在这里修建了一座二层的红砖楼房，用作狩猎行宫。行宫二楼有国王办公室、寝室、接见室、藏衣室、随从人员卧室等房间，一层为家具储藏室和兵器库。当时的行宫拥有 26 个房间，如今拥有 2 300 个房间、67 个楼梯和 5 210 件家具。凡尔赛宫作为法兰西宫庭长达 107 年（1682—1789 年）。1789 年 10 月 6 日，路易十六被民众挟至巴黎城内，凡尔赛宫作为王宫的历史至此终结。在随后到来的法国大革命时期，凡尔赛宫被民众多次洗掠，宫中陈设的家具、壁画、挂毯、吊灯和陈设物品被洗劫一空，宫殿门窗也被砸毁拆除。1793 年，宫内残余的艺术品和家具全部运往卢浮宫。此后凡尔赛宫沦为废墟达 40 年之久，直至 1833 年，奥尔良王朝的路易 · 菲利普国王才下令修复凡尔赛宫，将其改为历史博物馆（图 11-4）。

图 11-3　沃勒维贡特庄园鸟瞰图

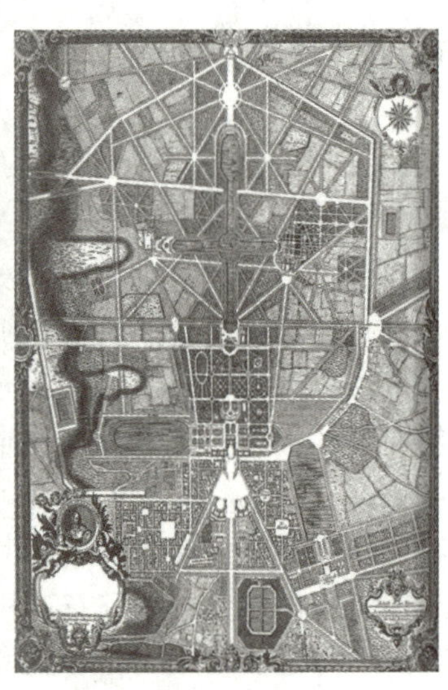

图 11-4　凡尔赛宫总平面图

宫苑的中轴线约 3 千米长，如果包括伸向外围及城市的部分，则长达 14 千米。整个园林基本上采用规则式设计手法，以宫殿的中轴线作为园林的主轴线，然后通过不同形式的纵轴线和若干条放射状轴线将园林划分成若干个小区（图 11-5）。

图 11-5　凡尔赛宫鸟瞰图

1. 花坛区

花坛区是整个园林中最为精美的部分。最初勒诺特尔设计的是刺绣花坛，但在扩建旧城堡时改为水花坛，由一大四小的泉池组成，现在的水花坛则是一对沿中轴线排列的、四角呈圆弧状的长方形水池，被称为“水镜面”。这些水池的池边有大理石砌岸，上面用青铜雕像装饰，增加了整个花坛区的艺术氛围。花坛区还包括柑橘园和瑞士湖。路易十四非常喜欢柑橘树，而园内的 1 250 盆柑橘全部来自福凯的花园。瑞士湖的面积达到了 13 公顷，这片湖原是一片沼泽地，地势低洼，排水困难。为了解决这些问题，就势挖湖，使这片沼泽地变成了美丽的瑞士湖。这个湖因为由瑞士雇佣军承担挖掘任务而得名。

2. 中心区

宫苑的中心部分是拉托娜区，以拉托娜喷泉池为核心。拉托娜和分列在两旁的一对双胞胎儿女即太阳神阿波罗和月亮神阿尔忒弥斯，位于由四层圆台叠加的顶端，面向西方与阿波罗喷泉池遥遥相望。高台下方的喷泉由四层排列，造型为龟、蛙和人身蛙的不同喷泉组成。整个拉托娜区的喷泉设计充满了神话色彩，通过喷泉的造型和排列，展现了罗马神话故事中的情节和人物形象。这种设计手法不仅增加了整个园林的艺术氛围，也使游客在欣赏喷泉的同时，能够了解和感受到神话故事的魅力。

3. 苑路区

国王苑路区是宫苑的小林园区，也是整个园林中的主要活动区域。在勒诺特尔的设计下，原本狭窄的苑路被改造成了长达 330 米、宽达 45 米的宽敞大道。该区的象征意义体现在阿波罗泉池上。巨大的水池中央，年轻的阿波罗正驾着四马战车跃出水面，迎接自东方升起的太阳。路易十四被誉为太阳神，因此将阿波罗泉池建在此处具有特殊的象征意义。这种设计手法突出了太阳作为国王的象征，在园林主题中被反复强调。

4. 运河区

运河区是水上活动的中心区域。借鉴枫丹白露宫苑和沃勒维维贡府邸的运河设计经验，这里被设计为“十”字形大运河，成为整个园林中的一大亮点。这条大运河长为 1 560 米，宽为 62 米，最宽处达到了 120 米。横运河的长度为 1 013 米，与大运河相交错，形成了独特的“十”字形结构。这种设计不仅增加了整个园林的层次感和立体感，也使游客可以在水上欣赏到不同的景观和景色。运河区位于阿波罗泉池以西的主轴线上，与国王苑路连为一体，形成了一条宽阔的中轴线。这是勒诺特尔的又一杰作，通过巧妙的设计和布局，使运河区与整个园林融为一体，成为一个不可分割的整体。

总而言之，凡尔赛宫规模巨大，突出纵向中轴线，采用超尺度的“十”字形大运河，均衡对称的布局，创造广场空间、丛林背景。以水贯穿全园，采用洞穴、精美的艺术装饰，遍布雕塑，建筑与花园相结合，还有极高艺术与文化价值的喷泉等。勒诺特尔出现之前，意大利庭园已经度过了它的辉煌时代，而表现出愈演愈烈的巴洛克式倾向。勒诺特尔将变化无常、装饰繁复的巴洛克倾向彻底扭转，给园林设计带来了一种优美高雅的形式。

知识拓展二：凡尔赛宫花园的设计

勒诺特尔在设计凡尔赛宫花园时，受到了路易十四的严格监督和要求。为了满足国王的要求，勒诺特尔精心设计了凡尔赛宫花园的布局和景观。他运用了严格的几何规则和对称设计，创造出一个秩序井然、宏伟壮观的园林。花园中包括大量的草坪、花坛、喷泉和雕塑等元素，每一个细节都经过精心设计和装饰。然而，在花园的建设过程中，勒诺特尔和路易十四之间发生了一些有趣的争执。据说，路易十四曾经对花园中的一棵树的位置不满意，要求勒诺特尔将其移除。勒诺特尔却坚持认为这棵树的位置非常合适，不应该移动。最终，路易十四妥协了，并接受了勒诺特尔的建议。这个故事不仅展示了勒诺特尔的才华和决心，也反映了当时社会对园林艺术的重视和追求。

11.2.2 勒诺特尔式园林的特征

雷诺特尔式园林具有以下四个特征。

（1）有明显轴线。花园有明显的轴线，主轴线控制全园，为建筑轴线的延伸，如凡尔赛宫（图 11–6）。

（2）均衡、有序，人工美高于自然美的平面图案式园林。凡尔赛宫的园林在宫殿两侧。这座园林分为三部分，以水池为中心，南、北两段皆为花坛。园内道路、树木、水池、亭台、花圃、喷泉等均呈几何图形，有统一的主轴、次轴，对景，构筑整齐划一，透溢出浓厚的人工修造的痕迹，亦体现了路易十四对于君主政权和秩序的追求和规范（图 11–7）。

图 11-6　凡尔赛宫花园

图 11-7　凡尔赛宫的园林

（3）水景丰富。大运河多呈“–”字或“+”字式布局；大量使用瀑布、水渠、水镜面、喷泉等。

（4）注重装饰。在轴线、路径交叉点常用喷泉、雕塑、建筑等小品装饰。植物修剪，常用黄杨篱组成刺绣图案，大量使用花卉装点色彩。大量使用雕塑、花钵、瓶饰等装饰物。

交流讨论

谈谈法国勒诺特尔式园林的特征及代表园林。

11.3　法国勒诺特尔式园林在欧洲的影响

11.3.1　法国园林对俄罗斯园林的影响

彼得大帝时期，他本人极为崇尚西欧园林，对法国园林尤为推崇，因此在他的倡导、支持下，法国勒诺特尔式园林在俄罗斯广为流行。俄罗斯在模仿法国园林的同时，也有自己的特点：在宫苑的选址上以及水体的处理方面，更多地借鉴意大利式园林，选址于水源充沛之地，并依山而建，形成一系列的台地和叠水，结合精美的雕塑，使整个园林景观既有辽阔、开敞的空间效果，又具有丰富的景观层次。

在园林的功能方面，俄罗斯也发生了变化。过去，园林主要以实用为主，现在则转向以娱乐和休息为主。在植物的选用上，俄罗斯人以乡土树种为主，如栎、榆、白桦、复叶槭等树形成林荫道，使用云杉、落叶松等常绿植物构成丛林，使俄罗斯园林具有强烈的地方特色和浓郁的俄罗斯风情，这种植物配植方式不仅增加了园林的美感，还使游客能够更好地感受俄罗斯的文化和自然风光。

以彼得霍夫宫为例。该园位于俄罗斯圣彼得堡市的西南郊区，是彼得大帝的夏宫，由勒诺特尔的弟子设计。宫殿建筑群位于 12 米高的台地上，沿建筑中心部位布置一条中轴线直伸向海边，建筑平台下顺此轴线做一壮观的叠瀑。下花园是园林的精华所在，拥有数百座精美的喷泉（图 11-8）和雕塑。其中最为著名的是“金色阶梯”和“大理石宫殿”。

图 11-8　彼得霍夫宫长河喷泉

11.3.2　法国园林对德国园林的影响

德国位于欧洲的中心，北邻北海和波罗的海，这种地理位置使德国能够很容易地吸收各个邻国的文化成果。因此，德国的园林受到了来自意大利、法国、荷兰及英国等国家的影响。18 世纪下半叶开始，德国受到法国宫廷的影响，君主们开始建造大型园林，于是法国的勒诺特尔式造园样式传入德国，并得到了广泛的应用。这些园林作品大多数是由法国造园师设计建造的，也有一些荷兰造园家的作品。德国的勒诺特尔式园林中，主要反映的是法国勒诺特尔式造园的原则。这些原则包括中轴线对称、几何形构图、大草坪、大花坛等要素，使整个园林显得宏伟壮观。

德国勒诺特尔式园林中最突出的特点是水景的利用。在园景中，德国设计师巧妙地运用了法国式喷泉、意大利式的水台阶、荷兰式的水渠，使水景壮观宏丽。德国的水景设计在吸收了其他国家水景优点的同时，也进行了创新和改良，达到了青出于蓝而胜于蓝的效果。

德国园林中较为常见的绿荫剧场也值得一提。与法国园林中的绿荫剧场相比，德国的绿荫剧场布局更加紧凑，并结合雕像的布置，具有更强的装饰性。这种设计不仅增加了园林的艺术氛围，也使绿荫剧场成为一个独特的观赏景点。园林中的建筑物或花园周围常设有很大的水壕沟，保留了更多中世纪园林的痕迹。这种设计手法为园林增添了一份古老和神秘的气息，使游客仿佛置身于历史的长河中。

在德国园林中，巴洛克透视的运用、巴洛克及洛可可式的雕像和建筑小品也是其特点之一。这些元素具有文艺复兴的特点，与古典主义园林的总体布局相结合，使德国园林的风格虽然不那么纯净，但富于变化。这种变化使德国园林更加丰富多彩，为游客提供了更多的观赏角度和体验。

例如，德国海恩豪森（Herrenhausen）王宫花园，此宫殿建在德国下萨克森州汉诺威城近郊。其庭园部分由勒诺特尔设计。它的营建倾注了公爵夫人索菲亚的不少心血。花园可细分为四个独立的园林。草地开阔，花径蜿蜒，顺其自然，浑然天成。宫前大花园则精雕细琢，规划齐整，表现出另一种风格。它占地 52 公顷，是早期巴洛克园林艺术的典型。一眼望去，但见草坪、花坛、水池、路径竟像是用直尺和圆规作出般整齐，而且对称于中轴线，就连树木都修剪成几何形状。园中有 82 米高的喷泉，气象万千，各处点缀着大理石雕塑，丰姿多态；人工河三面环绕于园林，波光粼粼。整个园林宏伟华丽，是德国园林中的珍品（图 11–9）。

图 11-9　海恩豪森王宫花园刺绣花坛

11.3.3　法国园林对意大利园林的影响

从 16 世纪下半叶开始，法国的造园艺术经历了一个世纪的发展过程，受到了意大利造

园技艺的影响，并逐渐形成了自己的特色。18 世纪下半叶，勒诺特尔的出现才宣告了单纯模仿意大利造园形式时代的结束，并开始了勒诺特尔式园林的辉煌时期。这种新的园林形式逐渐被意大利人所接受，并逐渐流行起来。勒诺特尔式造园在意大利北部的流行程度更高，因为该地区的平坦地势非常适合建造这种类型的园林。从地域上看，意大利处于欧洲南部，地形地貌相对复杂，山地较多，因此其园林很难营造出法国勒诺特尔式园林的广袤效果和壮观景象。意大利园林通常依山就势而建，因此景观空间的处理更加细腻。

以卡塞塔（Caserta）王宫为例。该宫苑位于意大利那不勒斯以北，由意大利 18 世纪伟大的建筑师卢伊奇 · 万维泰利依据波旁家族查理三世的意愿所建，结合了凡尔赛、罗马和托斯卡纳的建筑风格。卡塞塔被视为意大利巴洛克风格的一次胜利，而且远远走在时代的前面。宫苑的设计和建设过程充满了创意和巧思。设计师巧妙地利用了地形和自然景观，将豪华的宫殿、精美的园林和花园、天然林地及打猎用的小屋完美地结合在一起。宫廷花园中的水池、喷泉和瀑布排列成一条直线，向远方延伸到目力所及之处，形成“望远镜效应”（图 11-10）。

图 11-10　卡塞塔王宫的喷泉、水池和瀑布

但意大利园林与法国园林又略有不同。在性质上，意大利园林一般附属于贵族别墅，而法国园林大多是王室园林。在地形上，意大利园林多属于台地园，地势陡峭，而法国园林地势较平缓。在水体运用上，意大利园林多运用活水，法国园林多用静水和压力喷泉。在植物配植方面，意大利园林多植松柏，颜色浓，讲究个体姿态；而法国园林多用阔叶树，颜色浅，表现总体效果。在模纹花坛方面，意大利园林多以常绿树做图案，很少用鲜花；而法国园林常用鲜花做图案，富有色彩。在规模上，意大利园林面积相对较小；而法国园林面积较大，加强花园的主轴线。

交流讨论

谈谈法国勒诺特尔式园林对欧洲的主要影响。

知识拓展三：波旁王朝的皇家花园

在建设卡塞塔王宫的过程中，查理三世亲自参与了设计方案的讨论和修改。他对于每一个细节都非常关注，甚至亲自挑选了宫苑中的植物和装饰元素。这种对于艺术的热爱和追求，使卡塞塔宫苑成为一个充满故事和传说的地方。如今，卡塞塔王宫已经成为意大利的一处著名旅游景点。游客可以在这里欣赏到精美的园林和建筑，并感受波旁王朝的历史和文化氛围。

本章小结

法国勒诺特尔式园林是欧洲园林艺术史上的重要篇章，其以独特的古典主义风格、严谨的空间布局和丰富的艺术元素，展现出一种壮丽、宏伟且令人陶醉的景观。这种园林风格充分体现了法国当时的政治、文化和社会氛围，尤其是绝对君权制度的影响。勒诺特尔式园林以几何构图和对称布局为核心，强调轴线的重要性，通过直线和曲线的巧妙运用，营造出一种秩序井然、和谐统一的空间效果，巧妙地运用自然元素，如山水、树木等，营造出一种既符合人工美学又充满自然气息的环境。这种理念体现了人类对于自然的敬畏和尊重，也符合现代社会的可持续发展观念。法国勒诺特尔式园林以其独特的古典主义风格、严谨的空间布局和丰富的艺术元素，成为欧洲园林艺术的瑰宝。它不仅为后人留下了宝贵的文化遗产，也为现代园林设计提供了重要的启示和借鉴。

以史明鉴 启智润化

精益求精的勒诺特尔

勒诺特尔在园林设计领域展现出了精益求精的精神，这无疑是他能够成为法国乃至欧洲园林艺术史上杰出代表的重要原因。他的园林作品不仅体现了深厚的艺术造诣，更展现了对细节的极致追求和对完美的执着。

勒诺特尔在设计园林时，始终坚持以严谨的态度对待每一个细节。从园林的整体布局到每一个花坛、雕塑的摆放，他都亲自参与并反复推敲；他严格挑选材料，确保每一块石头、每一棵树都符合他的要求；同时，他还对施工工艺进行严格的把控，确保每一个施工环节都达到最高的标准。他深知，只有对细节进行精心打磨，才能使整个园林呈现出完美的效果。

勒诺特尔还非常注重创新。他不断尝试新的设计理念和手法，以打破传统的束缚，为园林艺术注入新的活力。他的作品充满了新颖的元素和独特的构思，使每一个园林都独具特色，令人耳目一新。

正因为勒诺特尔的这种精益求精的精神，他的园林作品才能够经受住时间的考验，成为后世传颂的经典。他的设计理念、技艺和成就不仅为法国园林艺术的发展作出了巨大贡献，也为世界园林艺术史留下了浓墨重彩的一笔。

文化传承 行业风向

“紫禁城与凡尔赛宫——中法交流”展

2004 年和 2005 年，法国凡尔赛宫博物馆和故宫博物院先后合作举办“康熙大帝展”和“太阳王路易十四——法国凡尔赛宫珍品特展”。2014 年，适逢中法建交 50 周年，法国凡尔赛宫博物馆举办了“凡尔赛宫里的中国：18 世纪的艺术与外交”展览。这些展览带来了巨大的社会影响，也为双方更深入的交流奠定了良好基础。2019 年，故宫博物院和法国凡尔赛宫博物馆决定在中国再次举办“凡尔赛宫里的中国”展览，但由于种种原因，展览推迟至 2024 年。

2023 年 4 月，习近平主席和来华访问的法国总统马克龙共同宣布，2024 年两国建交 60 周年之际，将共同举办中法文化旅游年。“紫禁城与凡尔赛宫——17、18 世纪的中法交往”展成为中法文化旅游年的重要项目之一。展览以中法两国外交、文化和艺术交流为主题，展出故宫博物院、凡尔赛宫以及其他收藏机构的大约 200 件文物精品，涵盖瓷器、绘画、书籍等多种类型。全方位展现 17、18 世纪中法两国之间，尤其是中法宫廷间交往交流的历史盛况。

温故知新 学思结合

一、选择题

1. 勒诺特尔式园林的主要特点是（　　）。

A. 模仿自然　　B. 几何规则布局　　C. 复杂迷宫设计　　D. 抽象艺术风格

2. 勒诺特尔式园林的设计思想主要受到（　　）的影响。

A. 路易十四　　B. 路易十五　　C. 路易十六　　D. 路易十八

二、填空题

勒诺特尔式园林强调严格的 _____ 和 _____ 布局，以此展现出秩序和对称的美感。

三、简答题

为什么说勒诺特尔式园林代表了当时社会的审美观念和权力象征？

课后延展 自主学习

1. 书籍：《世界名园胜境》，施奠东，浙江摄影出版社。
2. 书籍：《外国古代园林史》，王蔚，中国建筑工业出版社。
3. 书籍：《中外园林史》，林墨飞、唐建著，重庆大学出版社。
4. 扫描二维码学习：学习通平台，厦门工学院谢鑫泉《中外园林史》。

思维导图 脉络贯通

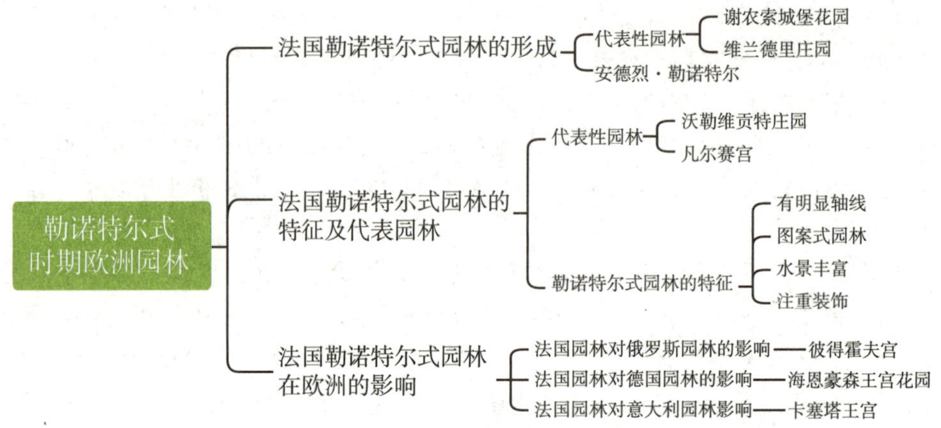
勒诺特尔式时期欧洲园林
法国勒诺特尔式园林的形成
代表性园林
谢农索城堡花园
维兰德里庄园
安德烈·勒诺特尔
法国勒诺特尔式园林的特征及代表园林
代表性园林
沃勒维贡特庄园
凡尔赛宫
勒诺特尔式园林的特征
有明显轴线
图案式园林
水景丰富
注重装饰
法国勒诺特尔式园林在欧洲的影响
法国园林对俄罗斯园林的影响——彼得霍夫宫
法国园林对德国园林的影响——海恩豪森王宫花园
法国园林对意大利园林影响——卡塞塔王宫

第12章 自然风景式时期欧洲园林

学习目标

➢ 知识目标

1. 了解英国自然风致园产生的历史背景。
2. 掌握英国自然风致园的特点。
3. 熟悉英国自然风致园代表人物及代表园林。

➢ 能力目标

1. 掌握园林鉴赏的能力。
2. 能够借鉴外国园林设计精华，做到西为中用，古为今用。

➢ 素质目标

1. 培养正确的园林史观，提升理论素养和审美能力。
2. 提升园林文化素养，感受工匠精神。
3. 培养学生人与自然和谐共处的生态价值观。
4. 树立民族自信和文化自信。

启智引思 导学入门

18 世纪英国自然风致园的产生，不仅仅表现为一种新的园林造景形式的出现，同时也喻示着旧的历史时代的终结。它对西方乃至全世界的园林文化发展形成广泛而深远的影响，并且奠定了近现代的园林发展的方向。

自然风致园的园林形式颠覆了欧洲传统的园林风景构图和园林文化，它以大自然为模仿的素材，用绘画的原理进行构图，但不单纯地以绘画作为造园的蓝本，而是再现自然风景的和谐与优美。在社会文化的层面上，英国风致园的出现代表着新兴的阶级步入社会的主流阶层，即新兴资产阶级的审美思想和情趣成为社会审美思想的主流，取代了以勒诺特尔式园林为代表的君主集权时代的造园形式和审美取向，以对自然风景的欣赏取代对人工造景的欣赏。

虽然中英两国的文化、宗教、国情、体制存在巨大差异，但两国的造园理念却“万变不离其宗”，无论是“向自然学习”，抑或是“道法自然”，都殊途同归。英国在城市规划和对待历史等方面的很多做法都有值得学习和借鉴的地方。国内欧式新古典主义景观项目数不胜数，在别人把目标投向更远处之际，不应该依旧沉迷于别人过去的欧式辉煌风格当中，更不应把欧洲的名城如数家珍般地复制到中国来，而应以创新的眼光看问题，共同引领世界园林新潮流。

学习内容

12.1　英国自然风致园产生的历史背景

18 世纪之前，英国园林深受法国园林和意大利造园思想的影响，以规则式园林为主。到了 18 世纪中叶英国自然风致园的出现，结束了勒诺特尔式园林统治欧洲长达一个世纪的历史，成为西方园林艺术领域的一场脱胎换骨的革命。英国自然风致园的出现并不是偶然，它的产生远比意大利巴洛克园林和法国古典园林的历史要复杂得多。这里有政治的、经济的、社会的、哲学的、美学的原因，还有外国的影响，这就是中国的影响。

12.1.1　自然条件

英国是位于欧洲西部的一个岛国，属于温带海洋性气候，境内温和湿润，十分利于植物生长，因而草坪和地被植物无须精心浇灌即可碧绿如茵。南部地区多为平原和丘陵，自然地形平缓舒展，缓坡牧场和孤立树构成独特的自然风景。北部地区多低山和高原，地形起伏变化大。英国特殊的地理、气候、植被条件为自然风景式园林的形成提供了得天独厚的自然基础。

12.1.2　哲学思想

17 世纪，英国在自然科学影响下产生了以培根和洛克为代表人物的经验主义。经验主义与古典主义相对，反对教条，强调想象与情感。他们认为艺术的真谛在于情感的流露，想象和情感是自然风景式园林基本的审美要求。经验主义为 18 世纪造园艺术的革命奠定了哲学基础和美学基础。

12.1.3　社会因素

英国于 1544 年颁布了禁止砍伐森林的法令，这在一定程度上保护了英国当时草原上的丛林景观。17 世纪中叶英国资产阶级启蒙运动推崇自然主义，启蒙思想家批判封建专制制

度的一切，将规则式造园手法看作戕害天性，认为规则式园林是对自然的扭曲，而自然式园林才能表达人们的真实情感。

18 世纪初，英国政府颁布了一系列有利于农林业发展的法律和政策。农业上畜牧业、圈地运动兴起，采用的牧草与农作物轮作制，逐渐形成由小树林斑块、下沉式道路和独立小村庄组成的田园风光。同时，从海外引进了大量的外来植物。植物种类的增加丰富了英国的植物群落景观，为自然风致园的出现提供了良好的社会条件。

乡村风貌的改变，吸引了那些厌倦城市生活的权贵和富豪们。他们借此来逃避社会政治生活，开始在乡村建造大型庄园，在自己的庄园中隐居，享受莳花弄草的园艺乐趣。在回归自然的思潮影响下，18 世纪的艺术家、诗人、文人希望在乡村中再现一种与自然和谐的园林景观，并借以缓解社会和日常生活中的焦虑情绪，实现自身对美好生活的憧憬。

12.1.4 绘画文学

进入 18 世纪后，英国成熟的风景画艺术进一步启发了自然美的表达方式，刺激人们突破二维画面，通过透视与构图、模仿创造现实环境来实现对优美风景画面的向往。画家的风景画（图 12-1、图 12-2）成为英国诗人和造园家学习的模板，当时的一些造园家甚至就按风景画中的场景设计花园。文人不仅是园林艺术理论变革的倡导者，也是新型园林艺术实践的先行者。他们纷纷在自己的庄园建造自然式园林，极大地推动了自然风景式园林的产生。当时的绘画与文学风格相辅相成，都是充满对质朴生活的向往，和对传统自然的渴望。因此文学与绘画艺术的发展，也在一定程度上促进了英国自然风致园的形成。

图 12-1 普桑的风景画

图 12-2 洛兰的风景画

12.1.5 中国造园艺术

英国自然风致园的形成在一定程度上还受到中国园林的影响。16 世纪中叶以后，欧洲传教士纷纷来华传教，他们游览了中国皇家宫苑和江南山水写意园林之后，惊叹中国园林“虽由人作，宛自天开”的精湛技艺。英国皇家建筑师钱伯斯在《东方造园论》中着重介绍了中国造园艺术，并极力提倡在英国风景式园林中吸取中国趣味的创作。他在赞赏中国造园艺术成就的同时，也感叹英国园林艺术的空虚，认为英国当时的自然风致园是缺乏修养的、粗野的、原始自然的东西。当时英国自然风致园的创作大量吸收了中国的造园艺术，于是也被称为“英中式园林”。

当然，中国的自然山水园与英国的风致园虽同属自然式园林，但无论是在内涵还是外貌上，还是有较大差别。中国园林源于自然却高于自然，反映了一种对自然美的高度概括，体现出一种诗情画意的境界；英国自然风致园则更多的是出于猎奇的心理，仅仅是模仿中国园林的形式特征。从作品来看，英国自然风致园只是采取了自然风景题材，并加入一些所谓的中国式殿宇、亭、桥、佛塔、船只之类作为点缀。除地形、水面、植物和道路等处理较为自由外，英国自然风致园其实并没有认识到中国古典园林那种完整、深刻的景象构成规律。产生这些差别的原因是园林风格的形成离不开本国独特的文化、艺术、宗教及文人道德观和审美观的影响。一个民族要想真正领会另一民族的文化内涵不是一件容易的事。因此，虽然当时英国也有不少人热衷于追求中国园林的风格，却只能取其皮毛而不能理解其精髓。

总之，18 世纪英国自然风致园是在其固有的自然地理、气候条件下，受当时的政治经济背景、哲学艺术思潮的影响而产生的一种园林形式，是欧洲园林艺术史无前例的一场革命。从此，西方园林沿着规则式和不规则式两个方向发展，两种形式之间从对立走向共荣。

交流讨论

你知道有哪些中国园林植物被引种至英国并应用于园林中？

知识拓展一：流行了 700 年的“中国风”如何影响欧洲艺术？

说起“中国风”，人们很容易联想到素坯勾勒的青花瓷，又或是浓淡相宜的山水画。实际上，“中国风”是一个来自西方的概念，或者说是西方人心目中的中国形象的统称。其中夹杂了西方人对中国文化的想象，因而常常与纯粹的中国审美相去甚远。

但无论如何，“中国风”的流行至少暗含着一种了解的欲望。诚然，文化的理解中难免存在误读，可彼此的真正理解却也是建立在以澄清误读为基础的相互沟通之上，搞清楚对方的风格究竟是怎样的，以及对方到底喜欢的是什么。从这个角度而言，“中国风”其实是一个开端，更是其间的桥梁。

流行了 700 年的“中国风”如何影响欧洲艺术？

（资料来源：流行了 700 年的“中国风”如何影响欧洲艺术?《新京报》，2022-08-06）

12.2 英国自然风致园的特点

12.2.1 相地选址

英国园林总体面积都较大，初期的自然式风致园，更多的是模仿自然，是自然的再现，

毫无营造意境的痕迹。造园家以天然的真山真水为造园基址，按照园主和设计师的艺术追求，辅以必要的人工地形处理与改造，再配以各式建筑小品和各类艺术作品的点缀与装饰，借此营造出不同的湖光山色、田园情趣。

英国大多数自然风致园是在皇家或贵族的规则式园林的基础上改造而成的，如霍华德庄园、布伦海姆宫苑等。造园家将规则式台地、林荫道、树丛及水池改造成自然式缓坡地形、树团、池塘等。在府邸附近营造大片开阔的疏林草地，并将园外的自然或田园风光引至府邸，使人难以分清内外。因此，园林四周的自然风貌或田园风光，成为造园的基础。

12.2.2　园林布局

在园林布局上，严格对称的设计思想被逐步抛弃，主张没有明显的轴线或规则对称的构图。失去了规则式园林的宏伟壮丽，取而代之的是亲切宜人的自然气息。大片的缓坡草地成为园林的主体，并一直延伸到府邸的周围。建筑不再起主导作用，而是融入园景之中，越远离建筑，越与自然融合。园林注重不同主题的表达，体现出了不同的功能区。以在斯托海德园为例，有的区域突出自然景观，园中设计了缓坡、土岗，伸入水中的草地及蜿蜒曲折的溪流；有的区域突出人文历史风貌，沿河设计了各种庙宇；有的则是突出田园风光的村庄风貌。

12.2.3　设计手法

从设计手法上看，英国的自然式设计分为两种类型。一种是不完全的自然式设计。不完全的自然式出现在发展初期和发展后期。它在设计上既保留某些规则式园林的形式与内容，如林荫大道、台地、几何形的水池和花坛等，在建筑物周围应用台阶、花石栏杆等常用的装饰手法；同时园地的整体布局则采用非规则的形式。另一种是完全的自然式设计。完全的自然式主要出现在英国园林模式形成和发展的鼎盛时期。它在设计上基本摒弃了规则的几何图形，完全依地形、地貌的自然形态进行造景和美化。

12.2.4　造园要素

1. 地形

在地形的处理上，放弃了规则式园林惯用的去高补低、整平造地的做法，而是利用地形、地势的各种自然变化，按坡置景，按势种植。这种方式一方面可以阻隔视线，另一方面则可以形成各具特色的景区。园路的布置宁曲勿直，以平缓的蛇形路为主，虽有分级，但无主次之分，基本是自然流畅的曲线，给人以轻松愉悦的感觉。蜿蜒的园路不仅联络了各个景点，又起到引导的作用。

2. 水体

英国园林面积较大，地形平缓，难以创造出像意大利园林那样激动人心的动水景观，因此英国自然风致园中少有动水景观，多布置天然形状的水池，构成的平静如镜面般的水景效果。造园家重视对水的艺术处理。理水以自然水体的形式为主，依据原有的地形地貌对自然的溪流、河道进行一些必要的处理，使这种蜿蜒流淌的线形水体形式更加优美，更适宜观赏，也常在地势低凹之处蓄水为湖，使之成为风致园中最大的水体。湖面既有一湖独秀的形式，又有串湖相连的形式。除自然水体的理水形式以外，自然风致园并没有完全摒弃规则式水景的应用，在自然风致园发展的后期，几何式水池、花坛、喷泉常作为装饰用于府邸周围比较醒目的位置（图 12-3、图 12-4）。

图 12-3　布伦海姆宫苑的水景

图 12-4　查茨沃斯庄园西侧德文特河的瀑布

知识拓展二：打开边界，走向自然——造园手法“哈哈沟”

18 世纪，英国的自然风景园逐渐发展，自然风景园的风貌与周围广袤的乡村景观非常相像，园内外的土地连成了一片，风景已无本质上的区别。这种内外的统一还有一个重要的原因是“哈哈沟”的出现及良好应用。“哈哈沟”的使用对风景园的规划范围和风景园林设计视野起到了拓展作用（图 12-5、图 12-6），“哈哈沟”也得到了广泛传播和发展。

打开边界，走向自然——造园手法“哈哈沟”

图 12-5　哈哈沟墙与传统园林界墙的对比

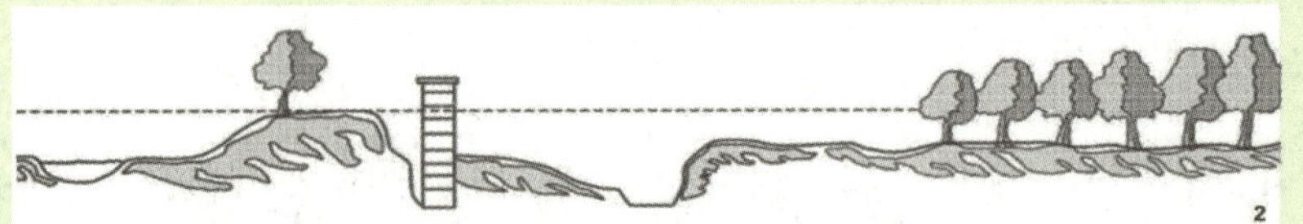

图 12-6　“哈哈沟”结构图

3. 建筑小品

园林建筑小品在英国自然风致园中占有十分重要的位置，它既是“点石成金”的造景之物，又是“筑巢引凤”的引景之物。自然风致园的建筑小品类型繁多，常有以下四类。

（1）各类神庙。神庙有古希腊式、古罗马式、古埃及式、印度式、中国孔庙式等。以神庙为景物既可满足人们浪漫的怀古情趣，也可在游园时小憩。神庙在英国园林建筑中所占比例最大，可称得上有园必有庙。

（2）各类亭阁。它在数量上仅次于神庙。英国园林中的亭子多为圆形，与中国园林中的凉亭相似，由若干圆柱相围，顶部为一个圆拱顶。亭子中央多安放一尊大理石雕像，常以维纳斯像为主。亭子常位于地势较高处。阁则是介于亭与庙之间的一类建筑，它没有神庙那种庄重神圣之感，又较亭子复杂一些，形式多样，既活泼又优美。

（3）各类碑牌。它也是英国自然风致园中常用的点景之物。建造各类碑牌既有缅怀先人、感怀历史之意，也有追求一丝愁绪、营造浪漫氛围的作用，均给人以自由想象的空间。碑类主要是石碑，有古埃及式方尖纪念碑、古罗马式圆柱纪念碑、各类墓碑及其他形式的碑。英国自然风致园中还有各种类型的拱形门、凯旋门等，它们常被安置于路口处或园路上，具有较强的装饰性，而且寓有“进得门来，景色一新”之意。

（4）各类游桥。它是自然风致园水景中常见的建筑，有连拱桥和亭桥等形式。连拱桥和亭桥常架于溪流和河水之上，既起到连接园路的功能，又具有观景和造景的作用。连拱桥一般较为低矮，三孔、五孔不等，桥面较为平实，两侧没有高大的护桥栏杆。廊桥则是英国园林的独创，是小桥与长廊的完美结合。它们装饰精美且造型生动，是高大的帕拉第奥式风格（图 12-7）。

图 12-7　斯陀园中的帕拉第奥式廊桥

除以上四类主要建筑小品外，也还有其他一些种类，如假山、石栏杆、园门、壁龛等形式。总体而言，在英国自然风致园初期阶段，园中用于构景和点景的建筑小品较多。例如，在斯陀园中至少曾建造了 38 处建筑物，各种样式和风格应有尽有。直到人们对于园林中过于拥挤和杂乱的建筑感到厌倦时，建筑小品的数量才大为减少。到后来人们只在必要之处、必设之处建造少许建筑。

4. 植物

18 世纪以来，英国从海外引进了大量的外来植物，随着植物种类不断丰富，植物景观和园林风貌都出现了巨大变化，主要有以下四个方面。

（1）大面积草地的运用。受自然气候和自然地貌的影响，英国畜牧业较为发达，人们对具有田园诗般浪漫景色的天然牧场情有独钟，在英国自然风致园中疏林草地就成了最具特色的植物景观（图 12-8）。

（2）树木的运用。在英国风致园中，除一些有意保留下来的林荫大路采用规则的对植、行植外，树木多采取不规则的孤植、丛植、片植等配植手法。植物造景模仿自然，按照自然式种植方式，形成孤植树、树团、树林等渐变层次，一方面与宽敞明亮的草地相得益彰，另一方面使园林与周围的自然风景更好地结合在一起。

（3）花卉的运用。在多雨的气候和灰暗的天空背景下，彩叶树、花卉成为自然风致园中不可或缺的存在。在自然风致园林中，花卉主要有两种运用形式：一是在府邸周围建小型的花卉园，花卉被种植在花池中，一池一品，一池一色；花卉园的四周则以灌木相围。二是在风致园的小径两侧，时常用带状的花卉进行装饰，有时则成片地混种在一起，以营造天然野趣的效果（图 12-9）。

图 12-8　查茨沃斯庄园中的疏林草地

图 12-9　尼曼斯花园中的花境

（4）水生植物的运用。在风致园的池塘、湖边、河旁等水体的一隅，常种植一些水生植物。这样的处理让水域景观更美丽且富有生机，同时也与在此停留的水禽、水鸟构成了一幅和谐的画面。

交流讨论

讨论并总结中国古典园林设计与英国自然风致园设计的异同。

12.3　英国自然风致园代表人物及代表园林

12.3.1　代表人物

1. 乔治 · 卢顿和亨利 · 怀斯

英国造园家乔治 · 卢顿（George Loudon）和亨利 · 怀斯（Henri Wise）是自然式园林的倡导者，曾参与了肯辛顿宫花园及汉普顿宫的初期改造工作。他们对原有的英国园林十分熟悉，也热衷于改造旧园和建造新的风景园林。他们还翻译了一些有关园林的著作，1669 年翻译并出版了法国路易十四时代凡尔赛宫的管理者拉 · 卡诺勒利的《完全的造园家》；1706 年出版了《退休的造园家》及《孤独的造园家》，书中以设计者与业主之间的问答方式表达了作者对造园的见解。

2. 威廉 · 坦普尔

威廉 · 坦普尔（William Temple，1628—1699）是英国的政治家和外交家，1865 年他出版了《论伊壁鸠鲁的花园》，其中有关于中国园林的介绍：中国人会笑话英国的几何式种植；中国人运用极其丰富的想象力来塑造十分美丽夺目的形象，但不是那种一眼就看得出来的规则和配置各部分的方法。他在书中还不无遗憾地回顾了英国园林的历史，认为过去只知道园林应该是整齐的、规则的，却不知道另有一种完全不规则的园林，却是更美的，更引人入胜的。他谈到一般人对于园林美的标准理解是建筑和植物的配植应符合某种比例关系，强调对称与协调，树木之间要有精确的距离。而在中国人眼里，这些却是孩子们都会做的事。他认为中国园林的最大成就在于形成了一种悦目的风景，创造出一种难以掌握的无秩序的美。

坦普尔是最早描述中国自然式园林的作者，他的观点和思想对 18 世纪造园艺术产生了重大影响，由他所描述的中国造园艺术也影响了整个 18 世纪的英国。

3. 约瑟夫 · 艾迪生

约瑟夫 · 艾迪生（Joseph Addison，1672—1719）是英国散文家、诗人、剧作家及政治家。他是真正奠定英国自然风景式园林理论基础的人。艾迪生于 1712 年发表了《论庭园的快乐》，文中提及大自然的雄伟壮观是造园所难以企及的，并由此引申为园林越接近自然则越美，只有与自然融为一体，园林才能获得最完美的效果。他批评英国的园林，认为这些园林作品不是力求与自然融合，而是采取脱离自然的态度。他欣赏意大利埃斯特园中任由丝杉繁茂生长而不加以修剪的原始自然景观。虽然艾迪生并非造园家，但他提出造园应以自然作为理想的目标这一观点，正是自然风致园在英国兴起的理论基础。

4. 亚历山大 · 蒲柏

亚历山大 · 蒲柏（Alexander Pope，1688—1744）是 18 世纪前期英国著名的讽刺诗人、造园理论家，他第一个全面表述了自然风致园的基本原则。他发表了有关建筑和园林方面审美观的文章《论绿色雕塑》，文中对英国造园家修剪常绿树并使之成形的方式进行了深刻的批评，认为应该唾弃这种违反自然的做法。而这种技巧在古罗马时期已有较高水平，也并非英国人的发明创造。他的诗中有"自然绝不应被遗忘"的名言，他很想按照自己的理想建一座自然式园林，然而与艾迪生一样，他也不是一位造园家，因而其理想最终未能成为现实。但由于他的社会地位和在知识界的知名度，其"造园应立足于自然"的观点，对英国自然风致园的形成也有很大的影响。

5. 斯蒂芬 · 斯威特则

英国园林设计师和园艺作家斯蒂芬 · 斯威特则（Stephen Switzer）是蒲柏的崇拜者。他于 1715 年出版的《贵族、绅士及造园家的娱乐》为规则式园林敲响了丧钟。文中批评了园林中的过度人工化，抨击了整形修剪的植物和几何形状的小花坛等。他认为园林的要素是大片的森林、丘陵起伏的草地、潺潺流水及树荫下的小路。他对于将周边围起来的整形小块园地尤为反感，然而这正是多年来英国园林中盛行的规划方式。

6. 约翰 · 范布勒和查理 · 布里奇曼

约翰 · 范布勒（John Vanbrugh，1664—1726）和查理 · 布里奇曼（Charles Bridgeman，1690—1738）是不规则造园时期的代表，他们开创了不规则造园手法和要素，开始采用自然方式造园。但他们的作品只是在整体规则的布局下增加一点点曲线和自由，未完全摆脱规则式，虽然与古典主义园林相比已经有了较大突破，仍算不上是自然风景式园林。范布勒在造园方面有不少作品，是当时著名的造园家之一。他主持过现存有名的霍华德庄园和布伦海姆风景园，开始有意摆脱对称的几何形式。他认为荒野的自然比经过修剪的树木和规整的林荫路更加有趣，更有戏剧性。当有人问他，布伦海姆应该怎么设计，他回答："去请一位风景画家来商量。"由此可见，范布勒已经从风景画的角度来思考园林景观了。

布里奇曼在造园实践方面留下了不少作品，他曾参与了著名的斯陀园的设计和建造工作。在斯陀园的建造中，他虽未完全摆脱规则式园林的布局，但已从对称原则的束缚中解脱出来。他首次在园中应用了非行列式、不对称的树木种植方法，并且放弃了长期流行的植物雕刻。布里奇曼还首创了暗沟，又称"哈哈沟"，将园内景观与周围的自然环境融为一体。布里奇曼善于利用原有的植物和设施，而不是一概摒弃。他所设计的自然式园路也被当时的人们所称赞。由于园路设计巧妙，使园子给人的感觉要比实际面积大三倍，28 公顷的斯陀园（当时还不包括东半部），需要两个小时才能游玩一遍，由此可见设计者在扩大空间感方面颇有独到之处。

7. 威廉 · 肯特

威廉 · 肯特（William Kent，1685—1748）是第一位真正摆脱了规则式园林的造园家，是自然式风致园的创始人，同时也是卓越的建筑师、室内设计师和画家。年轻的肯特在罗马学画期间对建筑与园林产生了浓厚兴趣，在意大利参观了许多建筑与园林。回国后他开始从事造园工作。在与蒲柏结识之后，他立刻接受了蒲柏的造园思想。

肯特也参加了斯陀园的设计工作，他十分赞赏布里奇曼隐垣的设计，并且进一步将直线形的隐垣改成曲线的，将暗沟旁的行列式种植改造成群落形式种植，这样一来就使园内与周围的景观过渡得更加自然了。肯特设计的作品中，舍弃了那些传统的造园要素如绿篱、笔直的园路、行道树、喷泉等，而十分欣赏自然生长的孤植树和树丛。同时，他十分善于以细腻的手法处理地形。经他设计的山坡、谷地错落有致，令人难以察觉出人工干预与雕琢的痕迹。他认为，风致园的协调和优美是规则式园林所无法体现的。自然式造园不是用自然美化花园而是直接去美化自然本身。据说，为了追求自然，他甚至在肯辛顿花园中栽了一株枯树。

由于肯特是画家，他的设计作品十分明显地受到法国、意大利、荷兰等国家风景画家的影响，有时他甚至完全以名人绘画作为造园的蓝本。肯特认为，画家是用颜料在画布上作画，而造园家则是以山石、植物、水体在大地上作画。他的思想对当时自然风致园的兴起，以及后来造园家的创作都有极为深刻的影响。肯特也为后人留下了不少园林及建筑作品，如斯陀园、牛津郊外的卢夏宅园、海德公园的纪念塔、邱园的宫殿等。

8. 朗塞洛特 · 布朗

朗塞洛特 · 布朗（Lancelot Brown，1715—1783）是第一位经过专业训练的、职业的造园家，是牧场式风致园时期的代表人物。他出生在园艺世家，早年曾跟随肯特工作。18 世纪 60 年代，他声名大噪，被人称为"自然风致园造园艺术之王"。布朗 1741 年被任命为斯陀园的总造园师，是斯陀园的最后完成者。斯陀园的"古代道德庙宇""友谊殿"和帕拉第奥式桥旁的景观都是布朗改造的。布朗还曾担任过格拉夫顿公爵的总造园师和汉普顿宫的

宫廷造园师。在 40 年职业生涯中，经他设计建造或参与改造的风景式园林有二百多处。因此人们认为布朗改变了整个英国国土的风貌，将英格兰的中部和南部变成一个无边无际的风致园。

布朗对任何立地条件下建造风景园都表现得十分有把握，并有一句口头语“ It had great capabilities（大有可为）”，因此，人们称其为“万能的布朗”。布朗的设计风格存在以下五个特点。

（1）尽量避免人工雕琢的痕迹，以自由流畅的湖岸线、平静的水面、缓坡草地、起伏地形上散点的树木取胜。他排除直线条、几何形、中轴对称及行列式的植物种植形式。他的追随者们将其设计誉为另一种类型的“诗、画或乐曲”。

（2）完全取消了花园跟林园的区别，弃用隐垣的设计方式。大片的漫坡草地才是园林的主体，一直铺设到主建筑物的墙根。建筑物跟前不留一点几何痕迹，连平台等过渡空间都没有。

（3）布朗比肯特等人更擅长使用成片树丛造景。这些树丛外缘清晰，种在高地的顶端或者用来遮挡边界和不佳景观。它们颜色深邃，被阳光照耀下的浅绿色草地衬托得十分明显。布朗利用它们在草地的大背景上纵横抹下了大笔触的色块，构图单纯而有力。

（4）善于用水。布朗是英国造园家中水景营造第一人。他修筑闸坝，提高水位，形成各式各样的湖泊。他设计的风致园常常以湖泊为中心，大片水面给园子带来一种宁静亲切、明亮开阔的感觉。

（5）追求极度的纯净。在布朗的园林里，甚至目之所及范围内不允许出现村庄和农舍，原有的都要搬到看不见的地方去。同时，他将菜园、杂院、下房、马厩、车库等安排在远离主建筑物的地方，并用树丛遮挡起来。一些服务性的房间设在地下室，而地下室的出入口需要经过长长的隧道才能抵达。当时随着布朗的造园艺术普遍流行，有许多村庄和农舍被迫拆除。诗人哥尔斯密谴责这种情况：“乡下开了两朵花，一朵是园林，一朵是坟墓。”

9. 威廉·钱伯斯

威廉·钱伯斯（William Chambers，1723—1796），绘画式风致园时期的代表人物，“万能布朗”的有力批评者。年轻时钱伯斯曾在英格兰求学，周游过很多国家并到过中国的广州。他对建筑有着浓厚的兴趣，并在法国巴黎和意大利罗马进修建筑学。1755 年，他返回英国后担任威尔士王子（以后的国王乔治三世）的建筑师，成为声名显赫的人物。1757 年，钱伯斯将他收集的中国建筑方面的资料整理并出版了《中国的建筑意匠》和《中国建筑、家具、服饰、机械和器皿之设计》（图 12-10）。之后他主持邱园的设计，在园中工作的 6 年期间留下了不少中国风格的建筑。其中，“中国塔”和“孔子之家”是当年英国风靡一时的追求中国庭园趣味的历史写照。此外，他还在园中建了岩洞、清真寺、希腊神庙、罗马的废墟等景点。1763 年，钱伯斯主持出版了《邱园的庭园和建筑的平面、立面、局部及透视图》，此书的问世，使邱园受到更广泛的关注（图 12-11、图 12-12）。

图 12-10　中式建筑设计图

（威廉·钱伯斯：《中国建筑、家具、服饰、机械和器皿之设计》）

图 12-11　中国塔设计图

（威廉·钱伯斯：《邱园的庭园和建筑的平面、立面、局部及透视图》）

图 12-12　邱园的中国塔

钱伯斯仿南京大报恩寺琉璃塔建造

1772 年他又出版了《东方造园论》。他认为，布朗所创造的风致园只不过是原来的田园风光，跟牧场相差无几，“艺术已被逐出了园林”。而中国园林源于自然，并高于自然。艺术补充自然之不足，使园景不仅成为高雅的、供人娱乐休息的地方，还体现出渊博的文化素养和艺术情操，是造园真正动人之所在。

钱伯斯还是研究植物色彩搭配第一人，他把各种颜色的树木、花卉组合配植成和谐的整体。当时以威廉·梅森为首的一些人反对钱伯斯的论点及做法。他们认为，钱伯斯将多种建筑物、雕塑及其他装饰小品罗列在园中的做法，破坏了园林的自然风貌。他提倡恢复布朗时代的造园精神，排斥一切直线，并由此引发了所谓自然派和绘画派之争。不过钱伯斯追求的画意与肯特所追求的洛兰式风格不同，钱伯斯追求的是充满野趣、荒凉、情调忧郁的罗斯式风格。他开辟了一个更野性、更伤感、更激动人心的时期。

10. 胡弗莱·雷普顿

胡弗莱·雷普顿（Humphry Repton，1752—1818）是 18 世纪后期，继布朗之后英国著名的风景园林师。他从小广泛接触文学、音乐、绘画，有着良好的文学艺术修养。同时，他也是一位业余水彩画家，他的风景画中很注意树木、水体和建筑之间的相互关系。他还与植物学家约瑟夫·班克斯、树木学家罗伯特·马尔夏交往甚密。直到 1788 年，雷普顿才开始从事造园工作。

雷普顿对布朗留下的设计图及文字说明进行深入的分析和研究，取其所长，避其所短，他有自己独到的见解。他不像布朗那样极端排斥一切直线，他认为，自然式园林应尽量避免直线，但反对无目的、任意弯曲的线条。他主张在建筑附近保留平台、栏杆、台阶、整形式花坛及草坪及通向建筑的直线林荫路，使建筑与周围的自然式园林之间有一个和谐的过渡，越远离建筑，越与自然相融合。在种植方面，他认为应采用散点式，树丛的设计要符合植物生态习性的要求，应选择不同树龄、不同树种的树木组成，这样才更接近于植物自然生长状态。他还强调园林应与绘画一样注意光影的效果。此外，雷普顿创造的设计方法也深受人们的称赞。他在设计之前，先画一幅园址现状透视图，在此基础上再画设计的透视图，将两者都做成透明图并重叠比较，这使设计前后的效果一目了然。温特沃尔斯园就是用这种方法设计的风致园之一（图 12-13）。

图 12-13　雷普顿的温特沃斯庄园设计图
（雷普顿：《造园的理论和实践的考查》）

由于是画家的缘故，雷普顿十分善于找出绘画与造园中的共性。然而，雷普顿最重要的贡献却是提出了绘画与园林的差异。他认为：第一，画家的视点是固定的，而造园则要使人于动态中纵观全园。因此，应该设计不同的视点和视角，也就是今天所说的动态构图。第二，园林中的视野远比绘画中的更为开阔。第三，绘画中反映的光影、色彩都是固定的，是一瞬间留下的印象；而园林则随着季节和气候、天气的不同，景象千变万化。第四，画家对风景的选择，可以根据构图的需要任意取舍；而造园家所面临的却是自然的现实，并且园林还要满足人们的实用需求，不仅仅是艺术欣赏。雷普顿的论点对于当时处于激烈争论中的风致园设计十分重要，甚至对当今的园林设计来说也有可借鉴之处。

雷普顿不仅是杰出的造园家，在理论方面造诣也颇深，其中《园林的速写和要点》和《园林理论和实践考查》是雷普顿的代表作，他因此确立了在园林界的地位。他在《园林的速写和要点》的序言中阐述了园林的概念，他还提出，应从改善一个国家的景观、研究和发扬国土的美出发，而不应局限于某些花园。他认为，“造园”一词易与“园艺”相混，而“风景园林”是要由画家和造园家共同完成的。雷普顿将他所做的设计、说明书以及别人征求他关于设计的意见统统收集在一个红封皮的本子里，并称之为《红书》，其中共有 400 多份资料，是一部集理论和实践大成的风景园林专著，是雷普顿毕生设计的结晶。

雷普顿留下的代表作有白金汉郡的西怀科姆比园。此园建于 1739 年，开始时由布朗设计，此后经雷普顿修改。此园园中有湖，湖中有岛，岛中建有音乐堂，建筑后有郁郁葱葱的树林作为背景。此外，园中还有风神庙、阿波罗神殿及斗鸡场。

知识拓展三：英国规则式花园中常见的造园要素

英国作为偏居欧洲一隅的岛国，受到欧洲文明发祥地古希腊与罗马的影响甚少，这才得以形成自己独有的文化特质。纵观英国园林发展史，到 18 世纪，以自然风致园为基础的造园思潮的出现，英国园林才逐渐为世界所认识。之前的规则式造园艺术，虽不如同时期的欧洲其他国家，但也有其独特的发展轨迹。

（1）喷泉。18 世纪以前，英国虽用喷泉，却不十分追求理水的技巧，个别地方也有所谓的“魔法喷水”，不过相对来说，还是保持了比较朴素的作风，如伦敦白厅宫中的“日晷喷泉”。

（2）园亭。英国规则式花园也喜用园亭，可能是多雨气候条件下应运而生的产物。园亭常设在直线道路的终点，或设在台层上，便于远眺。

（3）柑橘园和迷园。迷园中央或建亭，或设置造型奇特的树木作为标志。此外，在大型宅邸园中，还常常设置球戏场和射箭场。

（4）日晷。日晷是英国园中常见的小品，尤其在气候寒冷的地区，有时以日晷代替喷泉，有的日晷具有一定的纪念意义，如荷里路德宫中设在三层底座上的多面体日晷。

（5）结园、花坛、道路。英国整形园中对于结园和花坛的形状、草地中道路的设置等十分注意，从都铎王朝开始，约在两个世纪里，修剪的绿色植物一直是英国园中的主要成分。

（6）覆盖散步道。英国整形园的园路上常覆盖着爬满藤本植物的拱廊，即"覆盖散步道"（Covered Walk），或以一排排编织成篱垣状的树木种在路旁。

（资料来源：朱建宁，《情感的自然：英国传统园林艺术》. 昆明：云南大学出版社，2001）

英国规则式花园中常见的造园要素

12.3.2 代表园林

英国自然风致园可以分为宫苑花园、别墅庄园、府邸花园三种类型。

12.3.2.1 宫苑花园

宫苑花园的代表作品有布伦海姆宫风景园和邱园。

1. 布伦海姆宫（Blenheim Palace）

布伦海姆宫位于伦敦西北的牛津郡，面积为 850 公顷。这座气势恢宏而又精美绝伦的庄园于 1987 年被列入《世界遗产名录》。

布伦海姆宫始建于 1705 年，马尔伯勒公爵一世邀请范布勒和亨利 · 怀斯担任庄园的设计师。范布勒设计了豪华的巴洛克风格的府邸建筑和北面跨过格利姆河的帕拉第奥式大桥。但桥梁建成之后，与山谷、河流相比，尺度明显超大。亨利 · 怀斯则沿用了法国勒诺特尔的古典主义手法，在视域所及的范围内采用了规则和对称的布局。他在宫殿前面的山坡上建造了一座巨大的几何形花坛，面积超过 31 公顷。花坛中黄杨模纹与碎砖及大理石碎屑的底衬形成强烈对比。此外，他还设计了一处由高砖墙围绕的方形菜园。

1764 年，"万能布朗"承接了将布伦海姆宫苑改造成自然风致园的设计任务。他首先重新塑造了花坛的地形并铺植草坪。按照他"草地铺到门口"的惯例，这里的草地一直延伸到巴洛克式宫殿面前（图 12-14）。随后，他对范布勒建造的桥梁所在的格利姆河段进行改造，柔化岸线，抬高水位，淹没桥墩，减小桥梁视觉体量，使之与扩大的水面比例更加协调（图 12-15）。同时，他保留了水中被称为"伊丽莎白岛"的孤岛，营造出更加优美的河流景色。植被方面，布朗在开阔的草地上种植了体量巨大的树团或树丛，形成舒缓优美的疏林草地景观。

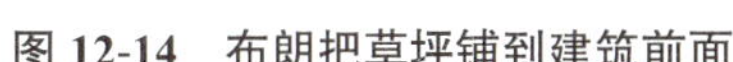

图 12-14　布朗把草坪铺到建筑前面

图 12-15　大桥经布朗的改造，提高了水位

自然形态的湖泊、曲线流畅的驳岸、岸边蛇形的园路、视野开阔的缓坡草地、自然种植的树木，布朗成功地将布伦海姆大部分的规则式花园改造成了全新的自然风景式园林。从此，英国掀起了一股改造规则式园林的热潮。

2. 邱园（Royal Botanic Gardens Kew）

邱园又称“英国皇家植物园”，位于伦敦西南部，坐落在泰晤士河的南岸，占地面积约为 121 公顷。两个世纪以来，它始终是世界著名的植物园之一。无论是在植物研究和品种收集培育方面，还是在园林布局的艺术性上，邱园都极为出色。

邱园兴建之时正值英国自然风致园盛行，同时也正处于欧洲园林追求东方趣味的热潮之中。受此影响，在此工作的钱伯斯在邱园中建造了一些“中国式”建筑物，其中 1761 年兴建的“中国塔”和“孔子之家”最为著名。不过，按照中国的传统，宝塔一般为奇数层，而邱园的塔却是十层的。从这些“中国式”建筑物上可以看出，英国人当时所崇尚的“东方园林情趣”，只不过是满足人们猎奇心理的装饰物而已，在建筑和园林艺术方面的价值非常有限。在园中兴建的“中国式”景物，与真正的中国做法出入较大。

此外，邱园中还有清真寺、岩洞、废墟以及一系列亭台楼阁等景观。

12.3.2.2　别墅庄园

别墅庄园的代表作品有查茨沃斯庄园和斯陀园。

1. 查茨沃斯庄园（Chatsworth Park）

查茨沃斯庄园位于英格兰德比郡层峦起伏的山丘上，以其多样景色和 400 多年的造园变迁史而著称。庄园始建于 1552 年，经过许多著名造园家的精心设计和改造，各种园林艺术风格接踵而至，各种样式景观都曾在这里一展风姿，使其成为园林史上较著名和迷人的作品之一（图 12-16）。

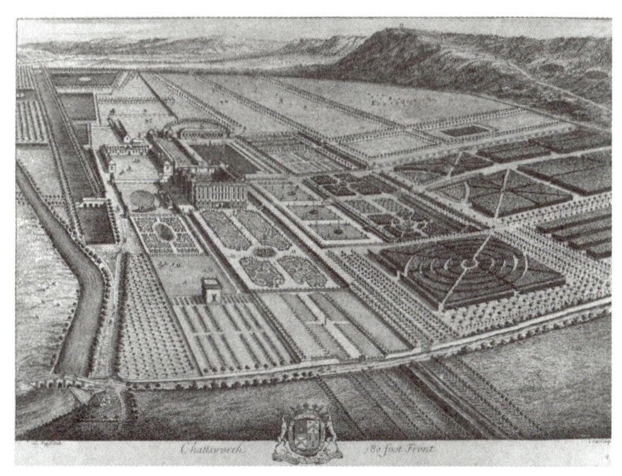

图 12-16　查茨沃斯庄园版画鸟瞰图（1699 年）

查茨沃斯庄园内至今仍保留着1570年修建的林荫道和建有“玛丽王后凉亭”的露台。1685年，在法式园林影响下，庄园进行了大规模的改造。乔治·卢顿与亨利·怀斯参与了该园的建造，兴建了花坛、斜坡式草地、温室、泉池、数千米长的整形树篱和造型黄杨。花园中还装饰着大量的雕塑，最著名的是府邸前水池中的“海马喷泉”(图12-17)。

1750年左右，由布朗指挥查茨沃斯庄园的风景式改建工程。他重新塑造了自然地形，并铺上了大面积的草地。布朗没有完全舍弃园内所有的巴洛克式园林景点。例如，由勒诺特尔的弟子格里叶在17世纪末兴建的“大瀑布”就大体保留了下来。这条瀑布的每一层都因地形的变化而在高度或宽度上有所不同，水流跌落的声响因而也富有变化(图12-18)。落水经地下管道引至“海马喷泉”，然后再引至花园西部的泉池中，最后流入河中。建筑师阿切尔还在大瀑布顶端的山丘上兴建了一座庙宇，人们称之为“浴室”。

图12-17　海马喷泉

图12-18　格里叶设计的大瀑布

1826年，年仅23岁的约瑟夫·帕克斯顿成为查茨沃斯庄园的总设计师，他主要负责庄园的修复工程。他增加了“威灵通岩石山”“强盗石瀑布”“柳树喷泉”几个景点，此外还有一座“大温室”，现已改造成迷园。1970年，园内的护墙边新建了一座玻璃温室，用于收集珍稀植物，包括山茶等外来植物。

2. 斯陀园 (Stowe Park)

斯陀园位于英国白金汉郡的奥尔德河上游，北面处于惠特尔伍德森林的中段，奥尔德峡谷两侧构成了花园的南端，地形起伏较大。斯陀园原是规则式园林，但在随后的一个世纪当中，园主邀请了许多著名的建筑师和造园家参与了该园的建设工作，园林风格也在不断演变。

18世纪初期，布里奇曼接受园主委托，开始对斯陀园的设计。布里奇曼的设计风格依然延续巴洛克式规则园，但轴线不再严格对称，轴线以外的空间由弯曲的园路划分。另外，布里奇曼打破常规，冲出边界，取消园界围墙，取而代之的是园地四周的一条隐垣，使人们的视线能够延伸到园外的风景中。

大概是在1730年，肯特成为斯陀园的总设计师。他追求自然风景画式的意境，逐步改造了原先规则式的园路和甬道，并在主轴线的东侧，以洛兰和普桑的风景画为蓝本，兴建了一处“爱丽舍田园”山谷。山谷中设计了一条名为“斯狄克斯”的带状河。肯特在园中

陆续新建了近四十座风格各异、寓意多样的建筑，有仿古罗马西比勒庙宇的“古代道德之庙”、废墟式建筑“新道德之庙”、“英国贵族光荣之庙”，还请建筑师吉伯斯建造了一座圆形的“友谊庙”。通过肯特的改造，斯陀园从尚带有巴洛克风格的园林彻底转变成一座自然风致园（图 12-19 ~ 图 12-21）。

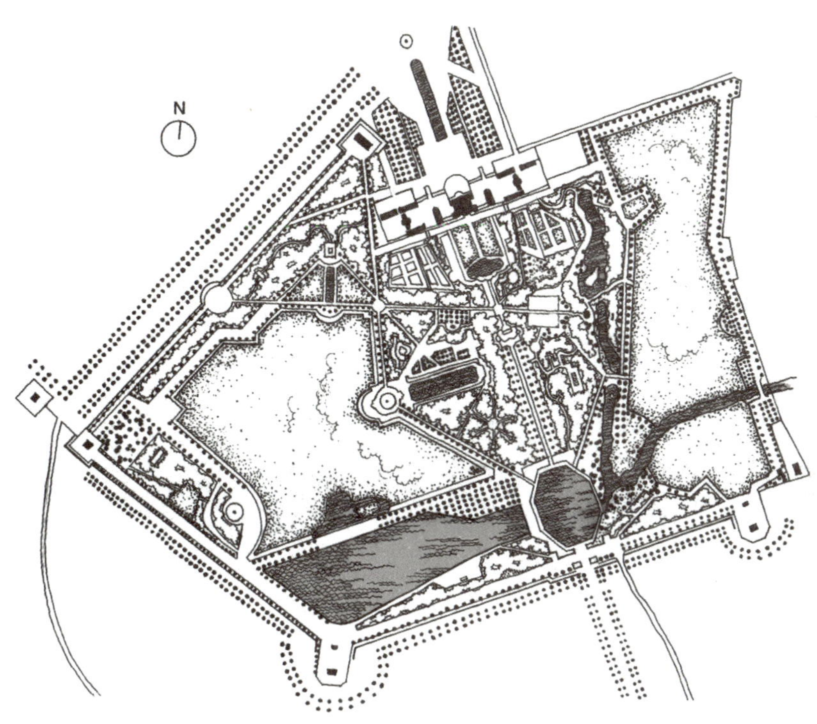

图 12-19　肯特改造后的斯陀园平面图

图 12-20　古代道德之庙（左）和新道德之庙（右）

图 12-21　英国贵族光荣之庙

1748 年，肯特去世，此后布朗全面接手斯陀园的整改工作。经过布朗的改造，斯陀园形成了今天宏大、开阔而又富于情趣的自然式园林格局。斯陀园是布朗早期的园林作品之一，他有“度”地进行设计。从斯陀园开始，布朗逐渐形成一种标准化的设计模式：连绵起伏的坡地、广阔无垠的湖泊、成簇种植的树木、乡土树种的应用、府邸坐落在辽阔的田

园风光中、从建筑内向外眺望是一望无际的沃野。

12.3.2.3 府邸花园

府邸花园代表作品是霍华德城堡和斯托海德花园。

1. 霍华德城堡（Castle Howard）

霍华德城堡位于约克市以北 40 千米处，始建于 1699 年，是建筑师约翰 · 范布勒设计的。范布勒首次将巨大的穹顶运用在世俗建筑物上，并以大量的瓶饰、雕塑、半身像和通风道等装饰城堡建筑。花园中也装饰着精美的小型建筑。在英国的庄园建设中，这些都属于开创性手法（图 12–22）。

图 12-22　霍华德城堡背面

不仅城堡建筑采用了晚期巴洛克风格，在造园样式上也表现出与古典主义分裂的迹象。园内面积达到了 2 000 多公顷，地形起伏变化较大，很多地方显示出造园形式的演变。府邸的南花坛原先是片大草坪，设置了数米高的植物方尖碑和拱架状的造型黄杨组成花坛群。府邸东面的带状小树林是“放射形丛林”，由曲线形的园路和浓荫覆盖的小径构成的路网，通向一些林间空地，其中设置了环形凉棚、喷泉和瀑布。府邸的边缘设计了朝南的弧形散步平台，台地下方挖了一处人工湖，湖中又引出一条河流，串联起罗马桥和纪念堂、四风神殿（图 12–23、图 12–24）。虽然霍华德城堡后来曾遭到了一些粗暴的毁坏，但是在整体上仍然具有强烈的艺术感染力。

图 12-23　罗马桥和纪念堂

图 12-24　四风神殿

2. 斯托海德花园（Stourhead Park）

斯托海德花园坐落在英格兰威尔特郡索尔兹伯里平原的西南角。1724 年，亨利一世时期，由建筑师弗利特卡夫特建造了庄园中帕拉第奥式的府邸建筑。1741 年亨利・霍尔二世开始建造这座风致园，并倾注了毕生精力。

霍尔首先将流经庄园的斯托尔河截流，在园内形成一连串的湖泊，然后用湖心岛和堤坝划分出丰富的空间层次，周围是小山丘和舒缓的山坡。沿岸树丛和草地交错，伴随与湖面距离宽窄不一的园路，依次展开。水系开合变化，动静有序。沿湖漫步，流动的风景扑面而来。沿岸还布置了各类园林建筑，如亭台、庙宇、桥梁、洞府和雕像等，它们位于视线焦点上并互为对景，既在风景中起到画龙点睛的点景作用，又能引导游人逐一欣赏环湖景致。从东向西，视线越过石拱桥眺望湖泊岛屿，可以看见对岸东侧的花神庙和西侧的哥特式村舍及假山洞，这是园中最佳的观景方式。画面中石拱桥构成了前景，中景是湖泊、水禽和绿岛，湖岸的树丛构成画面的背景，点缀的阿尔弗烈德塔、方尖碑等建筑勾勒出丰富的天际线。

阿波罗神殿也是另一处重要的景点之一，坐落在小山岗上，三面树木环绕，在前方留出一片斜坡草地，一直延伸至湖岸。从神殿眺望湖光山色，居高临下，视野辽阔而深远（图 12-25 ~ 图 12-28）。

图 12-25　阿波罗神庙

图 12-26　万神庙

图 12-27　斯托海德花园的帕拉第奥式桥

图 12-28　布里斯托塔

霍尔在重塑山水关系的基础上，成片种植山毛榉和冷杉等乡土树种，其子理查德后来将南洋杉、红松、铁杉等新的树种引入园中。其孙修复了曾被大火烧毁的府邸建筑，补植了大量的石楠和杜鹃，形成现在斯托海德园十分著名的杜鹃花海。

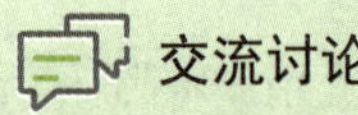

交流讨论

举例说明英国还有哪些著名的自然风致园。

本章小结

18 世纪英国的风景式造园运动改变了西方流行了数千年的规则式造园传统，这是欧洲造园领域里的一场极为深刻的革命，不仅开创了欧洲不规则造园的新时尚，而且对后世园林的发展产生了巨大的影响。纵观风致园的产生，受到自然条件、政治经济和文化艺术等诸多因素的影响。英国园林经过不规则化阶段，产生了自然风景式园林样式，并在近一个世纪的发展中，经历了自然式、牧场式、绘画式和园艺式等各个发展阶段，成为统率欧洲造园艺术的新样式。

在 18 世纪的造园家中，威廉·肯特被看成自然风景式园林的开创者。他以洛兰等画家的风景画为蓝本，创造出富有野趣的风景园林风格，并借助一些哲理性的建筑形成园林文化氛围。1760 年至 1780 年间，活跃的造园家朗塞洛特·布朗引导了英国庄园园林化的大发展，同时也促成了英国风景式造园的成熟，因此被誉为“自然风景式造园之王”。他在造园史中的地位不亚于“规则式造园之王”勒诺特尔。与布朗同时代的钱伯斯反对布朗式园林中平淡的自然式牧场景观，提倡像中国园林那样将自然艺术加工，开创了“绘画式”园林风格，添加了许多东方的建筑要素，将英国风景式园林的发展推向了怪诞和奇特的极致。由于钱伯斯本人并没有领悟到中国园林中的精髓，因此在他的设计作品如邱园中建造的一系列的小品建筑只是满足了当时英国人的猎奇心理，最终导致世人批驳指责。商业化设计风气的盛行，导致了自然派与绘画派之间的争论。雷普顿是继布朗之后 18 世纪末最为著名的风景造园家，他强调实用与美观相结合的造园思想，带有明显的折中主义观点和实用主义倾向。19 世纪的造园家的兴趣又逐渐转到了奇花异草上，园中的植物美大大地增强了，但造园的艺术水平却下降了。不久，规则式园林又有了新的爱好者，最终导致折中式园林形式的出现。

以史明鉴 启智润化

西方对中国园林艺术的错误认识

西方大多数仿效中国园林的人对于他们力图引进的工作只是一知半解。他们对于中国，乃至东方艺术只知其形式而不知其精神，只知其装饰细节而不知其含义深远的表现手法，只知其异国情调的结构而不知其赋予生命的气韵。英国也不例外，当时对于中国园林的效

仿，多少存在对中国艺术精神和审美原则的误读，但正是在这种似懂非懂、扑朔迷离的对于中国园林的理解，微妙地传达出这样的文化讯息：作为另外一个造园思想体系的维持者，可以对中国古典的园林思想费解、奚落乃至嘲讽，却无法完全拒绝它的影响和渗透。由于文化上的巨大差异，英国的造园家很难进一步深入地研究中国的造园思想，往往存在着先入为主和盲目自大的心理。

18世纪下半叶的英国绘画式园林，大多是在自然风致园的基础上，加上一些中国式的局部片段，尤其是建造一些中国式的小建筑物，如亭、阁、榭、塔、桥等。这些小建筑物成为绘画式园林区别于自然风致园的重要标志之一。不过建筑物和园林的结合，是中国造园艺术中最高深、最有情趣的课题之一，尤其在南方小型的私家园林里。英国园林模仿中国园林，在园林里营造了很多的建筑物，但是不能很好地理解房屋周围的外廊和曲折的游廊的作用。因此，英国某些绘画式园林里，往往显得建筑物堆砌过多，拥挤而杂沓，破坏了园林的自然性，从而引起了许多的批评和指责，再加上中国式建筑很不容易模仿，这些园林常常搞得稀奇古怪，趣味低劣。到了18世纪末，英国绘画式园林虽然还在继续发展，但其中的中国式小建筑物则基本被淘汰了。

进入19世纪，特别是在英国派出马戛尔尼和安赫斯特作为使节先后出访中国以后，中华文化的某些神秘色彩逐渐褪去。中国的造园艺术在英国乃至整个欧洲的影响开始衰退。对于中国园林艺术的挑剔和指责也此起彼伏，甚至原来仿造的一些中国式庭院建筑也开始荒废。中国园林和造园艺术在进入英国人视野的时候，他们并没能完全看清楚其中所包蕴的深邃的文化意蕴；当中国的国力不济时，在他们眼中，中国的园林艺术连同中国的整体迅速地贬值，包括英国在内的欧洲近两个世纪的中国园林热潮，作为一个特殊而重要的文化事件，值得回味和反思。

文化传承 行业风向

英国城市公园政策经验借鉴

英国城市公园历史悠久，不仅诞生了世界上最早的一批城市公园，著名的伯肯海德公园（Birkenhead Park）还是世界公认的第一座城市公园，维多利亚时代的公园建设更是引领了全世界。同时，英国也是全球最先意识到工业过快发展对人居环境带来负面影响的国家，并较早提出了改善城市生存环境的对策。英国公园对世界著名公园的设计和系统构建影响深远。目前英国城市绿地系统已趋于成熟。据估计，英国现有2.7万多个公园，既有大型的综合公园，也有小型的社区公园和袖珍公园。英国公园的发展与政策紧密相关，对英国相关政策的研究将有助于人们更好地理解英国的城市公园，并有效借鉴其在政府决策中的有益经验。

制度建设是我国生态文明建设的核心，国家公园等自然保护地体系改革是其中的中坚力量。近年来，随着“公园城市”概念的提出及相关研究与实践的展开，公园城市成为我国城市绿色发展一个新的理念和模式，也是未来我国城市高质量建设的重要方向。目前，面对我国公园城市的目标，绿地系统的建设提升有可借鉴的国际经验。纵观英国公园城市发展历程，从单一到体系，从宏观到微观，从制度到保障，从政府到市民，在城市绿地系统建设中心构建了系统的战略指引、合理的规划体系、完善的绿色设施、科学的管控平台、灵活的后续运营机制和丰富的经营模式。我们在借鉴国外优秀经验的基础之上，应立足于我国城市公园的现状，让公园更好地走近公众，进而促进我国公园系统及生态文明制度体系的完善。

英国花境：平民景观的世界化

花境是园林植物景观的一种形式，运用的场所广泛，以宿根花卉、一二年生花卉、观赏乔灌草等植物为材料，经过设计、配植，模拟自然交错生长的状态，展现植物群落的自然美与群体美。花境起源于英国，发展于英国，风靡于世界，对现代景观设计的发展产生了深远的影响。

花境的设计理念与中国的古典造园理念有着异曲同工之妙，都注重自然式，追求虽为人作、宛自天开的境界。但由于花境传入中国时间较短，国内对于花境各有定义，理念不统一，设计的经验也还不成熟。近年来，国内花境迅猛发展，花境的形式更加多样化，出现了主题花境、专类花境等一系列的花境形式。与此同时，花境设计薄弱的地方也越来越明显，主要包括宿根植物种类缺乏、养护管理经验缺失、设计美感缺乏等问题。

英国花境景观的产生、发展、繁荣不是一蹴而就的，有其先天优势，也有后天的努力和坚持。它继承传统，师法自然，贴近民众，融合艺术，不但促进了英国园林艺术的繁荣，今后也将对中国景观设计的发展具有理念上和实践上的指导意义。

温故知新 学思结合

一、选择题

1.（ ）是邱园中的“中国式”建筑。

A. 哈哈墙　　B. 杜鹃园

C. 中国塔　　D. 孔子之家

2. 被誉为“自然风景式造园之王”的是（ ）。

A. 安德烈·勒诺特尔　　B. 肯特

C. 朗斯洛特·布朗　　D. 钱伯斯

3. 布里奇曼从事宫廷园林的管理工作，他最著名的作品是（ ）。

A. 斯陀园　　B. 邱园

C. 摄政动物园　　D. 斯托海德园

4.（ ）是以丰富的园景和长达四个世纪的造园变迁史而著称的。

A. 斯托海德园　　B. 查茨沃斯庄园

C. 斯陀园　　D. 霍华德庄园

二、实践题

分组查阅资料，寻找英国古典园林中的中国元素，并做成 PPT 汇报。

课后延展 自主学习

1. 书籍：朱建宁 . 情感的自然：英国传统园林艺术 . 昆明：云南大学出版社，2001。

2. 书籍：特纳 . 英国园林：历史、哲学与设计 . 程玺译 . 北京：电子工业出版社，2015。

3. 书籍：帕特里克 · 泰勒 . 英国园林图集 . 高亦珂译 . 中国建筑工业出版社，2003。

4. 书籍：尹豪，贾茹 . 英国现代园林 . 北京：中国建筑工业出版社，2017。

5. 书籍：胡佳 . 英国古典风景园 . 天津：天津大学出版社，2011。

6. 书籍：陈志华 . 外国造园艺术 . 郑州：河南科学技术出版社，2013。

7. 扫描二维码观看：纪录片《英国花园之时光流转》。

思维导图 脉络贯通

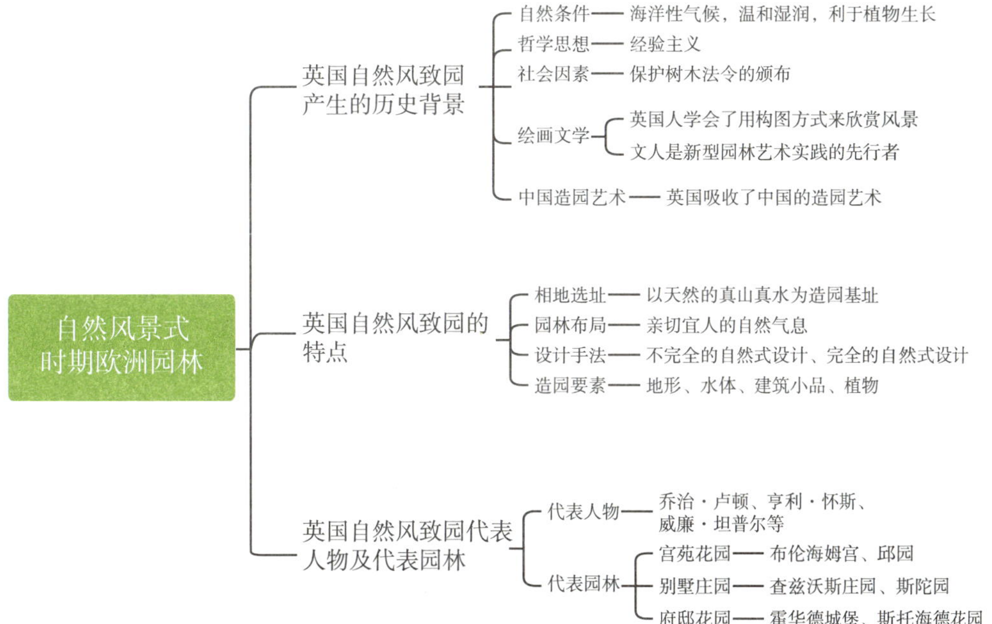

第13章 日本园林

学习目标

➢ 知识目标

1. 了解禅宗思想对日本园林的影响。
2. 了解日本园林的艺术特色。
3. 辨析中日古典园林的不同。

➢ 能力目标

1. 掌握园林鉴赏能力。
2. 掌握日本古典园林设计精华，为设计和建设现代园林服务。

➢ 素质目标

1. 培养爱国情怀，提高文化自信、民族自信。
2. 培养欣赏人类文化的多样性和丰富性的能力，拓宽视野与格局。

启智引思 导学入门

日本国，简称“日本”，其领土由本州、四国、九州和北海道四个大岛及6 800多个小岛组成，陆地面积约为37.8万平方千米，67%为山地，大多数平原面积很小。局促的用地条件决定了日本园林在创作中的主要难题就是如何在有限的园林空间中展现无限的自然山水。日本的气候属温带海洋性季风气候，终年温和湿润，四季分明。境内丰富的植物资源孕育了日本人热爱自然的文化属性。由于深受中国文化的影响，日本园林一直维持着与中国园林类似的自然式风格，但也有独树一帜的鲜明个性。

学习内容

东方园林体系以中国园林为代表，其中也包括日本园林，日本的园林叫作“庭园”。日本庭园也和世界园林一样，包含各种样式和体系，也有各种分类方法，总体来说可归类为池泉、枯山水、露地三大形态。日本学者将营造日本庭园的硬件总结为四大要素：石、水、植栽、添景物。

经过时代变迁，日本出现了各式各样的庭园。奈良时代后期，中国佛教的末法思想传入日本，并于平安时代渗透到人们的日常生活中，于是出现了净土庭园。镰仓时代初期，佛教禅宗在日本得以确立，此时出现了禅寺庭园，也可称“方丈庭园”，可兼做修行道场。禅宗思想进入日本，立刻与武士阶层的思想产生了共鸣，也影响到武家庭园简朴而有魄力的营造方式。日本禅宗的确立，也催生了茶道的产生。进入室町时代，从那些禅寺庭园中发展出了枯山水庭园。

13.1　禅宗思想与日本园林

早期，日本哲学思想的发展比较滞后，没有出现过像古希腊从泰勒斯（Thales）到亚里士多德（Aristotle）的时代和古代中国的诸子百家时代，因而，不得不移植别国思想。中国和日本是一衣带水的邻邦，有着共同的肤色和类似的文字，因而中国的传统文化及其哲学思想便成了日本发展本国思想的借鉴。从隋唐、宋明等朝代中日文化交流的历史中，可以清楚看出中国传统文化对日本哲学思想的深远影响（表 13-1）。中国的宗教、哲学、艺术以及政治制度传入日本后，在日本得到了变形的移植，并融化在其独特、执着的精神铸模中。这种民族特有的“复合变异性”，生命力极其旺盛，使日本文化并没有流于同化，而是在千姿百态的世界文化中独树一帜。

表 13-1　中日历史中的文化往来对照表

日本历史	中国文化对日本的传播	对应的中国历史
飞鸟时代	由中国传入朝鲜半岛百济国的佛教文化流入日本	隋唐
奈良时代	唐代的艺术文化与佛教文化	唐代
平安时代	唐代大规模园林建筑与佛教思想	唐宋
镰仓时代	宋代的禅宗文化流入	宋元
室町时代	元明时期的山水画流入	元明
安土桃山时代	由明朝传入室町时代的禅茶文化得以进一步发展	明代
江户时代	明清时期的儒学、文学、史学和草本学流入	明清

13.1.1 禅宗哲学思想的特点

在中国众多哲学思想中，佛学对日本文化及其思想产生了巨大的影响。佛教有很多派别，其中对日本影响最深远的是禅宗思想。禅宗，源于佛教文化东渐，是在中国文化土壤上形成的一个中国佛教宗派。它主张通过个体的直觉经验和沉思冥想的思维方式，在感性中通过悟境而达到精神上的超越与自由。在禅学看来，人既在宇宙之中，宇宙亦在人的心中。人与自然并不仅仅是彼此参与的关系，而是浑然如一的整体。内心的体验便是达到这一境界的关键，这是因为宇宙万物的一切都是人心所生。禅宗思想可归纳为如下特点。

（1）“梵我合一”的一元世界观，即所谓我心即佛，佛即我心。

（2）设定了顿悟见性的修行方法，也就是通过渐悟或顿悟发现本心。

（3）“以心传心”“自解自悟”“不立文字”的内心体验。

中唐时期，禅宗美学兴起，将审美与艺术中主体的内省体验、直觉感情的独创精神等的作用，提升到极高的地位，使之得以深化。12 世纪，日本禅师荣西将曹洞宗一派带回日本，经过镰仓、室町、德川幕府时期，深深地渗入日本人的生活和文化等各个层面，并在与本土文化的不断碰撞、融合中，形成了具有自己民族特色的哲学思想。

13.1.2 禅宗思想与日本枯山水庭园

到了室町时代，禅宗思想开始影响园林艺术的创作。禅宗所主张的纯粹依靠内心省悟，排除一切言语、文字和行为表达的主观唯心主义思想，将日本园林的创作，从各种物质条件的束缚中解脱出来。僧人们运用非常单纯的材料、极为简练的手法，营建禅寺园林——一种观照式的庭园，表现广大无垠的自然世界和内心幽幻的宗教世界。让人们通过静坐、观照和内省，达到对宗教境界的感悟，把日本的枯山水庭园推向纯净、抽象的极致。

枯山水，顾名思义，庭园内不用水，表现的山水是干枯的。它以各种形态的天然块石代表山岩、岛屿，地上铺设白砂（一种从河滩中采来的石英砂），砂面上耙出水波纹的图形，以象征江河湖海（图 13-1）。通过块石的排列组合、白砂的铺衬，形成山峰、岛屿、涧谷、溪流、湖海、瀑布等多种山水景观。园中有时也点缀一些常绿的乔木和灌木花卉，或苔藓、薇蕨（微小的蕨类），或者根本没有花木。在枯山水中，庭园中所使用的石头不同于中国的湖石，它不求瘦、皱、漏、透，而求气势浑厚。理石方法也不是叠掇，而是利用石头本身的特点，单独或

图 13-1 僧人梳理庭园中的白砂

成组地点布。象征水面的白砂常被耙成一道道曲线，犹如万重波澜，石块根部的砂石耙成环形，似惊涛拍岸。花木疏简而矮小，精心控制树形而又尽力保持它们的自然形态，以求与整个枯山水的风格协调一致。这种以凝视自然景观为主的审美方式，典型地表现了禅宗的美学思想，同时也反映了日本特有的民族审美意向。由于造园材料很单纯，天然块石的尺度不可能很大，耙出纹样的白砂也不能固定，所造的景观只能供人坐在屋内静观，犹如一个大盆。枯山水的规模一般都不大，严格说，只能算是庭园。例如，日本京都大德寺的大仙院，便有一个面积只有 99 平方米的枯山水庭园。它被一个廊分划成南北两部分。北部是主景所在，东北墙角有一组块石，形成山峰，其间铺砂石，层叠而下，形成瀑布。瀑布出水口汇成溪流，有一石板跨溪而渡，即为桥。溪流经过廊子下面，呈跌水落下。到了南部，溪流中排列数组块石，以其形状，比作舟、岛，组成一幅涧谷溪流的图画，幽静而恬美。可见，大仙院庭园是一座受水墨画影响的、极为典型的枯山水庭园。它以具象的手法，表现无水的山水、溪流和小桥，很直观地反映大自然的动感和情趣（图 13-2、图 13-3）。另一类纯净达到极致的枯山水庭园，仅采用块石和石英砂，既无动态的水面，又不种植树木、花卉。它摒弃了水的盈竭、树木的枯荣和花卉四时色相的变化，几乎排除了一切生命和运动，表现出对自然美执着的追求。日本京都龙安寺方丈前庭便是这类枯山水庭园的代表作。这个庭园呈规则的长方形，铺满了白砂，砂中排列五组块石，以五、二、三、二、三的块数组合，布局错落有致，块石和附近的地面上，长着斑驳的苔藓，没有花木，只以庭园外苍翠的松树作为背景。其抽象、纯净的形式，给予人们无限遐想的天地（图 13-4、图 13-5）。可见，日本枯山水庭园能够在极小的范围内，运用极少的造园要素，幻化为高山大壑、万顷海洋的壮阔景观，把中国园林对大自然写意化的缩移、模拟的创作方法，发展到了极致，也抽象到了极致。它貌似简单而意境深远，耐人寻味，能于无形之虚处，得山水之真趣。枯山水庭园是禅宗文化在造园艺术上的凝聚，开拓了日本园林的新领域，把日本造园艺术推向了一个更高的水平。

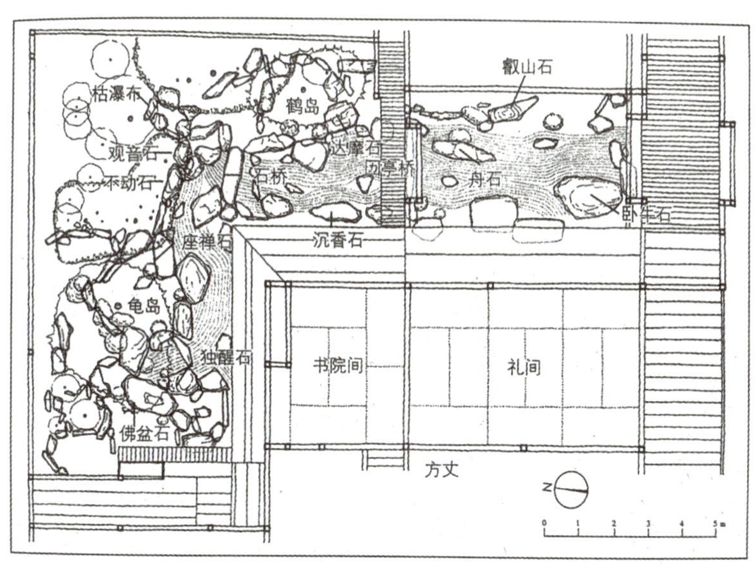

图 13-2　大德寺大仙院庭园平面图

图 13-3 大德寺大仙院庭园内景

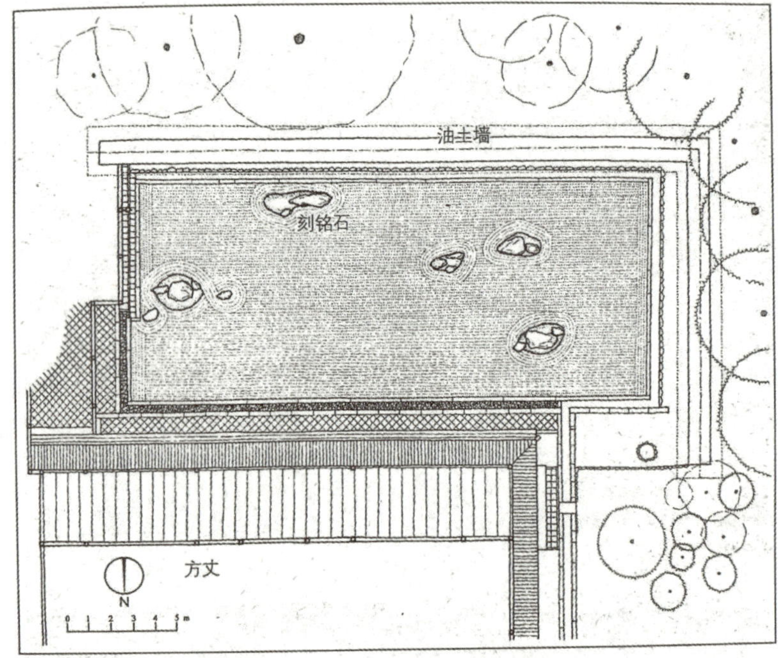

图 13-4 龙安寺方丈庭园平面图

图 13-5 龙安寺方丈庭园内景

知识拓展一：枯水的做法

枯水的做法有两种：一种是把泷口（瀑布口）、河床、池洼做好，只是不放水，营造出一种有泷口无瀑布的干瀑，有河床无流水的干河，有池底无池水的干池等效果；另一种是以砂代水像海，以石拟岛像神，用砂纹或修剪植物作波起涛，让人在砂海之中感受到自然界中的对比、联想等富有禅意和哲理的意义。

枯水的做法

13.1.3 禅宗思想与日本茶庭

禅宗思想除影响枯山水之外，还影响了日本另一类庭园——茶庭。茶道是日本传统艺术，人们以沏茶、品茶为手段，联络感情和陶冶性格。但茶道渊源于茶的故乡——中国。茶文化是近 2 000 年漫长岁月的“士人文化”的延续。以隐逸思想为主导的“士人文化”，构筑了一个以琴棋、书画、谈玄、斗禅、品茗、园林等为内容的高度完善的体系。从中唐以后开始，渴望独立人格和理想的士大夫们普遍品茗，陆羽集茶事之大成的《茶经》三卷，便产生于此时。对士人园林有突出贡献的白居易，在诗中也曾详细描写了居身园林之中烹茶品茗、观赏器具的怡然心情。茶叶虽在汉末即传入日本，但到了宋代，随着佛教禅宗和僧人饮茶习尚的传入，饮茶才在日本普遍流行。当时用茶的方法是先把茶叶碾碎、筛细，再用水调和饮服，所以古籍有“饮茶”的说法。饮茶在日本成为一种艺术是在室町时代（1337—1572 年），茶人能阿弥以禅宗思想为主导，判定饮茶的仪注，同时融入了“士人文化”的隐逸思想，把茶道精神发展为陶冶人的内在涵养，以及培养人们礼让谦恭的品德。至安土桃山时代（1583—1603 年），日本艺术家千利休（1522—1591 年）经过改革，创造了茶道社会，将禅宗精神融合到人们的日常生活中。茶道开始从幽闭的寺院走入日本社会，并成为人们修身养性的一门艺术，而日本的园林也因此多了一种类型——茶庭。

茶庭不同于其他类型的园林。园内石景很少，仅有的几处置石亦多半因为其实用，如蹲踞洗手、坐憩等。整块石块打凿砌成的石水钵，供客人净手、漱口之用，石灯则是夜间照明用具，同时也作为园内唯一的小品。常绿树木沿着道路呈自由式地丛植或孤植，地面绝大部分为草地和苔藓。除梅花以外，不种植任何观赏花卉，为的是避免斑斓的色彩干扰人们的宁静情绪。具有导向性的道路，蜿蜒曲折地铺设在草地上，并做成“飞白”（中国画中留白的一种技法）路面，好像水上的汀步，以取其自然之趣。围墙常用竹篱，入口大门为“木户”(柴扉)。

茶庭格调洗练、简约，并突出其“闹中取静”的山林隐逸气势，及平淡恬逸的境界。园林的布局完全依照茶道的仪注要求安排，有一重露地、二重露地、三重露地三种。例如，二重露地分内、外露地，二者之间以“中门”隔开。来客进园后，先在“外等候廊”整衣，安定情绪，然后沿石铺的小路进入中门。主人在中门迎候客人，陪客人一起走入内露地。在“内等候廊”再一次整衣、换鞋。然后到石水钵旁用竹勺舀水净手、漱口，以示去邪消灾，最后进入茶室。园中有水井一口，供烹茶洗漱之用。讲究的茶庭，在内、外露地之间，

图 13-6　表千家中的主要茶席不审庵
（茶席的出入口只有人弯下腰才能勉强进去）

用碎石和白砂铺成一条干枯的小溪，溪上架桥，增加园林气氛。例如，位于江户的表千家露地，是这种茶庭园林的典型实例（图 13-6 ~ 图 13-8）。在茶庭中，一切都安排得朴素无华，富有自然情趣，只凭大自然中无形的风云雪月、鸟语虫鸣、水声松籁，以禅宗心身感悟的方法，把人们引入一种淡泊清幽的脱尘境界。同时，禅宗对意象思维的激发，使茶庭所表现的不是丰富的景观和深远的空间等造园技法，而是"禅"的境界。从日本枯山水园和茶庭中，可以了解到，日本园林在吸收中国园林艺术的基础上，又不断向民族化和宗教化方向发展，创造出一种以高度典型化、再现自然美为特征的写意庭园。这种抽象、纯净的形式，给予人们无限遐想的天地。人们可以凭借自己的人生观、思想素养和生活经历，去塑造心目中神圣或美好的境界。它追求的与其说是宗教思想，不如说是美学的境界。它的产生和发展，与日本人的民族情感有着密切的联系。

日本国土较为狭小，珍奇景观也相对稀少，所以自古以来就对自然美的客观属性尤为欣赏和强调，更加注重事物的细部，高度赞誉甚至崇敬无生命的美。另外，佛教在日本兴盛，也使日本人认为大自然是超脱凡世的，日本庭园也在自然美中融入了浓厚的宗教色彩。因而，日本庭园常被概称为"宗教园""僧侣园"。以儒学思想为主导的中国园林，则有"伦理园""文人园"的称谓。

图 13-7　梅见门

图 13-8　又隐四方佛石水钵

交流讨论

举例说明日本古典园林中特别的园林景物。

13.2　中日古典园林比较

中国园林与日本园林皆属东方园林系列，它们同祖同宗，但在发展过程中分道扬镳，各有千秋。将中日两国古典园林进行差异性比较，以了解两国在发展过程中的差异。为何要取古典而不言现代？因为只有古典园林才能纯粹地体现两国园林原貌，现代园林因受西方现代主义思潮影响而显出设计手法和风格上的相似性，故以古典园林为比较对象。中国的古典园林的时间界定是从其产生到清王朝的结束，日本的古典园林的时间界定是从其产生到江户时代的结束。

13.2.1　造园环境比较

园林环境主要是指园林的国土环境和国民环境。国土环境指的是自然地理环境方面，包括地理、气候、自然灾害等。国民环境主要是指国民的自然属性，而不是社会属性。通过对比，中日古典园林在自然属性方面的不同点，从而确定中国古典园林的大陆性特征和山性特征，日本古典园林的海岛性特征和水性特征。由此可进一步发现两者之间一些差异：在国土面积上，中大日小；在山水方面，中大日小。这些不同反映于园林上，体现为中国园林的面积大、规模宏伟，而日本的园林面积小、规模小巧。在纬度方面，中国南北跨度大，日本南北跨度小。这一点反映于园林之上就是中国的南、北园林风格差异大，而日本的南、北园林风格差异小。在气候方面，中国属于大陆性气候，日本属于海洋性气候。在自然灾害方面，中国以水灾和旱灾等大陆性灾害为主，而日本则以地震、水灾、海啸、台风等海洋性灾害为多。这些不同反映在园林的堆山理水、置石植木及建筑的形态方面，两者分别表现了适应大陆和海洋两种不同的地理气候的风格特点。

在国民环境的比较上，中国的古人较为高大，而日本的古人较为矮小。相应地，园林的创作就像仓颉造字时远取诸物、近取诸身一样，园林的形态呈现出明显的不同。中国的古典园林较大，日本的古典园林较小。这种大小不仅反映于园林的单体景点上，而且反映于园林的面积规模上。这种规模大小的不同，与园林中游人欣赏时的视线高度是相适应的。

13.2.2　园林类型比较

园林因其所属关系、地域关系、布局特点、时代变迁的差异而呈现出不同的类型。在所属关系上，中国和日本古典园林都可分为皇家园林、私家园林和宗教园林。但是，中国皇家园林的气势胜过私家园林，而日本私家园林的气势胜过皇家园林。就私家园林而言，中国的表现为文人园林，而日本的则表现为武家园林。就宗教园林而言，中国的表现为寺观园林（寺院园林和道观园林），而日本的表现为寺社园林（寺院园林和神社园林）。中国的寺观园林风格不显著，依附于私家园林。日本寺社园林风格突出，其表达方式常被武家园林借用。

中国古典园林明显地呈现出南北的特征和风格，因此依据地域，划分为北方园林、江南园林和岭南园林。日本的古典园林南北差异不是很显著，所谓的北方园林（东北地方）、中部园林（新潟至山口和四国）、南方园林（九州地方），只不过是为了方便而进行的划分，日本园林界没有这种严格的划分。由此也可见其南北差异之微。

依据布局特点来划分，中国古典园林是在大陆文化影响之下的山与水共生的山水型园林类型，或说是偏向于山型的山水园，而日本古典园林则是在海洋文化影响之下的海与岛共生的池泉型园林类型。这种差异反映在两个方面：一是理水方面，中国古典园林中的水是河、湖、海三者的综合体，日本园林中的水是泉与海的综合体。二是堆山方面，中国古典园林是“园必有山，园可无岛”，日本古典园林是“园可无山，园必有岛”。中国的堆山是昆仑的象征，是陆山的象征；而日本的堆山是海岛的象征，是岛山的象征。在游览的交通方式上，两国都有舟游、路游（日本称回游）、坐观三种。中国园林以动游和路游为主，日本园林则是以静观和舟游为主，虽然在后来池泉式回游园有所发展，但仍不失舟游特征。步移景随的路游是山型园林的特征，而坐舟静观的舟游是水型的特点。在植物方面，由于中国气候属于大陆性气候，故园林绿化较少，而日本气候属于海洋性气候，故园林绿化多。在园林建筑上，中国古典园林中除木结构之外，也采用砖、土、石作为建筑材料，以此达到稳重如山和抵御风寒的目的；而日本的园林建筑始终以纯木为主，且有高床式做法，以此达到轻盈如水和防风、排水、抗震、驱湿的作用。这些做法都是直接与园林的山型、陆型、水型和岛型有关。

随着时代的变迁，园林也表现了不同的特点。具体表现为：中日古典园林的山水性质是不变的，在山水系列变迁中，中国主景的演变过程是：动植物（商周）→高台建筑（秦汉）→山水自然本身（魏晋南北朝）→诗画自然山水（隋唐宋）→诗画天人（元明清）。这是一条对园林要素审美重点由表及里、由浅至深、由粗到细地不断深入的过程。审美的客体由前期的写实阶段发展为后期的写意阶段。在日本古典园林中，主景的变化则是：动植物（大和、飞鸟）→中式山水（奈良）→寝殿建筑和佛化岛石（平安）→池岛和枯山水（镰仓）→纯枯山水（室町）→书院、茶道、枯山水（桃山）→茶道、枯山水与池岛（江户）。审美的客体发展是由前期的单一性类型和写实性阶段到后期的综合性类型和抽象性阶段。

13.2.3　造园历史比较

从隶属关系上看，中日园林的发展都是皇家园林在先，其次是私家园林，最后是宗教园林。不同点是，中国的三大园林发生时间比日本的三大园林都早，日本的三大类型园林起初都因袭和借鉴了中国古典园林的成就。中国园林的发展是一个渐变的过程，而日本园林则是一个突变和拿来的过程，然后才是自我发展和成熟的阶段。从布局特点上看，中国古典园林偏于山型、儒型、人型、文人型和单向型，而日本的古典园林则偏于水型、佛型、天型、武人型和跳跃型。从地域类型的发展上看，中国古典园林源于中原园林，东扩后再形成江南园林、北方园林和岭南园林。日本园林主要遍布于京都地区、关西地区、关东地区，各区域园林风格各异，京都以禅宗枯山水著称，关西园林规模宏大，关东园林以四季分明的自然景观著称。

从园林的历史长短上看，中国园林的历史显然是比日本园林的历史长得多，而且从起点形式上看，经历囿的时间较长，而在日本古典园林的起点形式中，相当于中国囿形式的

持续时间较短。在以基于道家思想的自然山水园林为母本的基础上，两国园林都进行了各自的转化。中国古典园林在这个转化过程中受儒家思想的影响较深，以至于形成了有儒家思想的园林类型，这与当时政府倡儒贬道有关。而日本古典园林在这个转化过程中受佛教思想影响较深，以至于发展了有佛教特点的园林类型，这与古代日本政府倡佛贬道有关。

从园林历史阶段的形式上看，中国古典园林的道家思想所提倡的山水主题一直没有变化，这种山水是真山真水。日本园林基于道家思想的山水主题在镰仓时期就开始了由真山水向枯山水转化，在室町时代，又完成了茶庭露地的更趋神游的园林形式，一步一步地远离真山真水。

13.2.4　造园思想比较

1. 哲学

首先，在天人关系上，中国古典园林是人型山水园，而日本古典园林是天型山水园。这不仅反映在各个历史阶段，而且反映在造园手法上。从哲学型比较上看，中日两国的古典园林都是基于道家思想的山水园，这是共同点。但是，中国古典园林偏于儒家的性质，而日本古典园林则偏重于佛家的性质。从布局手法上看，中国古典园林介于具象思维和形象思维之间，而日本的古典园林则介于形象思维和抽象思维之间。

2. 美学

在美学上，分别从审美主体、审美客体、审美中介三方面对中日古典园林进行比较。

（1）在审美主体上，中日古典园林的主体都是东方人，都接受东方文化熏陶。但是与日本古代人比，中国古代人较为高大，故园林有大小之别；中国人居住在大陆，以高山为伴，故园林表现为大陆型和山型，而日本人居住在海岛，以海洋为伴，故园林表现为海岛型和水型；中国人的历史较长，故中国人对于园林艺术的欣赏偏向于战胜自然之后的乐观态度和入世态度，而日本人的历史较短，故日本人对于园林艺术的欣赏偏向于委屈于自然灾害之下的悲观态度和出世态度；中国古典园林审美主体以文人为主，故园林呈现出文人型，而日本古典园林的审美主体以武人和僧人为主，故园林表现为武人型和僧人型。

（2）从审美客体上看。中国古典园林植物偏少，山偏多，水偏少（相对于日本园林）。石偏少（主要指理石类型），建筑偏多；而日本古典园林植物偏多，山偏少，水偏多，石偏多，建筑偏少。

（3）在审美中介上。中国古典园林主要表现为用更加纯粹的、艺术的方式把握园林以及世界，而日本园林主要表现为偏向于用宗教的方式把握园林以及世界。从审美的正、反价值上看，中国古典园林更趋向于用审美的正面价值实现园林中欢喜的和悠然的审美享受，而日本古典园林更趋向于用审美的反价值实现悲哀的和枯寂的审美体验。从审美终极上看，中国古典园林审美终极是天人合一，而日本古典园林的审美终极是人佛合一。

3. 文学

在园林文学上，分别从历史、形式、意境三个方面进行比较。

（1）在历史上，中国古典园林的文学形式早在周朝就有了，园林文学历史较长，而日本古典园林的文学形式最早则是在奈良时代。

（2）从园林文学形式上看，中国古典园林的文学形式有诗文、题名、题对三种。诗文包括诗词、曲、赋、散文等，而日本园林文学的形式除了诗、词、赋、散文，还有俳句及和歌等独有的内容。但是，日本园林文学中的题名和题对较少。

（3）在意境方面，表现为中国古典园林的仁山型和日本古典园林的智水型。

4. 美术

园林中的美术分为绘画和书法两个部分。

在绘画方面，中日两国都表现为绘画与园林在历史阶段和形式上的统一性，都表现了各自国家的特征山水形式。但中国的山水画发展较快，形成统治地位，数量上多于佛画，而日本的山水画发展较慢，没有形成统治地位，数量上少于佛画，故中国的古典园林表现为文人诗画园林的特征较为强烈，而日本的古典园林则偏于佛家园林形式；在画家参与园林创作上，中国更趋向于造园家同时也是画家，而日本则表现为更为纯粹的造园家；日本园林理论书中的绘画图解表现较为充分，而中国的则不然；在绘画的陈设品上，中国的园中室内绘画作品较多，而日本的相对来说较少；从绘画内容上看，中日两国都崇尚表现道家的思想和隐居的人物。

在书法方面，中日两国在园林中使用书法的位置略有不同，中国的对称式园林建筑更适于书法中对联、横幅的使用，而日本的园林建筑有时因山花处于正立面而把题名书于山花面；从书法作品使用数量上看，中国古典园林中使用的明显较多；从内容上看，中国的文气较重，而日本的佛味较浓；从表现手法上看，中国的以汉字为主，日本的除汉字之外，还有假名。

5. 活动

在园林活动方面，提取了茶道、歌道、花道等进行对比。茶道方面，中国是有茶无道，故园林中有茶饮而无茶庭，日本是有茶有道，故园林中有茶道而且有茶庭；在花道上，中国人把它当成艺，而日本人把它当成道，故花道对园林的影响不仅是把园林插花和盆景作为园林的点缀，还在园林中大量地使用园林的修剪树，即把大树小型化，这是日本古典园林与中国古典园林最大的不同；在歌道上，中国人把歌咏与园林结合的形式是曲水流觞，这种园林活动形式最后形成了园林的形态模式，先产生于中国，而后传到日本，在中日两国都有所表现。

6. 风水禁忌

在特殊造园手法中，主要提及风水及禁忌。园林的风水和禁忌在中日两国园林中都有所表现。中国人更偏向于南北轴线上的负阴抱阳，重在堆山以像青龙、白虎和玄武，在藏风聚气方面偏于以山藏风；而日本人则更趋向于环山积水上的负阴抱阳，重在积水以像朱雀，在以藏风聚气中偏于以水聚气。从园林的理论上看，日本的园林书籍涉及风水内容远甚于中国的园林书籍。另外，中国园林有法无式的理论表现在园林上是较少的禁忌约束，而日本园林则由于自然灾害、社会战争、宗教盛行而表现为石忌、山忌、水忌、木忌等。

7. 人物及理论

在造园人物和著作方面的区别表现为：第一，中国造园理论的系统化成熟较晚，而日本的则较早；第二，中国造园人物以文人为多，而日本的造园人物中，僧人、武人、君主皆有，尤以僧人为多；第三，中国园林的理论散于书画论之中，而日本的园林理论则是纯园林理论；第四，中国园林家不一定是园林理论家，故中国理论著作少，日本的园林家很多同时是理论家，故日本理论著作较多；第五，中国的园林理论偏重于总体的经营位置和建筑的营造，日本的园林理论则偏重于池、岛、瀑、石等。

13.2.5　造园手法比较

1. 空间经营

（1）中国古典园林表现为中轴式和中心式并存，日本古典园林表现为中轴式向中心式发展。

（2）中国古典园林表现为后园式，日本古典园林则是前园式和后园式并存。

（3）中国古典园林表现为对称，日本古典园林表现为自由。

（4）“一池三山”的造景手法起源于中国，但越到后来越淡化，而该手法在日本古典园林中则经久不衰。

（5）中国古典园林的划分偏于实隔和园中园形式，日本古典园林则偏于虚隔和无园中园形式。

（6）在内容上，中国古典园林偏于复杂的俗家活动和真山真水，日本则偏于简洁的佛家活动和枯山水；在障景、框景、借景、缩景上，中国古典园林表现为多障景和多框景，日本的则相反；中国的古典园林表现为借景的楼、台、塔为多，而日本的相反；中国古典园林表现为皇家园林的本国缩景现象，而日本古典园林表现为皇家、武家、佛家园林都有缩景，不仅缩本国之景，也缩中国之景。

（7）在纵横对比上，中国古典园林表现为纵向的景点构图，日本则表现为横向的景点构图。

（8）在韵律和节奏上，中国古典园林表现为偏韵律的特点，日本则表现为偏节奏特点。

2. 造园材料

（1）中国古典园林表现为真山真水、高山大水、竖石块石，而日本古典园林则表现为枯山枯水、小山小水、砂块并用。

（2）中国古典园林表现为植物偏少、偏花、偏四季花木的特点，而日本古典园林则表现为植物偏多、偏叶、偏秋冬乔灌林的特点。

（3）中国古典园林的建筑偏于华丽、厚重、土石木结合、对称、拱平桥和石桥、楼廊多的特点，而日本的则偏于朴素、轻盈、纯木、不对称、平桥木桥、茶室多的特点。

13.2.6　园林游览比较

从分布上看，中国古典园林的发祥地是以西安、洛阳为中心的中原地区，而后向东、北、南三向扩展，并形成江南园林、北方园林和岭南园林。日本古典园林的发祥地也是以京都为中心的中部地区，而后向南、北、东三向扩展。中日古典园林后来都形成中部多、南北方少的格局。从园林游览上的动静、交通、雅俗、功能、距离、时间等维度上看，中国古典园林表现为偏向于动观性、回游性、雅俗共赏性、可居式、可触式、四时四季游等特点，而日本古典园林则表现偏向于静观、舟游、雅俗共赏性、参悟式、敬畏式、四时和秋季游等特点。

交流讨论

分组讨论，提炼关键词，画一画中日古典园林比较的思维导图。

本章小结

日本园林模式是从中国直接传承过去的。从日本园林的池泉园、筑山庭、平庭中，不难看出中国园林“智水仁山”的痕迹。从日本园林的自然布局中，不难看出中国园林的影子。当中国园林从自然山水园向文人山水园发展之时，日本园林一反中国人诗情画意的世俗浪漫情趣，走向了枯、寂、侘的超凡脱俗之境界。枯山水从抽象手法出发，诠释了儒、道、佛三家的画外之音。茶庭则是把中国人的茶饮礼仪发展为茶道礼仪的一部分，用园林的环境塑造来图解《法华经》中“长者诸子，出三界之火宅，坐清凉之露地”的章句。

日本园林的精彩之处在于它小巧而精致，枯寂而玄妙，抽象而深邃。大者不过一亩余，小者仅几平方米，而表达的内容却是化外的另一番天地。老子说，“大音希声，大象无形”。日本园林就是用这种极少的构成要素达到极强的意韵效果，这种做法与德国现代主义建筑大师密斯的“少就是多”的理论不谋而合。

以史明鉴 启智润化

作庭记

《作庭记》是一部形成于日本平安时代（781—1185）后期的造园技术专著，作者不详。此书内容广泛而全面，真实、详细地记录了平安时代后期日本寝殿造庭园的形式及其造园技术，可以说是日本造园发展至平安时代后期，其技术的积累与总结，是日本乃至东亚造园史上关于早期造园的一部最为重要和珍贵的文献。

中国的造园技术随佛教的传播进入日本之后，日本全盘地接受了中国的造园技术，成为东亚造园体系中的重要一员，并在唐文化的深刻影响下，其造园技术至平安时代趋于成熟。这是日本造园史上的一个重要发展阶段，而成书于平安时代后期的《作庭记》，正是这一时期日本造园技术走向成熟的产物和反映。《作庭记》所反映和代表的这一时期的造园技术，构成了日本古典造园的传统，成为其后日本造园发展的一个基础和源泉。庭园是日本文化的一个重要内容，表现和代表了日本文化的最显著和典型的特征。以《作庭记》为代表的日本古代造园文化，典型地反映了奈良时代至平安时代日本文化的性质、特点及背景。

从这一意义上说，《作庭记》是日本古代文化的一个代表和象征。

作为东亚造园体系的一个重要组成部分，日本的造园对于中国造园史的研究也具有独特的意义与价值。从文化比较的角度而言，历史上中日文化之间的特殊关系注定了中日造园比较研究的重要性是不言而喻的。从这一意义上说，《作庭记》是古代中日文化交流的产物，是中日造园比较研究的最直接和重要的史料。另一方面，从中国造园史研究自身的角度而言，这种比较研究，对于中国造园体系的全面、整体的认识，也极具意义与价值。其不但有助于认识中国造园文化在域外的传播、影响和发展，同时借助于对域外从属于中国造园体系的造园史研究，反过来对中国本土造园史的进一步认识和解明，也大有益处。中日造园史的比较研究，当属中国造园史研究上的重要一环。从这一意义上说，《作庭记》对于中国造园史（尤其是早期）的研究，是一重要的参照和补充。

文化传承 行业风向

石灯

石灯源自中国供佛时点的灯，代表“立式光明”。佛教中光明灯又叫作“平安灯”“长明灯”或“无尽灯”，以“灯”象征内心光明，像是黑暗中的一束光，只要灯火不熄就能破除黑暗，照亮未来的人生路。

中国的石灯最早出现在汉代，盛行于魏晋南北朝至唐代。在中国，石灯多用于寺庙。例如，中国山西省龙山童子寺的燃灯塔，是现存最古老的唐代以前的石灯。

唐朝时，随着中国佛教传入日本，石灯也顺理成章地出现在日本寺庙。日本现存最古老的石灯是奈良时代（710—794，唐中期）的当麻寺石灯，距今已有一千多年的历史。伴随着日本庭园的发展，石灯的形态不断发生变化，而且从原本礼佛的器物变为庭园中的装饰。室町时代茶道的确立，让石灯大量进入寻常百姓的家中，所以今天能看到很多町屋的坪庭也会放置一个石灯。

今天的石灯大多使用花岗岩，而传统礼佛石灯或者墓前石灯会选择辉长石、闪长岩和辉绿岩等较深颜色的石材。传统的标准石灯构件从上至下依次为宝珠、幢顶（日语称“笠”）、灯室（日语称“火袋”）、幢身（日语称“中台”）竿和基础六个部分。

锁樋

锁樋，又名“雨链”。它悬挂于房屋屋檐的角上，是传统日式建筑中非常常见的排水装置。

这种排水设施最早出现于安土桃山时代。最初人们使用的是一种叫作“竖樋”的筒子管排水。下雨时，落在屋顶上的雨水涌入“竖樋”后，通过“竖樋”排放至地面。随着茶室建筑样式“数寄屋造”的兴起，从而慢慢演变成了“锁樋”。那个时候的锁樋使用的是麻类植物最外层的纤维编织成的绳索。

“数寄屋造”是日本传统建筑的式样之一，指的是在庭园里为进行茶道而建的小房屋。“数寄”和日语的“喜欢”同音，所以“数寄屋”的意思，就是“凭着主人的喜好盖起来的房子”。茶人们在里面欣赏风雅的东西，比如在数寄屋吟唱“和歌”，进行花道或者茶道等。数寄屋造风格自由，轻妙洒脱，比“书院造”更能反映主人和建筑师的个人品位，也更符合当时茶人们的身份。当时的茶人们，在关注房屋最基本的功能的同时，进一步发挥创意，努力创造出了更加美观丰富的生活空间，所以挂在茶室外边，用麻绳制作的锁樋也完美体现了“和敬清寂”的茶道精神：摆脱一切奢华的装饰，采用贴近自然的朴素设计（图 13-9）。

图 13-9　屋檐上悬挂的锁樋

在日本的神社、寺院等古老的建筑物上都可以看到锁樋。随着时代的发展，锁樋不再是样式单一的绳子或锁链，而是根据建筑风格的不同设计成各种各样的形状。除传统建筑之外，现代建筑上也广泛使用锁樋。如今，锁樋已经逐渐走进现代家庭，在建筑和园艺领域开创了日本独具特色的细节之美，同时成为人们欣赏雨景时的巧妙点缀。

知识拓展二：日本安来足立美术馆庭院

足立美术馆庭院连续多年被美国的日本庭园杂志（*The Journal of Japanese Gardening*）评为“日本最美庭院”，由中根金作和小岛佐一两位作庭家所设计。这座由坐观式枯山水、池泉园和茶庭相结合的传统

日式庭院，以长长的连廊连接各个展馆和茶室，其围合的空间天然形成了枯山水庭、苔庭、寿立庵之庭、白砂青松庭、池庭五个创意庭园空间，与远处的龟鹤瀑布及池庭外的景色在视觉上形成一体。宽大庭园内，群山环抱，将春天的杜鹃、夏天的深绿、秋天的红叶、冬天的雪景于不同的季节展示不同的美丽光景。该园借自然之景，体现日本庭院和日本绘画的和谐之美，将一幅幅绝美的庭院图卷以框景、借景等形式虚实结合，吸引世界各地的游客参观游玩。

知识拓展三：日本古典园林主要声景类型

日本庭院意在通过具象景物的体验直面自然过程从而领悟禅的境界，园中所见所闻都会充满禅的顿悟，声景就是其营造境界的重要手段之一。在声音的映衬下，人与月亮为伴，与樱花为识，与落叶为伍，走上一条回归佛性的心路。

（1）瀑布声。日本虽然国土面积有限，但其地形类型丰富，且拥有丰富的地下水源，形成了千姿百态的水景，为园林水景营造提供了天然的范本。因此，日本园林十分重视水景营造，瀑布就是其中较为重要的水景类型之一。日本清水寺的“音羽瀑布”，瀑布一分为三，细流从檐口倾泻而下。

（2）松风。日本多松，松风也就成为日本人喜爱的声景之一。江户时期的许多茶具也都喜欢用“松风”命名。有学者分析其中原因有如下两点：一是在茶道时，庭院中都十分安静，风穿过松树发出的声音和茶室内水沸腾的声音很像。二是在日本传统文学和人们的印象中，松原本总是处在人迹荒芜的山林里，也符合茶道所提倡的侘寂美学。在茶道的进行过程中，简陋而净洁的茶室内宾主双方不允许发出一点声音，唯一的声响，便是水壶里翻腾的沸水，以及室外风抚松枝的瑟瑟声。

日本古典园林主要声景类型

（3）梵音。自鉴真东渡，佛教开始为日本人所接收并广为传播，佛寺建筑遍布各处，梵音也就成为日本人爱听的声景之一。例如，法隆寺东院钟楼，其建于镰仓时代，被誉为日本国宝。现在还附加了藏经的用途，但每当重要时刻，千年古刹的悠扬钟声依旧会响起。

温故知新　学思结合

一、选择题

1. 以下属于枯山水式园林的是（　）。

A. 桂离宫　　B. 西芳寺　　C. 龙安寺石庭　　D. 兼六园

2. 日本园林就筑山、置石、理水而言，其手法根据书法特点总结为（　）样式。

A. 真　　B. 行　　C. 草　　D. 书

二、填空题

1. 宋代中国的______文化传入日本。

2.______是平安时代寝殿造庭园的造园著作。

三、实践题

分组查阅资料，了解其他日本园林作品，做成 PPT 汇报分享。

课后延展 自主学习

1. 书籍：龙昇．游园．上海：上海交通大学出版社，2018。
2. 书籍：刘庭风．中日古典园林比较．天津：天津大学出版社，2003。
3. 书籍：枡野俊明．日本造园心得．康恒译．北京：中国建筑工业出版社，2014。
4. 书籍：王宝珍．造园实录．上海：同济大学出版社，2017。
5. 书籍：刘庭风．日本园林教程．天津：天津大学出版社，2005。
6. 书籍：刘庭风．日本小庭园．上海：同济大学出版社，2001。
7. 扫描二维码观看：设计理念：短暂无常。
8. 扫描二维码观看：日本花园。

思维导图 脉络贯通

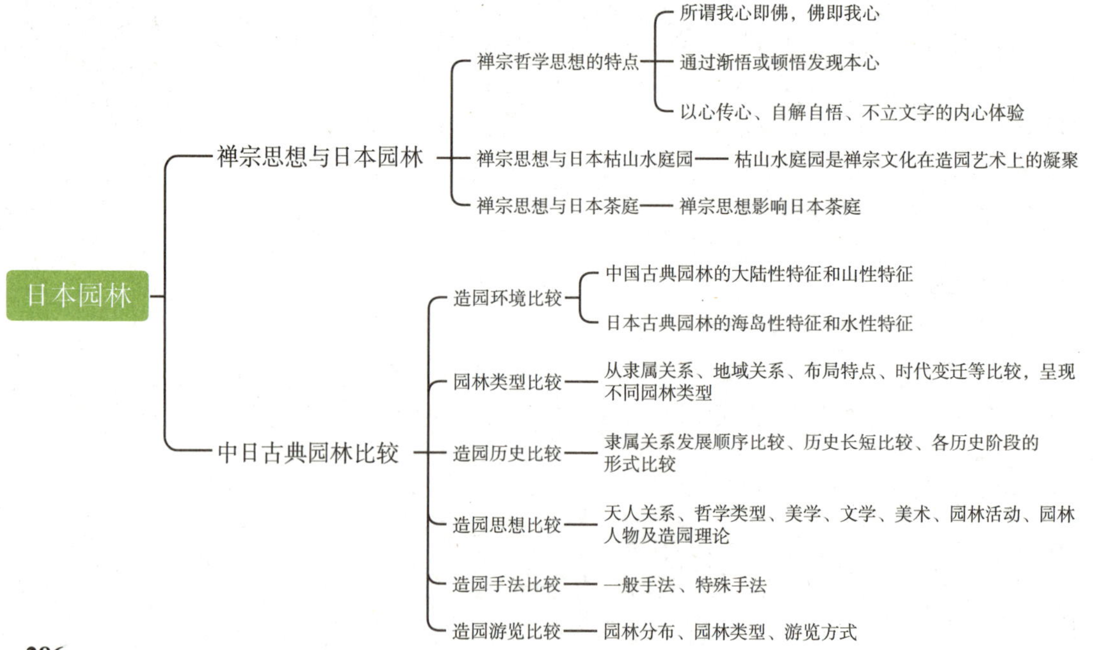

参考文献

[1] 王向荣 . 景观笔记：自然 · 文化 · 设计 [M]. 北京：生活 · 读书 · 新知三联书店，2019.

[2] 张大鹏，张薇 .《园冶》研究的回顾与展望 [J]. 中国园林，2013，29（1）：70–75.

[3] 王辉 . 浅释《园冶》的古典园林设计理念 [J]. 广东园林，2007（2）：5–6.

[4] 王应临 . 图绘与现实——历代兰亭图像中的“曲水流觞”山水意象研究 [J]. 风景园林，2022，29（3）：129–135.

[5] 杨乐 . 中国近代租界公园解析——以上海、天津为例 [D]. 北京：北京林业大学，2003.

[6] 于冰沁 . 意大利文艺复兴时期的风景园林 [N]. 光明日报，2019–06–24（14）.

[7] 褚晓波 . 上海博物馆“对话达 · 芬奇——文艺复兴与东方美学艺术特展”——精品云集交流互鉴 [N]. 人民日报，2024–01–14（7）.

[8] 佛朗切斯科 · 莫瑞纳 . 中国风：13 世纪—19 世纪中国对欧洲艺术的影响 [M]. 龚之允，钱丹，译 . 上海：上海书画出版社，2022.

[9] 赵晶，林晗芷，李宜静 . 打开边界走向自然——哈哈沟（Ha–ha）在园林中的形成、发展及应用研究 [J]. 中国园林，2019，35（8）：104–109.

[10] 朱建宁，赵晶 . 西方园林史——19 世纪之前 [M].3 版 . 北京：中国林业出版社，2019.

[11] 朱建宁 . 情感的自然：英国传统园林艺术 [M]. 昆明：云南大学出版社，2001.

[12] 胡佳 . 英国古典风景园 [M]. 天津 . 天津大学出版社，2011.

[13] 桂强 . 英国园林中的“中国风”[J]. 农业考古，2008（4）：220–225.

[14] 唐斌，杨建强 . 英国城市公园政策及经验借鉴 [J]. 中国园林，2021，37（1）：105–109.

[15] 赵晶，张钢，尚尔基 . 伦敦历史园林管理、活动策略研究及启示 [J]. 中国园林，2018，34（4）：94–99.

[16] 周蕾，杨雪青，梁彤曦，李悦丰 . 花境设计中的形式美表达——以格特鲁德 · 杰基尔花境设计为例 [J]. 现代园艺，2023，46（9）：109–111.

[17] 薛梅 . 解读英国花境景观——平民景观的世界化之路 [J]. 文艺生活（文艺理论），2018（1）：79.

[18] 萧默 . 天竺建筑行纪 [M]. 北京：三联书店，2007.

[19] 时文 . 世界名园百图 [M]. 北京：中国城市出版社，1995.

[20] 看图走天下丛书编委会 . 走进世界著名陵墓 [M]. 广州：广东世界图书出版公司，2010.

[21] 李佳，张薇 . 伊斯兰园林特点初探 [J]. 现代园艺，2011（21）：63+65.

[22] 周丽，雷维群，董丽 . 伊斯兰园林的主要类型及其特色 [J]. 湖南农业大学学报（自然

科学版)，2010，36（S2）：101–104.
[23] 管悦 . 生命之泉——伊斯兰庭园与水 [C]. 中国建筑学会学术年会论文集，2007.
[24] 龙昇 . 游园 [M]. 上海：上海交通大学出版社，2018.
[25] 枡野俊明 . 日本造园心得：基础知识 · 规划 · 管理 · 整修 [M]. 康恒，译 . 北京：中国建筑工业出版社，2014.
[26] 刘庭风 . 日本小庭园 [M]. 上海：同济大学出版社，2001.
[27] 肖艺，吴隽宇 . 禅宗思想影响下的古今日本建筑庭园空间 [J]. 中国园林，2003（9）：76–79.
[28] 刘庭风 . 日本园林教程 [M]. 天津：天津大学出版社，2005.
[29] 张十庆 .《作庭记》译注与研究 [M]. 天津：天津大学出版社，2004.
[30] 林辉 . 石灯笼——日本石文化系列介绍（一）[J]. 石材，2003（6）：38–41.
[31] 全利利，黄欢 . 日本安来足立美术馆庭院 [J]. 园林，2020（2）：23–28.
[32] 赵乃君 . 日本古典园林主要声景类型 [J]. 园林，2014（12）：22–25.